全国执业兽医资格考试推荐用书

最新版

2021年执业兽医资格考试例题解析

基础科目

（兽医全科类）

邢华　石火英　张雨梅　主编

中国农业出版社
北京

图书在版编目（CIP）数据

2021年执业兽医资格考试（兽医全科类）例题解析．基础科目／邢华，石火英，张雨梅主编．—北京：中国农业出版社，2021.5
ISBN 978-7-109-28266-7

Ⅰ．①2… Ⅱ．①邢… ②石… ③张… Ⅲ．①兽医学—资格考试—题解 Ⅳ．①S85-44

中国版本图书馆CIP数据核字（2021）第093215号

2021年执业兽医资格考试（兽医全科类）例题解析——基础科目
2021 NIAN ZHIYE SHOUYI ZIGE KAOSHI（SHOUYI QUANKE LEI）LITI JIEXI——JICHU KEMU

中国农业出版社出版
地址：北京市朝阳区麦子店街18号楼
邮编：100125
责任编辑：周锦玉
版式设计：王　晨　　责任校对：周丽芳
印刷：中农印务有限公司
版次：2021年5月第1版
印次：2021年5月北京第1次印刷
发行：新华书店北京发行所
开本：787mm×1092mm　1/16
印张：17.5　　插页：2
字数：425千字
定价：68.00元

编写人员（本书编写人员均为扬州大学专任教师）

主　编　邢　华　石火英　张雨梅

副主编　张金龙　杨生妹　殷　俊

编　者（按姓氏笔画排序）

王小波　王志强　石火英

邢　华　杨生妹　宋红芹

张雨梅　张金龙　陈　云

殷　俊　高　巍　潘士锋

前　言

执业兽医资格考试是我国对兽医从业人员的一种准入考试，也是我国兽医制度与国际通行做法接轨的要求。为了帮助从业人员全面掌握基础兽医学的相关知识，顺利通过国家考试，我们组织编写了《2021年执业兽医资格考试（兽医全科类）例题解析——基础科目》教材。该书是参加全国执业兽医资格考试人员考前复习的必备参考书，适合基础兽医学知识薄弱、需要强化训练的报考者使用。

作为“全国执业兽医资格考试推荐用书”，本书以全国执业兽医资格考试委员会最新编写的《全国执业兽医资格考试大纲（兽医全科类）》为依据，以相关课程的本科生通用教材为主要参考资料。全书分为动物解剖学、组织学及胚胎学，动物生理学，动物生物化学，动物病理学和兽医药理学5篇。每篇依据大纲分为若干单元，各单元由“重要考点”“真题解析”和“练习题目”3个模块组成。“重要考点”按大纲的“细目、要点”层次结构编排，将大纲“要点”内容归纳出若干“考点（知识点）”，以“考点详解”的形式对每一考点作出详细解释；“真题解析”收集了国家考试的所有真题，给出了该题所属的考点和正确答案，并根据知识点对真题作出了详细解析，以便应试者“举一反三”；“练习题目”依据实考题型，为考生精心编制了若干道各类模拟试题，供考生及时巩固知识，强化读者对本单元知识的理解，检验复习成效。针对国家考试采用计算机答题，并出现图片题的实际情况，本教材的“练习题目”中还新编了部分图片题，供考生进行适应性训练。本书各单元的“考点详解”通过手机微信扫描二维码阅读电子文档，“真题解析”和“练习题目”仍保留纸质版，以便于考生复习使用。

该书的所有编者均为扬州大学兽医学院、生物科学与技术学院长期从事相关课程教学和研究的教师，具有主编或参编各类教材或复习辅导教材的经历。其中，动物解剖学、组织学及胚胎学由张金龙、殷俊老师编写，动物生理学由邢华、潘士锋老师编写，动物生物化学由陈云、杨生妹老师编写，动物病理学由高巍、宋红芹、石火英、王小波老师编写，兽医药理学由王志强、张雨梅老师编写。

本书得到扬州大学及其兽医学院、生物科学与技术学院和中国农业出版社的支持和指导，并得到“江苏高校优势学科建设工程资助项目”“江苏省动物重要疫病与人兽共患病防控协同创新中心”“扬州大学出版基金”的资助，在此一并表示衷心感谢。编写中，我们力求做到内容紧扣考试大纲、简明扼要、重点突出，语言通俗易懂，但由于编者水平有限，时间较紧张，不妥之处在所难免，恳请读者提出宝贵意见与建议。

编　者

2021年5月

目　录

第一篇

动物解剖学、组织学及胚胎学

第一单元　概　述

一、例题解析

A1 型题

1. 畜禽机体结构和功能的基本单位是

A. 细胞　B. 组织　C. 器官　D. 系统　E. 体系

[考点与答案] 细胞的概念　A

[解题分析] 细胞是有机体结构、功能和发生的基本单位，具有分裂、分化、衰老和死亡等重要生命活动。因此，畜禽机体结构和功能的基本单位是细胞。故选答案 A。

2. 动物进行新陈代谢、生长发育和繁殖分化的形态学基础是

A. 细胞　B. 组织　C. 器官　D. 系统　E. 细胞器

[考点与答案] 细胞的概念　A

[解题分析] 动物体的最基本结构、功能和发生单位是细胞。故选答案 A。

3. 动物机体遗传信息主要贮存在

A. 细胞膜　B. 细胞质　C. 溶酶体

D. 细胞核　E. 中心体

[考点与答案] 细胞的构造　D

[解题分析] 细胞核是细胞遗传信息的贮存场所，控制细胞的遗传和代谢活动。故答案选 D。

4. 真核细胞生物氧化的主要场所是

A. 核糖体　B. 线粒体　C. 溶酶体

D. 高尔基复合体　E. 过氧化物酶体

［考点与答案］细胞的构造 B

［解题分析］线粒体存在于除成熟红细胞以外的所有细胞内，主要功能是进行氧化磷酸化，为细胞生命活动提供直接能量，所以被称为细胞内的“能量工厂”。故答案选 B。

5. 细胞内固有的“消化功能”的细胞器是

A. 线粒体　　B. 核蛋白体　　C. 溶酶体

D. 过氧化物酶　　E. 中心体

［考点与答案］细胞的构造 C

［解题分析］溶酶体内含数十种水解酶，主要消化分解进入细胞的异物或细胞自身失去功能的细胞器，有细胞消化器之称。故答案选 C。

6. 细胞坏死是

A. 能形成凋亡小体的病理过程　　B. 有基因决定的细胞自我死亡

C. 不可逆的过程　　D. 可逆的过程

E. 细胞器萎缩的过程

［考点与答案］细胞的衰老与死亡 C

［解题分析］细胞坏死是不可逆的过程。故答案选 C。

7. 细胞膜上用来捕捉和辨认胞外化学信号的成分是

A. 卵磷脂　　B. 寡糖链　　C. 胆固醇

D. 脑磷脂　　E. 鞘磷脂

［考点与答案］细胞的构造 B

［解题分析］细胞膜上用来捕捉和辨认胞外化学信号的成分是寡糖链。故答案选 B。

8. 细胞膜上的寡糖链

A. 均暴露在细胞膜的外表面　　B. 结合在细胞膜的内表面

C. 均结合在膜蛋白上　　D. 均结合在膜脂上

E. 分布在细胞膜的两侧

［考点与答案］细胞的构造 A

［解题分析］细胞膜结构模型是液态镶嵌模型学说，细胞膜上的寡糖链均暴露在细胞膜的外表面。故答案选 A。

9. 细胞质内属于膜性结构的细胞器是

A. 中心粒　　B. 核糖体　　C. 微丝

D. 中间体　　E. 线粒体

[考点与答案] 细胞的构造　E

[解题分析] 线粒体是由生物膜构成的细胞器，主要功能是进行氧化磷酸化，为细胞生命活动提供直接能量。故答案选 E。

二、练习题目

A1 型题

1. 图 1-1 所示细胞膜结构模型称为
   A. 三夹板模型　　B. 晶格模型
   C. 液态镶嵌模型　　D. 板块镶嵌模型
   E. 脂筏模型

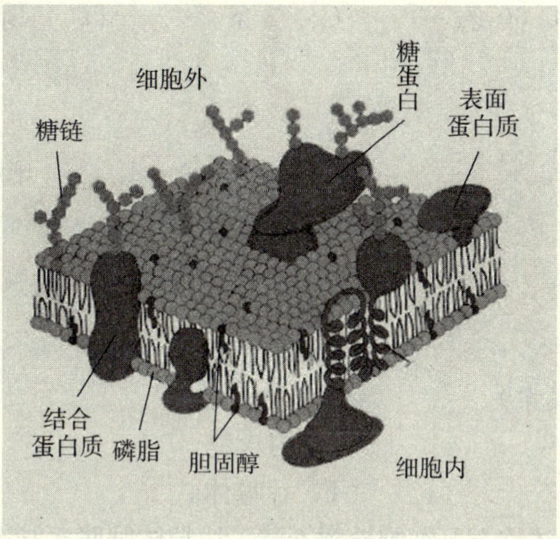

图 1-1　细胞膜结构模型

2. 细胞核的结构不包括
   A. 核膜　　B. 核质　　C. 核仁
   D. 染色质　　E. 核糖体
3. 细胞程序性死亡称为
   A. 细胞裂解　　B. 细胞分化　　C. 细胞衰老
   D. 细胞死亡　　E. 细胞凋亡
4. 细胞分裂期不包括
   A. 细胞分裂前期　　B. 细胞分裂中期
   C. 细胞分裂后期　　D. 细胞分裂末期
   E. 细胞分裂间期
5. 普遍公认的细胞膜结构称为
   A. 三夹板模型　　B. 单位膜模型
   C. 滑动模型　　D. 液态镶嵌模型

E. 不对称模型

6. 后肢的后面称

A. 掌侧　　B. 跖侧　　C. 胫侧

D. 腓侧　　E. 尺侧

7. 与动物体长轴平行而与地面垂直的切面称为

A. 矢状面　　B. 横断面

C. 额面　　D. 水平面

E. 横切面

8. 后肢不包括

A. 臀部　　B. 股部　　C. 膝部

D. 小腿部　　E. 指部

B1 型题

（9～10 题共用备选答案）

A. 38 条　　B. 60 条　　C. 78 条　　D. 44 条　　E. 54 条

9. 猪的染色体有

10. 鸡的染色体有

（11～12 题共用备选答案）

A. 胫侧　　B. 尺侧　　C. 桡侧

D. 腓侧　　E. 尾侧

11. 前肢的内侧称

12. 后肢的内侧称

（13～14 题共用备选答案）

A. 细胞器　　B. 内含物　　C. 包含体

D. 残余体　　E. 吞噬体

13. 一例病变肝脏的描述称：肝细胞轮廓不清，线粒体肿胀，脂滴异常增多，核仁溶解……此处的线粒体属于

14. 一例病变肝脏的描述称：肝细胞轮廓不清，线粒体肿胀，脂滴异常增多，核仁溶解……此处的脂滴属于

[练习题目答案] 1. C　2. E　3. E　4. E　5. D　6. B　7. A　8. E　9. A　10. C　11. C　12. A　13. A　14. B

概述

第二单元　骨　　骼

一、例题解析

A1 型题

1. 鼻腔黏膜发炎常波及的腔窦是

A. 血窦　B. 淋巴窦　C. 上颌窦　D. 冠状窦　E. 静脉窦

［考点与答案］鼻旁窦的概念　C

［解题分析］鼻旁窦包括上颌窦、额窦等，为一些头骨的内、外骨板之间的腔洞，因其直接或间接与鼻腔相通，故称为鼻旁窦。鼻旁窦内的黏膜和鼻腔的黏膜相延续，当鼻腔发炎时，常蔓延到鼻旁窦，引起鼻旁窦炎。故选答案 C。

2. 组成胸廓的骨骼包括

A. 胸椎、肋和胸骨

B. 胸椎、肋和肱骨

C. 胸椎、肋和腰椎

D. 胸椎、肋和肩胛骨

E. 胸骨、肋和肩胛骨

［考点与答案］胸廓的构成　A

［解题分析］胸廓是由背侧的胸椎、两侧的肋骨和肋软骨及腹侧的胸骨围成胸部的轮廓。故选答案 A。

3. 马胸骨的形态特点是

A. 胸骨体上下扁平，有胸骨嵴

B. 胸骨体上下压扁，无胸骨嵴

C. 胸骨体前部左右压扁，后部上下压扁，有胸骨嵴

D. 胸骨体前部上下压扁，后部左右压扁

E. 胸骨体左右压扁，无胸骨嵴

［考点与答案］马胸骨的形态结构特点　C

［解题分析］马的胸骨呈舟形，前部左右压扁，有发达的胸骨嵴；后部上下压扁。故选答案 C。

4. 关于牛髋骨的描述，错误的是

A. 由髂骨、坐骨和耻骨组成

B. 耻骨和坐骨共同组成闭孔

C. 坐骨后外侧角粗大称坐骨结节

D. 髂骨内侧角称荐结节

E. 髂骨翼外侧角称髂骨结节

［考点与答案］牛髋骨　E

［解题分析］髋骨由髂骨、坐骨和耻骨结合而成。髂骨位于外上方，为三角形的扁骨。髂骨前部宽大，称髂骨翼；后部窄小，称髂骨体。髂骨翼的外侧角粗大，称为髋结节；内侧角为荐结节。坐骨为不正的四边形，位于后下方，构成骨盆底的后部。坐骨前缘与耻骨围成闭孔；后外角粗大，称坐骨结节。左、右侧坐骨的后缘连成坐骨弓。两侧坐骨内侧缘被软骨结合形成坐骨联合，形成骨盆联合的后部。耻骨较小，位于前下方，构成骨盆底的前部。耻骨后缘与坐骨前缘共同围成闭孔。两侧耻骨内侧缘由软骨结合形成耻骨联合，构成骨盆联合的前部。故选答案 E。

5. 图中的椎骨是

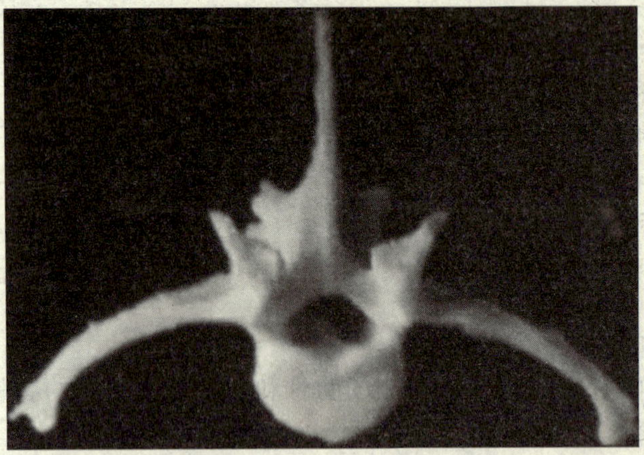

A. 荐椎　　B. 腰椎　　C. 颈椎　　D. 胸椎　　E. 尾椎

［考点与答案］腰椎的特点　B

［解题分析］腰椎的横突发达。故选答案 B。

A2 型题

6. 某病牛，颜面肿胀、隆起，叩诊浊音。低头或摇头时，鼻孔流出脓性鼻液。该病最常发生的部位是

A. 额窦　　B. 上颌窦　　C. 蝶窦

D. 筛窦　　E. 下颌窦

［考点与答案］鼻旁窦的概念和位置　B

［解题分析］鼻旁窦包括上颌窦、额窦等，为一些头骨的内、外骨板之间的腔洞，因其直接或间接与鼻腔相通，故称为鼻旁窦。鼻旁窦内的黏膜和鼻腔的黏膜相延续，当鼻腔发炎时，常蔓延到鼻旁窦，引起鼻旁窦炎。由于是颜面肿胀、隆起，叩诊浊音，故选答案 B。

7. 牛，5 岁，确诊患有脑包虫病，手术摘除多头蚴包囊。其手术切口主要定位在

A. 枕骨　　B. 额骨　　C. 颞骨　　D. 蝶骨　　E. 筛骨

［考点与答案］额骨的位置　B

［解题分析］额骨位于顶骨的前方，鼻骨的后方，构成颅腔的前上壁和鼻腔的后上壁。故选答案 B。

二、练习题目

A1 型题

1. 参与构成颅腔的骨是

A. 翼骨　　B. 蝶骨　　C. 腭骨　　D. 切齿骨　　E. 颧骨

2. 猪特有的骨是

A. 胸骨　　B. 环椎　　C. 腭骨　　D. 吻骨　　E. 腓骨

3. 属于长骨的是

A. 枕骨　　B. 肋骨　　C. 指骨　　D. 下颌骨　　E. 肩胛骨

4. 构成骨盆的骨是

A. 髋骨、荐骨和腰椎

B. 髋骨、荐骨和前几枚尾椎

C. 髋骨、荐骨和股骨

D. 髋骨、腰椎和前几枚尾椎

E. 髋骨、胸椎和前几枚尾椎

5. 属于后肢的骨是

A. 肱骨　　B. 桡骨　　C. 尺骨　　D. 胫骨　　E. 肩胛骨

6. 图 1-2 中箭头所指结构为

A. 椎孔　　B. 椎间孔　　C. 椎外侧孔　　D. 横突孔　　E. 卵圆孔

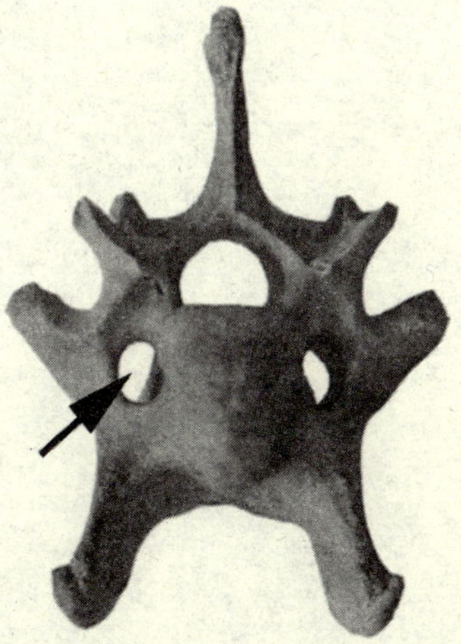

图 1-2　牛颈椎

7. 图 1-3 中荐骨为

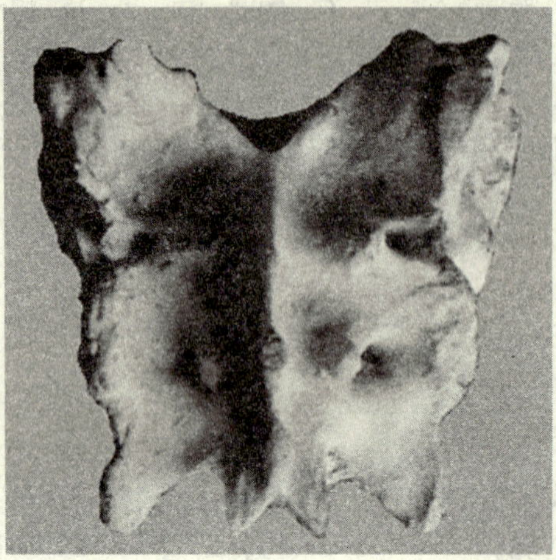

图 1-3 荐 骨

A. 牛荐骨　　B. 猪荐骨　　C. 犬荐骨　　D. 羊荐骨　　E. 马荐骨

8. 图 1-4 中箭头所指骨为

A. 桡骨　　B. 尺骨　　C. 胫骨　　D. 腓骨　　E. 臂骨

9. 图 1-5 中箭头所指结构为

A. 大结节　　B. 小结节　　C. 大转子　　D. 小转子　　E. 盂上结节

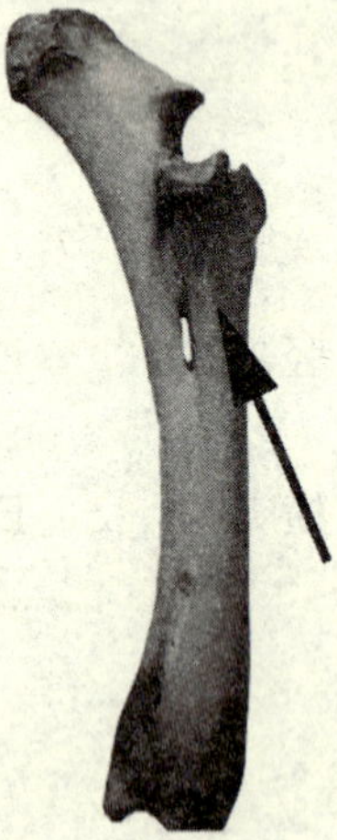

图 1-4 牛前臂骨

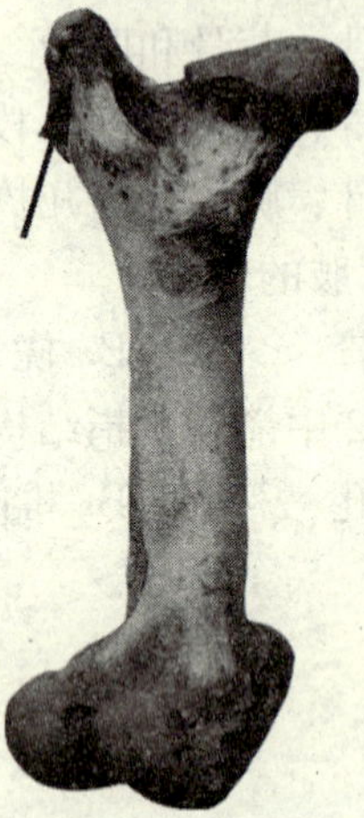

图 1-5 牛股骨

B1 型题

（10～11 题共用备选答案）

A. 胫骨　　B. 股骨　　C. 胸椎　　D. 面骨　　E. 肩胛骨

10. 结构中有关节窝的骨是

11. 参与构成胸廓的骨是

（12～13 题共用备选答案）

A. 掌骨　　B. 跖骨　　C. 肋骨　　D. 枕骨　　E. 荐骨

12. 前肢的骨是

13. 属于头骨的骨是

（14～15 题共用备选答案）

A. 额骨　　B. 枕骨　　C. 颞骨
D. 顶骨　　E. 蝶骨

14. 牛角附于

15. 耳位于

（16～18 题共用备选答案）

A. 冈上窝　　B. 三角肌粗隆　　C. 荐结节
D. 大转子　　E. 闭孔

16. 属于股骨的结构是

17. 属于肩胛骨的结构是

18. 属于肱骨的结构是

A2 型题

19. 犬，9 岁，雌性。右后肢不能走路，经 X 光检查，发现为小腿骨折，则发生骨折的骨为

A. 跖骨　　B. 股骨　　C. 膝盖骨
D. 腓骨　　E. 跗骨

［练习题目答案］1. B　2. D　3. C　4. B　5. D　6. D　7. C　8. A　9. C　10. E
11. C　12. A　13. D　14. A　15. C　16. D　17. A　18. B　19. D

骨骼

第三单元　关　　节

一、例题解析

A1 型题

1. 关节的基本构造包括

A. 关节囊、关节腔、关节韧带、籽骨
B. 关节囊、关节腔、关节软骨、籽骨
C. 关节囊、关节面、关节软骨、籽骨
D. 关节囊、关节腔、关节盘、关节软骨

E. 关节囊、关节腔、关节面、关节软骨

[考点与答案] 关节的结构 E

[解题分析] 关节的基本结构有关节面、关节软骨、关节囊、关节腔和血管神经。故选答案E。

2. 关节中分泌滑液的部位是

A. 韧带　B. 黏液囊　C. 滑膜层

D. 纤维层　E. 关节软骨

[考点与答案] 关节的结构 C

[解题分析] 关节的基本结构中关节囊的滑膜层可分泌滑液。故选答案C。

3. 构成牛肘关节的骨骼是

A. 肱骨和前臂骨　B. 肱骨和肩胛骨

C. 前臂骨、腕骨和掌骨　D. 掌骨、近指节骨和近籽骨

E. 前臂骨和腕骨

[考点与答案] 牛肘关节的构成 A

[解题分析] 牛肘关节由肱骨远端和前臂骨近端构成的单轴复关节。故选答案A。

4. 牛肩关节的特点是

A. 有十字韧带　B. 有悬韧带

C. 有侧（副）韧带　D. 无侧（副）韧带

E. 无关节囊

[考点与答案] 肩关节的结构 D

[解题分析] 肩关节由肩胛骨的肩臼和肱骨头构成，为多轴单关节。关节角在后方，没有侧副韧带。故选答案D。

5. 寰枕关节的类型属于

A. 单轴单关节　B. 单轴复关节　C. 双轴关节

D. 多轴单关节　E. 多轴复关节

[考点与答案] 寰枕关节的结构 C

[解题分析] 由寰椎的前关节窝与枕骨的枕髁构成，为双轴关节，可作屈、伸和小范围的侧转运动。故选答案C。

6. 犬膝（直）韧带有

A. 1条　B. 2条　C. 3条

D. 4条　E. 5条

［考点与答案］股膝关节的辅助结构　A
［解题分析］股膝关节由膝盖骨和股骨远端前部滑车关节面构成。除有内外侧副韧带外，在其前方还有 1 条膝直韧带（牛有 3 条，即膝外直韧带、膝中直韧带和膝内直韧带），起自膝盖骨，止于胫骨近端的胫骨粗隆。故选答案 A。

7. 家畜后肢关节活动性最小的关节是

A. 荐髂关节　　B. 髋关节　　C. 膝关节
D. 跗关节　　E. 趾关节

［考点与答案］荐髂关节特点　A
［解题分析］荐髂关节由荐骨翼和髂骨翼的耳状关节面构成。关节面不平整，周围有关节囊，囊壁紧张，并有短而强的韧带固定。因此，荐髂关节几乎不能活动，主要起连结后肢和躯干的作用。故选答案 A。

8. 荐骨翼与髂骨耳状关节面构成的关节称为

A. 腰荐关节　　B. 髋关节　　C. 荐髂关节
D. 耻骨联合　　E. 坐骨联合

［考点与答案］荐髂关节　C
［解题分析］荐髂关节由荐骨翼和髂骨翼的耳状关节面构成。故选答案 C。

9. 该关节结构模式图中标注“5”所指的是

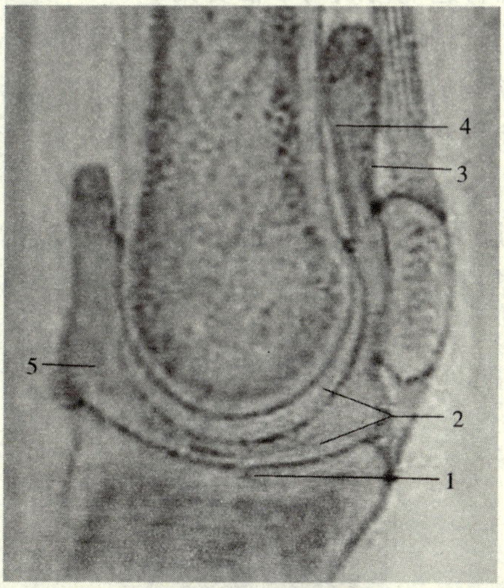

A. 关节囊纤维层　　B. 关节腔　　C. 关节软骨
D. 关节面　　E. 关节囊滑膜层

［考点与答案］关节腔　B
［解题分析］关节腔是关节软骨与滑膜围成的密闭腔隙。故选答案 B。

10. 围成关节腔的结构是关节囊滑膜层和

A. 关节盘　　B. 韧带　　C. 关节软骨
D. 关节囊纤维层　　E. 关节唇

［考点与答案］关节腔　C
［解题分析］关节腔是关节软骨与滑膜围成的密闭腔隙。故选答案 C。

二、练习题目

A1 型题

1. 有半月状软骨板的关节是
   A. 髋关节　B. 膝关节　C. 跗关节　D. 肩关节　E. 肘关节
2. 无侧副韧带的关节是
   A. 趾关节　B. 膝关节　C. 跗关节　D. 肩关节　E. 肘关节
3. 属于前肢的关节是
   A. 髋关节　B. 膝关节　C. 跗关节　D. 趾关节　E. 肘关节
4. 属于多轴关节的关节是
   A. 肩关节　B. 膝关节　C. 跗关节　D. 腕关节　E. 肘关节
5. 跗关节是
   A. 由小腿骨远端、跗骨和跖骨近端构成的多轴复关节
   B. 由小腿骨远端和跖骨近端构成的单轴复关节
   C. 由小腿骨远端和跗骨构成的单轴复关节
   D. 由跗骨和跖骨近端构成的单轴复关节
   E. 由小腿骨远端、跗骨和跖骨近端构成的单轴复关节
6. 没有侧副韧带的关节是
   A. 髋关节　B. 膝关节　C. 跗关节　D. 指关节　E. 肘关节
7. 图 1-6 中箭头所指结构为

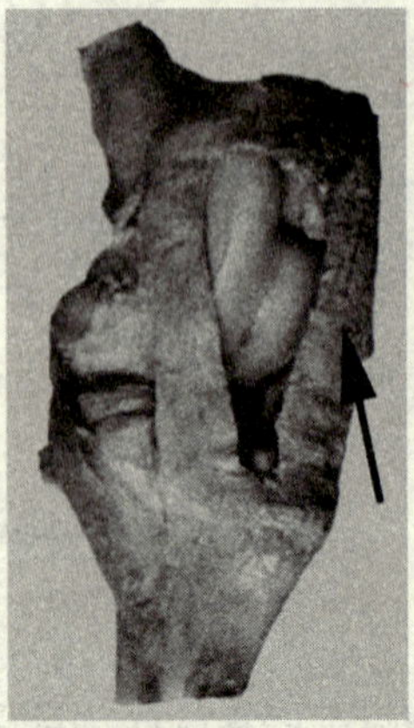

图 1-6　牛膝关节（前侧观）

A. 膝直韧带　　B. 侧副韧带　　C. 悬韧带　　D. 十字韧带　　E. 圆韧带

B1 型题

（8～9 题共用备选答案）

A. 髋关节　　B. 膝关节　　C. 跗关节　　D. 指关节　　E. 肘关节

8. 无侧副韧带的关节是

9. 属于多轴关节的关节是

（10～11 题共用备选答案）

A. 韧带　　B. 关节盘　　C. 关节唇　　D. 关节软骨　　E. 十字韧带

10. 膝关节没有的辅助结构是

11. 不属于关节辅助结构的是

（12～13 题共用备选答案）

A. 肱骨　　B. 腕骨　　C. 跗骨　　D. 股骨　　E. 趾骨

12. 参与构成肘关节的骨是

13. 参与构成膝关节的骨是

[练习题目答案] 1. B　2. D　3. E　4. A　5. E　6. A　7. A　8. A　9. A　10. C　11. D　12. A　13. D

关节

第四单元　肌　　肉

一、例题解析

A1 型题

1. 组成家畜颈静脉沟的肌肉是

A. 胸肌和斜角肌　　B. 胸头肌和臂头肌

C. 肋间肌和胸头肌　　D. 斜角肌和臂头肌

E. 胸最长肌和胸头肌

[考点与答案] 颈静脉沟的位置　B

[解题分析] 臂头肌位于颈侧部浅层，长带状，形成颈静脉沟的上界。胸头肌位于颈下部外侧，呈长带状，形成颈静脉沟的下界。两肌之间形成颈静脉沟，沟内有颈静脉。故选答案 B。

2. 组成腹股沟管的肌肉是

A. 腹直肌与腹横肌　　B. 腹内斜肌与腹直肌
C. 腹外斜肌与腹直肌　　D. 腹横肌与腹内斜肌
E. 腹内斜肌与腹外斜肌

［考点与答案］腹股沟管　E
［解题分析］腹股沟管位于腹底壁后部，耻前腱两侧，是腹外斜肌与腹内斜肌之间的斜行裂隙。故选答案 E。

3. 组成髂肋肌沟的肌肉是

A. 头半棘肌与髂肋肌　　B. 头寰最长肌与髂肋肌
C. 髂肋肌与夹肌　　D. 胸腰最长肌与髂肋肌
E. 髂肋肌与颈多裂肌

［考点与答案］髂肋肌沟的概念　D
［解题分析］髂肋肌沟是背腰最长肌与髂肋肌之间的肌沟，内有很多穴位。故选答案 D。

4. 牛腓肠肌腱、趾浅屈肌腱、臀股二头肌腱和半腱肌腱合成一粗而坚硬的腱索称

A. 跟（总）腱　　B. 中心腱　　C. 悬韧带
D. 侧韧带　　E. 耻前腱

［考点与答案］跟（总）腱的概念　A
［解题分析］腓肠肌腱以及附着于跟结节的趾浅屈肌腱、臀股二头肌腱和半腱肌腱合成一粗而坚硬的腱索，称为跟总腱。故选答案 A。

5. 与臂头肌共同组成家畜颈静脉沟的肌肉是

A. 肩胛横突肌　　B. 肩胛舌骨肌　　C. 胸骨甲状肌
D. 胸骨舌骨肌　　E. 胸头肌

［考点与答案］颈静脉沟的概念　E
［解题分析］臂头肌位于颈侧部浅层，长带状，形成颈静脉沟的上界。胸头肌位于颈下部外侧，呈长带状，形成颈静脉沟的下界。两肌之间形成颈静脉沟，沟内有颈静脉。故选答案 E。

6. 肩胛骨的冈上肌附着部称为

A. 盂上结节　　B. 冈结节　　C. 关节盂　　D. 冈上窝　　E. 冈下窝

［考点与答案］冈上肌的位置　D
［解题分析］冈上肌位于肩胛骨冈下窝内。故选答案 D。

7. 马小腿后脚部背外侧肌群中不包括

A. 趾长伸肌　　B. 趾外侧伸肌　　C. 腓骨长肌

D. 腓骨第三肌　　E. 胫骨前肌

［考点与答案］马小腿后脚部肌特点　C
［解题分析］马无腓骨长肌。故选答案 C。

B1 型题

（8～10 题共用备选答案）

A. 斜方肌　　B. 背阔肌　　C. 臂三头肌
D. 肩胛横突肌　　E. 臂头肌

8. 犬，起于肩胛冈上部，腰背筋膜及最后两肋骨，止于大圆肌粗隆的肌肉是

［考点与答案］背阔肌的起止点　B
［解题分析］背阔肌呈三角形，位于胸侧壁，自腰背筋膜起始，肌纤维向前止于肱骨。故选答案 B。

9. 犬，起于寰椎翼，止于肩胛冈下部的肌肉是

［考点与答案］肩胛横突肌的起止点　D
［解题分析］肩胛横突肌前部位于臂头肌深面，后部位于颈斜方肌与臂头肌之间。起始于寰椎翼，止于肩峰部筋膜。故选答案 D。

10. 犬，起于锁骨，止于颈部中线、乳突和肱骨的肌肉是

［考点与答案］臂头肌的起止点　E
［解题分析］臂头肌位于颈侧部浅层，长带状。起始于枕嵴、寰椎和第 2～4 颈椎横突，止于肱骨。它形成颈静脉沟的上界。故选答案 E。

二、练习题目

A1 型题

1. 不属于肩带肌的肌肉是
A. 胸肌　　B. 臂头肌　　C. 胸头肌　　D. 斜方肌　　E. 肩胛横突肌

2. 不参与构成跟总腱的肌肉是
A. 腓肠肌　　B. 股二头肌　　C. 半腱肌
D. 趾浅屈肌　　E. 趾深屈肌

3. 能伸跗关节的肌肉是
A. 腓肠肌　　B. 腓骨第 3 肌　　C. 腓骨长肌
D. 趾长伸肌　　E. 趾外侧伸肌

4. 牛没有的肌肉是
A. 胸肌　　B. 臂头肌　　C. 臀浅肌
D. 斜方肌　　E. 肩胛横突肌

5. 属于前肢的肌肉是

A. 髂肌　B. 大圆肌　C. 缝匠肌　D. 内收肌　E. 耻骨肌

6. 图1-7中箭头所指肌肉为

A. 三角肌　B. 大圆肌　C. 肩胛下肌

D. 冈上肌　E. 冈下肌

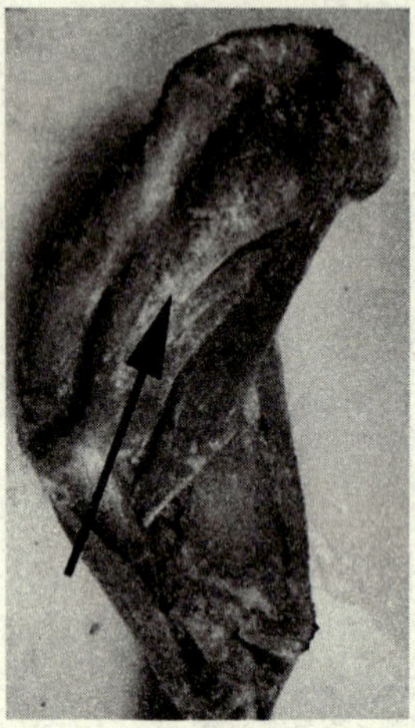

图1-7 羊肩部肌内侧

B1型题

（7～8题共用备选答案）

A. 肋间外肌　B. 胸头肌　C. 腹外斜肌

D. 肋间内肌　E. 背腰最长肌

7. 全身最长的肌肉是

8. 在呼吸过程中，属于吸气肌的肌肉是

（9～10题共用备选答案）

A. 臂浅肌　B. 臂三头肌　C. 臂二头肌

D. 胸头肌　E. 大圆肌

9. 参与构成颈静脉沟的肌肉是

10. 伸肘关节的肌肉是

（11～12题共用备选答案）

A. 腓骨长肌　B. 半腱肌　C. 股四头肌

D. 内收肌　E. 胫骨前肌

11. 马没有的肌肉是

12. 参与构成跟腱的肌肉是

（13～14题共用备选答案）

A. 三角肌　B. 阔筋膜张肌　C. 夹肌

D. 后背侧锯肌　E. 髂肋肌

13. 属于前肢的肌肉是

14. 属于后肢的肌肉是

A2 型题

15. 犬，5 岁，雄性。右前肢走路困难，经检查，发现为因肌肉损伤导致的肘关节不能发生屈的运动，则发生损伤的肌肉为

A. 臂三头肌　B. 前臂筋膜张肌　C. 臂二头肌
D. 大圆肌　E. 三角肌

［练习题目答案］1. C　2. E　3. A　4. C　5. B　6. C　7. E　8. A　9. D　10. B　11. A　12. B　13. A　14. B　15. C

肌肉

第五单元　被皮系统

一、例题解析

A1 型题

1. 皮内注射是把药物注入

A. 表皮　B. 真皮　C. 基底层　D. 网状层　E. 皮下组织

［考点与答案］皮肤的结构　B
［解题分析］皮肤的真皮由致密结缔组织构成，临诊上进行的皮内注射就是把药物注入真皮层内，达到缓慢释放的目的。故选答案 B。

2. 给马钉蹄铁的标志位置是

A. 蹄壁　B. 蹄球　C. 蹄叉　D. 蹄白线　E. 蹄真皮

［考点与答案］蹄的结构　D
［解题分析］固定蹄的铁钉只能进入蹄壁，由于蹄白线是蹄壁角质层和蹄底的分界线，因此，马属动物装蹄时应在此线之外。故选答案 D。

3. 皮下注射是将药物注入

A. 表皮内　B. 真皮乳头层内　C. 真皮网状层
D. 表皮与真皮之间　E. 浅筋膜

［考点与答案］皮肤的结构　E
［解题分析］皮肤是由表皮、真皮和皮下组织构成，皮下组织即浅筋膜。故选答案 E。

4. 奶牛乳房每个乳头的乳头管数是

A. 5 条　　B. 4 条　　C. 3 条　　D. 2 条　　E. 1 条

［考点与答案］奶牛乳房的结构特点　E

［解题分析］牛每个乳头有一个乳头管。故选答案 E。

5. 皮肤的结构包括

A. 表皮、真皮和基底层

B. 表皮、真皮和网状层

C. 表皮、网状层和皮下组织

D. 表皮、真皮和皮下组织

E. 真皮、网状层和皮下组织

［考点与答案］皮肤的结构　D

［解题分析］皮肤是由表皮、真皮和皮下组织构成，皮下组织即浅筋膜。故选答案 D。

6. 属于奇蹄的动物是

A. 马　　B. 牛　　C. 羊　　D. 猪　　E. 驼

［考点与答案］动物的蹄　A

［解题分析］马属于奇蹄的动物。故选答案 A。

7. 具有蹄叉的动物是

A. 羊　　B. 牛　　C. 马　　D. 猪　　E. 犬

［考点与答案］马蹄特点　C

［解题分析］马蹄由蹄壁、蹄底和蹄叉组成。故选答案 C。

二、练习题目

A1 型题

1. 属于奇蹄动物的是

A. 牛　　B. 羊　　C. 猪　　D. 马　　E. 骆驼

2. 有关蹄匣的说法，正确的是

A. 蹄匣由表皮衍生而成

B. 蹄匣由真皮衍生而成

C. 蹄匣由皮下组织衍生而成

D. 蹄匣由表皮和真皮衍生而成

E. 蹄匣由表皮、真皮和皮下组织衍生而成

3. 关于蹄结构的说法，正确的是

A. 蹄壁真皮皮下组织发达，通过皮下组织与骨膜相连

B. 蹄底真皮皮下组织发达，通过皮下组织与骨膜相连

C. 蹄球真皮皮下组织发达

D. 蹄球真皮无皮下组织

E. 蹄壁真皮无皮下组织，蹄底真皮有皮下组织

4. 不属于皮肤衍生物的是

A. 牛角突　B. 羊蹄　C. 猪毛　D. 犬爪　E. 汗腺

5. 有爪的动物是

A. 牛　B. 羊　C. 猪　D. 马　E. 犬

B1 型题

（6～7 题共用备选答案）

A. 牛　B. 羊　C. 猪　D. 马　E. 骆驼

6. 皮下脂肪最发达的动物是

7. 有 5～8 对乳房的动物是

（8～9 题共用备选答案）

A. 表皮　B. 真皮　C. 皮下组织

D. 皮下脂肪　E. 汗腺

8. 皮内注射是将药物注入

9. 能衍生成蹄匣的是

（10～11 题共用备选答案）

A. 肉蹄　B. 爪　C. 乳腺　D. 蹄底真皮　E. 齿

10. 由表皮衍生而成的是

11. 属于皮肤腺的是

[练习题目答案] 1. D　2. A　3. C　4. A　5. E　6. C　7. C　8. B　9. A　10. B　11. C

被皮系统

第六单元　内　脏

一、例题解析

A1 型题

1. 腹膜的壁层与腹膜的脏层之间的间隙为

A. 胸腔　B. 腹膜腔　C. 胸膜腔

D. 腹腔　E. 骨盆腔

［考点与答案］腹膜腔的概念　B
［解题分析］由腹膜的壁层和脏层围成的腔隙称为腹膜腔。故选答案 B。

2. 根据狭义的内脏概念，下列器官中不属于内脏的器官是

A. 睾丸　B. 肝脏　C. 肾脏　D. 心脏　E. 食管

［考点与答案］内脏的概念　D
［解题分析］内脏广义上的概念是指动物身体内部的器官，但从狭义上是指绝大部分位于体腔（胸腔、腹腔和骨盆腔）内的器官，一般包括消化、呼吸、泌尿和生殖四个器官系统。这些器官系统的共同特点是，每个器官都直接或间接地以一端或两端与外界环境相通，借以保证动物体物质代谢和种族延续。故选答案 D。

二、练习题目

A1 型题

1. 连于胃与其他脏器之间的腹膜褶称

A. 系膜　B. 韧带　C. 网膜　D. 腹膜　E. 胸膜

2. 管状器官管壁结构从内向外依次由

A. 黏膜下层、黏膜、肌层和浆膜（或外膜）组成
B. 黏膜、黏膜下层、肌层和浆膜（或外膜）组成
C. 黏膜、肌层、黏膜下层和浆膜（或外膜）组成
D. 黏膜、黏膜下层和浆膜（或外膜）组成
E. 黏膜、肌层和浆膜（或外膜）组成

3. 属于实质性器官的是

A. 胃　B. 心　C. 肠　D. 肺　E. 气管

4. 不属于腹膜褶的结构是

A. 回盲韧带　B. 子宫阔韧带　C. 肠系膜
D. 大网膜　E. 肝圆韧带

5. 有关胸膜腔的描述，正确的是

A. 胸膜的壁层和脏层之间的腔隙为胸膜腔，腔内有少量浆液
B. 胸膜的壁层和脏层之间的腔隙为胸膜腔，腔内有心、肺等器官
C. 胸膜的壁层和脏层之间的腔隙为胸膜腔，腔内有心脏
D. 胸膜的壁层和脏层之间的腔隙为胸膜腔，腔内有肺
E. 胸膜的壁层和脏层之间的腔隙为胸膜腔，腔内有大血管

B1 型题

（6～7 题共用备选答案）

A. 黏膜　B. 黏膜下层　C. 肌层

D. 浆膜　　E. 外膜

6. 管状器官的最内层是

7. 颈部食管的最外层是

（8～9 题共用备选答案）

A. 胸腔　　B. 腹腔　　C. 腹膜腔

D. 盆腔　　E. 口腔

8. 属于浆膜腔的是

9. 腹水位于

（10～11 题共用备选答案）

A. 胃　　B. 肝脏　　C. 心脏　　D. 肾　　E. 胰腺

10. 属于管状器官的器官是

11. 位于胸腔内的器官是

[练习题目答案] 1. C　2. B　3. D　4. E　5. A　6. A　7. E　8. C　9. C　10. A　11. C

内脏

第七单元　消化系统

一、例题解析

A1 型题

1. 位于口咽部侧壁的扁桃体称为

A. 舌扁桃体　　B. 腭扁桃体　　C. 腭帆扁桃体

D. 咽扁桃体　　E. 盲肠扁桃体

[考点与答案] 扁桃体的位置　B

[解题分析] 舌扁桃体位于舌根部背侧；腭扁桃体位于咽部侧壁、腭舌弓和腭咽弓之间；腭帆扁桃体位于软腭口腔面黏膜下；咽扁桃体位于鼻咽部后背侧壁。故选答案 B。

2. 牛有 4 个胃，顺序依次为

A. 瘤胃、瓣胃、皱胃、网胃　　B. 网胃、瓣胃、皱胃、瘤胃

C. 瓣胃、瘤胃、网胃、皱胃　　D. 皱胃、瓣胃、瘤胃、网胃

E. 瘤胃、网胃、瓣胃、皱胃

［考点与答案］牛胃　E
［解题分析］牛、羊的胃为多室胃，依次为瘤胃、网胃、瓣胃和皱胃。故选答案 E。

3. 盲肠发达、外形似逗号，盲肠尖位于剑状软骨部的家畜是

A. 马　B. 牛　C. 羊　D. 猪　E. 犬

［考点与答案］马盲肠的结构特点　A
［解题分析］马盲肠发达，外形呈逗点状，长约 1m。位于腹腔右侧，从右髂部的上部起，沿腹侧壁向前下方伸延，达剑状软骨部。故选答案 A。

B1 型题

（4～5 题共用备选答案）

A. 主细胞　B. 壁细胞　C. 银亲和细胞
D. 颈黏液细胞　E. 内分泌细胞

4. 胃底腺中能分泌盐酸的细胞是

［考点与答案］胃壁的组织结构　B
［解题分析］胃黏膜根据其内有无腺体而分无腺部和腺部，腺部又分贲门腺区。胃底腺区和幽门腺区。胃底腺的腺细胞有主细胞、壁细胞、颈黏液细胞等。壁细胞又称盐酸细胞，体积较大，分泌盐酸，以激活胃蛋白酶原。主细胞数量最多，分泌胃蛋白酶原。故选答案 B。

5. 胃底腺中能分泌胃蛋白酶原的细胞是

［考点与答案］胃壁的组织结构　A
［解题分析］主细胞数量最多，分泌胃蛋白酶原。故选答案 A。

（6～8 题共用备选答案）

A. 十二指肠　B. 空肠　C. 回肠
D. 盲肠　E. 结肠

6. 羊肠的黏膜下层有腺体的肠段是

［考点与答案］羊十二指肠的组织结构特点　A
［解题分析］小肠壁的构造小肠壁由黏膜、黏膜下层、肌层和浆膜构成。黏膜上皮为单层柱状上皮，由柱状细胞、杯状细胞和少量内分泌细胞构成。固有层为富含网状纤维的结缔组织，内含肠腺及毛细血管、神经、各种细胞成分和一条中央乳糜管（绵羊有两条）。黏膜下层为疏松结缔组织，内有较大的血管、淋巴管、神经丛及淋巴小结等，十二指肠黏膜下层中有十二指肠腺。肌层由内环和外纵两层平滑肌组成。浆膜被覆于肠管表面。故选答案 A。

7. 牛小肠中最长，弯曲最多的一段是

［考点与答案］牛空肠的形态结构特点　B

［解题分析］小肠可分为十二指肠、空肠和回肠，其中空肠最长，并有许多小的肠袢（弯曲）。故选答案 B。

8. 马大肠有一段形态特殊，盘曲成双层马蹄铁形的是

［考点与答案］马结肠的形态结构特点　E

［解题分析］马结肠可分为升结肠（大结肠）、横结肠和降结肠（小结肠）。大结肠特别发达，几乎占据腹腔的下 3/4，盘曲成双层马蹄铁形。可分为四段三曲，从盲结口开始，顺次为右下大结肠→胸骨曲→左下大结肠→骨盆曲→左上大结肠→膈曲→右上大结肠。右下大结肠除起始部外均较粗，至骨盆曲处突然变细，右上大结肠管径逐渐变粗，末端又叫胃状膨大部。故选答案 E。

（9～11 题共用备选答案）

A. 马　　B. 牛　　C. 猪

D. 犬　　E. 兔

9. 盲肠呈逗点状的动物是

［考点与答案］马盲肠的结构特点　A

［解题分析］马盲肠发达，呈逗点状，长约 1m。位于腹腔右侧。可分为盲肠底、盲肠体和盲肠尖三部分。故选答案 A。

10. 盲肠呈螺旋状弯曲的动物是

［考点与答案］犬盲肠的结构特点　D

［解题分析］犬盲肠呈螺旋状弯曲，位于右髂区内侧，以盲结口与结肠相通。故选答案 D。

11. 回肠与盲肠交界处有圆小囊的动物是

［考点与答案］兔盲肠的结构特点　E

［解题分析］兔回肠与盲肠交界处有圆小囊。故选答案 E。

（12～14 题共用备选答案）

A. 左侧腹壁　　B. 右侧 5～7 肋

C. 左侧前下方 6～8 肋　　D. 右侧 7～11 肋

E. 右侧 8～12 肋

12. 成年牛瘤胃的体表投影位于

［考点与答案］成年牛瘤胃的位置　A

［解题分析］瘤胃几乎占据整个腹腔左侧。故选答案 A。

13. 成年牛皱胃体表投影位于

［考点与答案］成年牛皱胃的位置　E
［解题分析］皱胃位于右季肋部和剑状软骨部，约与第8～12肋骨相对。故选答案E。

14. 成年牛网胃体表投影位于

［考点与答案］成年牛网胃的位置　C
［解题分析］牛网胃位于季肋部的正中矢面上，约与第6～8肋骨相对。故选答案C。

B1 型题

（15～17题共用备选答案）

A. 马　B. 驴　C. 牛　D. 猪　E. 骡

15. 舌上具有舌圆枕的动物是

［考点与答案］牛舌　C
［解题分析］牛的舌上有舌圆枕。故选答案C。

16. 舌下肉阜小，位于舌系带处的动物是

［考点与答案］猪口腔底　D
［解题分析］猪的舌下肉阜小，位于舌系带处。故选答案D。

17. 上切齿缺失的动物是

［考点与答案］牛齿特点　C
［解题分析］牛和羊没有上切齿。故选答案C。

A2 型题

18. 牛，食欲减退或废绝，反刍缓慢或停止，精神沉郁，拱背结立，站立时常采取前高后低的姿势，在左侧肘后触诊敏感，初步判断为金属异物损伤。被损伤的器官最可能是

A. 盲肠　B. 瓣胃　C. 瘤胃　D. 网胃　E. 皱胃

［考点与答案］牛网胃的特点　D
［解题分析］网胃与心包之间仅以膈相隔，当牛吞食尖锐物体停留在网胃中时，常会穿通胃壁引起创伤性网胃炎，严重时还可穿过膈而刺破心包，引起创伤性心包炎。故选答案D。

二、练习题目

A1 型题

1. 口腔底前部舌尖下面的一对乳头是

A. 舌乳头　B. 舌下肉阜　C. 圆锥状乳头
D. 切齿乳头　E. 舌圆枕

2. 牛、羊胃的大体解剖结构叙述错误的是
A. 按顺序分为瘤胃、网胃、瓣胃和皱胃
B. 它们之间的连通口依次是瘤网口、网瓣口和瓣皱口
C. 前胃是指瘤胃、网胃、瓣胃，它们无胃腺
D. 瘤胃在腹腔左侧
E. 网胃内腔左侧壁有食管沟

3. 消化腺包括
A. 肝、脾、大唾液腺
B. 肝、胰、大唾液腺、消化管壁内的小腺体
C. 肝、胰、扁桃体
D. 肝、胰、胆囊
E. 肝、胰、脾、消化管内的小腺体

4. 牛、羊大肠中最长的一段是
A. 盲肠　B. 直肠　C. 升结肠
D. 横结肠　E. 降结肠

5. 没有胆囊的动物是
A. 牛　B. 羊　C. 猪
D. 马　E. 犬

6. 牛大肠分部为
A. 初袢、旋袢、终袢
B. 升结肠、横结肠、降结肠
C. 向心回、中心曲、离心回
D. 盲肠、结肠、直肠
E. 十二指肠、空肠、回肠

7. 以下不属于牛瘤胃结构的是
A. 贲门　B. 腹囊　C. 左纵沟
D. 右纵沟　E. 幽门

8. 消化道和呼吸道共同的器官是
A. 咽　B. 喉　C. 气管
D. 食道　E. 口腔

9. 图 1-8 中箭头所示舌乳头为
A. 锥状乳头　B. 豆状乳头　C. 菌状乳头
D. 叶状乳头　E. 轮廓乳头

10. 图 1-9 中箭头所指齿为
A. 切齿　B. 犬齿　C. 臼齿
D. 乳齿　E. 长冠齿

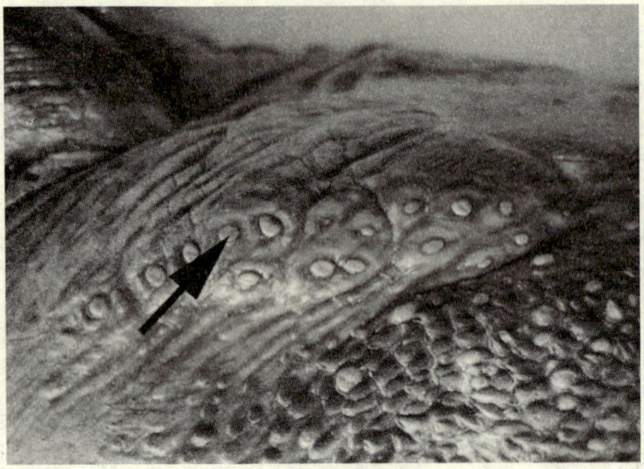

图 1－8　牛舌表面

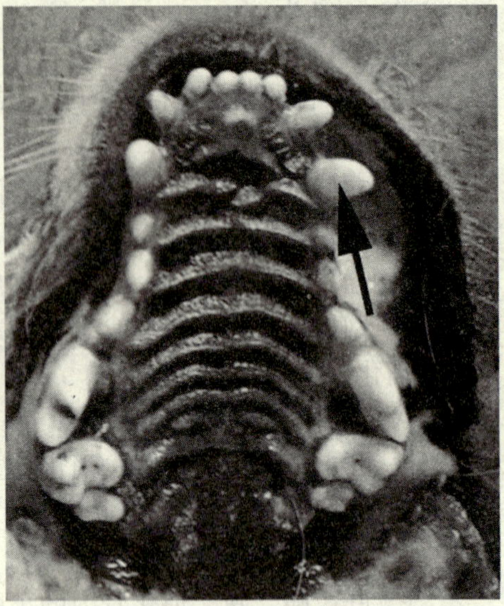

图 1－9　犬口腔顶壁

11. 图 1－10 所示牛消化道黏膜为

A. 瘤胃黏膜　　B. 网胃黏膜　　C. 瓣胃黏膜

D. 皱胃黏膜　　E. 大肠黏膜

12. 图 1－11 中箭头所指部分为

A. 肝右外叶　　B. 肝左叶　　C. 肝方叶　　D. 肝尾叶　　E. 肝右内叶

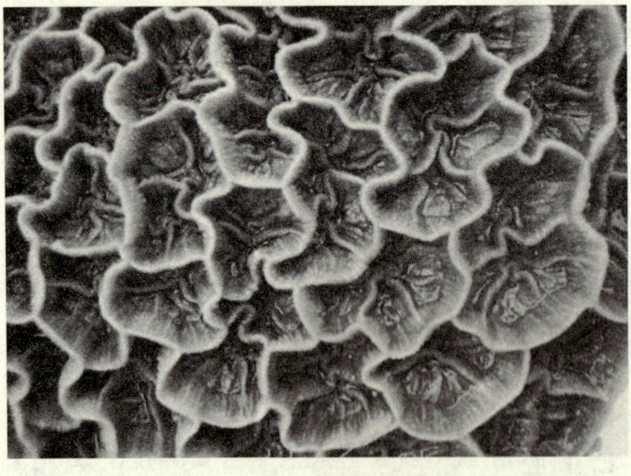

图 1－10　牛消化道黏膜

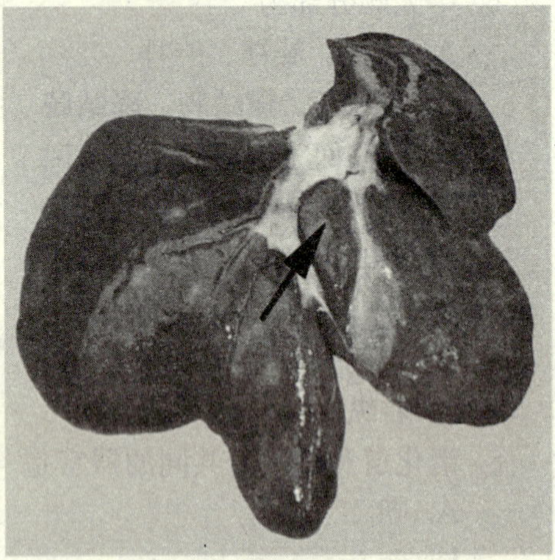

图 1－11　猪　肝

B1 型题

（13～15 题共用备选答案）

A. 双层马蹄铁形　　B. 圆盘状　　C. 圆锥状

D. U 形　　E. 线形

13. 马大结肠呈现的形状是

14. 牛、羊升结肠旋袢呈现的形状是

15. 猪的升结肠在肠系膜中盘曲成

（16～18 题共用备选答案）

A. 马　　B. 牛　　C. 猪　　D. 犬　　E. 兔

16. 肛管两侧有肛囊，壁内有肛囊腺的动物是

17. 升结肠分为初袢、旋袢和终袢三段的动物是

18. 没有胆囊的动物是

A2 型题

19. 奶牛，3 岁，雄性。精神和食欲很差，眼结膜黄染，经详细检查，发现是位于腹腔右季肋部的一器官发生问题，该器官是

A. 肾脏　　B. 心脏　　C. 胃　　D. 肝脏　　E. 肺

20. 水牛，3 岁，雄性。因食用青草过多，发生瘤胃臌气，必须对病牛立即进行瘤胃手术，手术部位是

A. 右侧腹壁　　B. 左侧腹壁

C. 右侧盆腔壁　　D. 左侧盆腔壁

E. 右侧胸侧壁

［练习题目答案］1. B　2. E　3. B　4. C　5. D　6. D　7. E　8. A　9. E　10. B　11. B　12. C　13. A　14. B　15. C　16. D　17. B　18. A　19. D　20. B

消化系统

第八单元　呼吸系统

一、例题解析

A1 型题

1. 固有鼻腔呼吸区黏膜上皮类型是

A. 变异上皮　　B. 单层扁平上皮

C. 单层柱状上皮　　D. 复层扁平上皮

E. 假复层纤毛柱状上皮

［考点与答案］鼻腔的结构　E

［解题分析］固有鼻腔呼吸区黏膜上皮为假复层纤毛柱状上皮。故选答案 E。

2. 鼻腔黏膜发炎常波及的腔窦是

A. 血窦　B. 淋巴窦　C. 上颌窦
D. 冠状窦　E. 静脉窦

［考点与答案］鼻旁窦的概念　C
［解题分析］鼻旁窦亦称副鼻窦，为一些头骨的内、外骨板之间含气腔洞的总称，因其直接或间接与鼻腔相通，故称鼻旁窦。由于鼻腔和鼻旁窦的黏膜相延续，鼻腔炎症可引起鼻旁窦发炎。兽医临诊上重要的有上颌窦和额窦。故选答案 C。

3. 肺进行气体交换的最主要场所是

A. 肺泡　B. 肺泡囊　C. 肺泡管
D. 细支气管　E. 呼吸性细支气管

［考点与答案］肺的结构　A
［解题分析］肺的呼吸部：肺泡是肺进行气体交换的场所。肺泡上皮根据细胞的形态和功能分为Ⅰ型肺泡细胞和Ⅱ型肺泡细胞。故选答案 A。

4. 家畜的肺分为左肺和右肺，而右肺

A. 较小　B. 较大　C. 较圆　D. 较钝　E. 较尖

［考点与答案］肺的形态位置　B
［解题分析］肺分左右肺，左肺由于心脏的挤压，较小，所以右肺比左肺大。故选答案 B。

5. 肺是气体

A. 进入的器官　B. 排出的器官　C. 存储的器官
D. 冷却的器官　E. 交换的器官

［考点与答案］呼吸系统器官功能　E
［解题分析］呼吸道是气体的通道，肺是气体交换的场所。故选答案 E。

6. 家畜喉软骨中，最大的是

A. 甲状软骨　B. 会厌软骨　C. 环状软骨
D. 勺状软骨　E. 剑状软骨

［考点与答案］家畜喉软骨　A
［解题分析］家畜喉软骨有 4 种 5 块，包括环状软骨、甲状软骨、会厌软骨和成对的杓状软骨。环状软骨位于第 1 气管软骨环前方，呈戒指样，背侧宽大为板，其余为弓。甲状软骨位于环状软骨前方，呈 U 形，两侧为板，底部为体。会厌软骨位于甲状软骨前方，呈叶片状，分底和尖，尖弯向舌根。杓状软骨位于甲状软骨背内侧、环状软骨前方，呈三面锥体形，分底和尖，底向腹侧伸出声带突，尖向前上方弯曲呈钩状称小角突。故选答案 A。

7. 马鼻泪管开口于

A. 鼻盲囊　B. 上鼻道　C. 鼻前庭　D. 下鼻道　E. 中鼻道

［考点与答案］鼻前庭　C
［解题分析］马鼻泪管开口于鼻前庭。故选答案 C。

8. 能关闭喉口的软骨是

A. 会厌软骨　B. 甲状软骨　C. 环状软骨
D. 勺状软骨　E. 剑状软骨

［考点与答案］动物喉软骨　A
［解题分析］会厌软骨位于甲状软骨前方，呈叶片状，分底和尖，尖弯向舌根，在吞咽时可向后翻转盖住喉口，防止食物落入喉内。故选答案 A。

二、练习题目

A1 型题

1. 牛的右肺分为
A. 前叶、中叶和后叶　B. 前叶和中叶
C. 前叶和后叶　D. 前叶、中叶、后叶和副叶
E. 前叶和副叶

2. 家畜成对的喉软骨是
A. 甲状软骨　B. 环状软骨　C. 勺状软骨
D. 会厌软骨　E. 气管软骨

3. 下列不是鼻腔结构的是
A. 鼻前庭　B. 鼻黏膜　C. 鼻甲骨
D. 鼻咽部　E. 鼻憩室

4. 吞咽时，具有关闭喉口功能的软骨是
A. 甲状软骨　B. 会厌软骨　C. 勺状软骨
D. 环状软骨　E. 舌软骨

5. 以下有关肺的叙述正确的是
A. 有肋面、膈面和内侧面　B. 只有背侧缘和底缘
C. 分左肺和右肺，左肺较大　D. 底缘较薄，有心切迹
E. 内侧面略凹，与膈相邻

6. 左肺分为 2 叶，右肺分为 3 叶的动物是
A. 马　B. 牛　C. 猪　D. 犬　E. 羊

7. 图 1-12 中箭头所指结构为
A. 甲状软骨　B. 会厌软骨　C. 杓状软骨
D. 环状软骨　E. 气管软骨

图 1-12　牛喉软骨

B1 型题

（8～9 题共用备选答案）

A. 小支气管　B. 肺泡管　C. 细支气管

D. 终末细支气管　E. 呼吸性细支气管

8. 支气管进入肺内反复分支，当管径细至 1mm 以下时，称为

9. 支气管进入肺内反复分支，当管径细至 0.5mm 以下时，称为

（10～12 题共用备选答案）

A. 嗅区　B. 鼻旁窦　C. 食管　D. 鼻后孔　E. 喉腔

10. 每侧鼻腔侧壁有上、下鼻甲，将鼻腔分为上鼻道、中鼻道、下鼻道和总鼻道，其中上鼻道通

11. 中鼻道通

12. 下鼻道通

[练习题目答案] 1. D　2. C　3. D　4. B　5. A　6. A　7. D　8. C　9. D　10. A　11. B　12. D

呼吸系统

第九单元　泌尿系统

一、例题解析

A1 型题

1. 肾外表面坚韧的结缔组织膜构成

A. 滑膜　B. 浆膜　C. 上皮　D. 纤维囊　E. 脂肪囊

［考点与答案］肾的结构 D

［解题分析］肾表面有一层坚韧的结缔组织膜，称纤维囊；脂肪囊位于纤维囊的外面，其余均与题意不符。故选答案 D。

2. 牛肾的类型属于

A. 复肾　　B. 有沟多乳头肾

C. 有沟单乳头肾　　D. 光滑多乳头肾

E. 光滑单乳头肾

［考点与答案］肾的类型 B

［解题分析］复肾，见于鲸、熊、水獭等动物；有沟多乳头肾，见于牛；光滑多乳头肾，见于猪和人；光滑单乳头肾，见于马、羊、犬和兔。故选答案 B。

3. 肾组织结构中有肾大盏而无肾盂的家畜是

A. 牛　　B. 马　　C. 羊

D. 猪　　E. 犬

［考点与答案］肾的结构 A

［解题分析］牛肾为有沟的多乳头肾，表面有沟，分叶明显。皮质位于外周，髓质位于深部，肾锥体明显，有 18～22 个肾乳头。皮质伸入相邻肾锥体之间，称肾柱。输尿管在肾内分为两个肾大盏，肾大盏分支形成肾小盏。肾小盏呈喇叭状，包围每一个肾乳头。故选答案 A。

4. 属于有沟多乳头肾的动物是

A. 猪　　B. 马　　C. 羊

D. 牛　　E. 犬

［考点与答案］肾的类型 D

［解题分析］复肾，见于鲸、熊、水獭等动物；有沟多乳头肾，见于牛；光滑多乳头肾，见于猪和人；光滑单乳头肾，见于马、羊、犬和兔。故选答案 D。

二、练习题目

A1 型题

1. 家畜肾形成的尿液需通过下列结构才能排出体外

A. 肾盂、膀胱、尿道　　B. 输尿管、膀胱、尿道

C. 肾小盏、膀胱、尿道　　D. 肾乳头、膀胱、尿道

E. 肾大盏、膀胱、尿道

2. 肾脏是将何处的代谢产物形成尿液排走

A. 胃肠　　B. 肺　　C. 血液

D. 淋巴　　E. 皮肤

3. 哺乳动物暂时储存尿液的器官是

A. 肾　　B. 输尿管　　C. 膀胱

D. 肾盂　　E. 肾盏

4. 牛的左肾形态为

A. 背腹压扁的椭圆形　　B. 三棱形　　C. 长椭圆形

D. 背腹扁平豆形　　E. 圆角的等边三角形

5. 膀胱呈梨形，由前向后可分为

A. 膀胱顶、膀胱体、膀胱颈　　B. 膀胱体、膀胱顶、膀胱颈

C. 膀胱体、膀胱颈、膀胱顶　　D. 膀胱顶、膀胱颈、膀胱体

E. 膀胱颈、膀胱体、膀胱顶

6. 图 1-13 所示肾脏为

A. 猪肾　　B. 羊肾　　C. 牛肾

D. 兔肾　　E. 犬肾

图 1-13　肾　脏

B1 型题

（7～9 题共用备选答案）

A. 复肾　　B. 有沟多乳头肾

C. 有沟单乳头肾　　D. 光滑多乳头肾

E. 光滑单乳头肾

7. 牛肾的类型属于

8. 猪肾的类型属于

9. 马、兔肾的类型属于

（10～11 题共用备选答案）

A. 单层立方体形细胞　　B. 单层扁平上皮

C. 单层柱状上皮　　D. 单层立方体形或锥体形细胞

E. 复层扁平上皮

10. 肾小管包括近端小管、细段和远端小管。近端小管曲部又称近曲小管，管壁上皮细胞为

11. 细段管径小，管壁上皮细胞为

[练习题目答案] 1. B　2. C　3. C　4. B　5. A　6. C　7. B　8. D　9. E　10. D　11. B

泌尿系统

第十单元　生殖系统

一、例题解析

A1 型题

1. 具有子宫阜的家畜是

A. 马　B. 牛　C. 猪　D. 犬　E. 兔

[考点与答案] 子宫的形态结构特点　B

[解题分析] 牛、羊的子宫角和子宫体黏膜上具有子宫阜，其他家畜子宫无子宫阜。故选答案 B。

2. 与其他家畜相比，犬阴茎的特殊结构是

A. 阴茎骨　B. 阴茎头　C. 阴茎体　D. 阴茎根　E. 乙状弯曲

[考点与答案] 阴茎的形态结构特点　A

[解题分析] 家畜的阴茎分阴茎根、阴茎体和阴茎头三部分，犬的阴茎具有阴茎骨。故选答案 A。

3. 马卵巢的特殊结构是

A. 卵巢囊　B. 卵巢门　C. 排卵窝

D. 卵巢系膜　E. 卵巢固有韧带

[考点与答案] 卵巢的形态特点　C

[解题分析] 马的卵巢呈豆形，位于第 4（右侧）至第 5（左侧）腰椎横突腹侧。卵巢游离缘有一凹陷称排卵窝，成熟卵泡由此排出。故选答案 C。

4. 雄性动物家畜去势后，其副性腺

A. 发育良好　B. 发育不良

C. 功能亢进　D. 退化消失

E. 更加发达

［考点与答案］动物副性腺　B
［解题分析］副性腺包括精囊腺、前列腺和尿道球腺。去势家畜的副性腺均发育不良。故选答案 B。

5. 副性腺只有前列腺的雄性家畜是

A. 马　B. 牛　C. 羊　D. 猪　E. 犬

［考点与答案］动物的副性腺　E
［解题分析］犬无精囊腺和尿道球腺。犬前列腺很发达，体部呈淡黄色球形体，环绕在整个膀胱颈和尿生殖道的起始部，扩散部薄，包围尿道盆部。故选答案 E。

6. 子宫角弯曲呈绵羊角状，子宫体较短的动物是

A. 马　B. 猪　C. 牛　D. 犬　E. 猫

［考点与答案］子宫的形态结构特点　C
［解题分析］牛子宫角短，弯曲呈绵羊角状，子宫体也较短。故选答案 C。

7. 牛、羊睾丸的长轴呈

A. 上下垂直位　B. 前后水平位
C. 前下后上斜位　D. 前上后下斜位
E. 横向水平位

［考点与答案］牛、羊睾丸的形态和位置　A
［解题分析］牛、羊睾丸的长轴呈上下垂直位，椭圆形，睾丸头端朝上，附睾位于睾丸后缘。故选答案 A。

8. 与母畜膀胱背侧紧邻的器官是

A. 卵巢和输卵管　B. 卵巢和子宫
C. 子宫和阴道　D. 阴道和阴道前庭
E. 子宫和阴道前庭

［考点与答案］母畜膀胱的位置　C
［解题分析］子宫和阴道位于母畜膀胱背侧。故选答案 C。

9. 公犬去势时切断的精索包含有

A. 输尿管　B. 输精管　C. 提睾肌
D. 肉膜　E. 总鞘膜

［考点与答案］精索概念　B
［解题分析］精索是由睾丸血管、神经、淋巴管、平滑肌束及输精管构成的扁平圆锥形结构。故选答案 B。

10. 公猪精囊腺开口于

A. 睾丸　　B. 尿道口　　C. 尿道球腺
D. 前列腺　　E. 精阜

［考点与答案］精囊腺　E
［解题分析］公猪精囊腺与输精管一起开口于精阜。故选答案 E。

11. 卵巢上有排卵窝的家畜是

A. 牛　　B. 马　　C. 羊　　D. 猪　　E. 犬

［考点与答案］动物卵巢的结构特点　B
［解题分析］马的卵巢呈豆形，位于第 4（右侧）至第 5（左侧）腰椎横突腹侧。卵巢游离缘有一凹陷称排卵窝，成熟卵泡由此排出。故选答案 B。

12. 牛羊子宫阜位于

A. 子宫角和子宫体黏膜　　B. 子宫体和子宫颈黏膜
C. 子宫颈黏膜　　D. 子宫体和子宫角浆膜
E. 子宫角和子宫颈黏膜

［考点与答案］牛羊子宫特点　A
［解题分析］牛羊子宫角和子宫体黏膜上有 100 多个卵圆形隆起，称子宫阜。故选答案 A。

B1 型题

（13～14 题共用备选答案）

A. 尿道球　　B. 精囊腺　　C. 前列腺
D. 尿道球腺　　E. 输精管壶腹

13. 犬的副性腺仅有

［考点与答案］犬副性腺的特点　C
［解题分析］犬无精囊腺和尿道球腺。犬前列腺很发达，体部呈淡黄色球形体，环绕在整个膀胱颈和尿生殖道的起始部，扩散部薄，包围尿道盆部。故选答案 C。

14. 马呈梨形囊状的副性腺称

［考点与答案］马副性腺的形态结构特点　B
［解题分析］马的精囊腺呈梨形囊状，表面平滑，囊壁由黏膜、肌膜和外膜组成。故选答案 B。

（15～17 题共用备选答案）

A. 子宫阜　　B. 子宫颈枕
C. 伪子宫体　　D. 子宫颈阴道部
E. 子宫角间（背侧和腹侧）韧带

15. 牛子宫不具有

［考点与答案］牛子宫的特点　B

［解题分析］牛子宫角呈卷曲的绵羊角状；子宫角分叉处有角间背侧和腹侧韧带相连；子宫体短，牛子宫角和子宫体黏膜上有100多个卵圆形隆起，称子宫阜；子宫颈长，黏膜形成环形皱褶，子宫颈管呈螺旋状，有子宫颈阴道部。故选答案B。

16. 猪子宫具有

［考点与答案］猪子宫的特点　B

［解题分析］猪子宫角长而弯曲，似小肠；子宫体较短，子宫角和体内无子宫阜；子宫颈黏膜形成两排半球形隆起称子宫颈枕，子宫颈管呈螺旋状。无子宫颈阴道部，与阴道无明显的界限。故选答案B。

17. 牛直肠检查时，常用于确定子宫位置的结构是

［考点与答案］牛子宫的位置　E

［解题分析］牛子宫为孕育胎儿的肌质器官，大部分位于腹腔内，小部分位于盆腔内，借子宫系膜附着于腹腔顶壁和盆腔侧壁，而答案A、B、C和D都是有关子宫结构方面的。故选答案E。

A2 型题

18. 4岁经产母牛，长时间不发情，血浆孕酮水平异常。临床诊断需进一步对卵巢进行直肠检查。直肠检查该母牛卵巢的位置在

A. 第2～3腰椎横突腹侧　　B. 第4～5腰椎横突腹侧

C. 髋结节前缘　　D. 耻骨前缘前下方

E. 耻骨前缘后下方

［考点与答案］母牛卵巢的位置　D

［解题分析］处女牛卵巢多位于骨盆腔内，经产牛位于腹腔内，在耻骨前缘前下方。故选答案D。

19. 犬，7岁，雌性。近日发现饮欲增加，多尿。血常规检查白细胞20×10^9个/L，红细胞7.0×10^{12}个/L，腹部B超检查见腹底部有条形液性暗区，加大增益可见暗区内低回声。该液性暗区发生于

A. 卵巢　　B. 子宫　　C. 输尿管　　D. 膀胱　　E. 肾

［考点与答案］子宫和膀胱的位置形态　B

［解题分析］由于在腹底部，可以排除输尿管、卵巢和肾；由于有条形液性暗区，可以排除膀胱。故选答案B。

二、练习题目

A1 型题

1. 雄性生殖系统中，产生精子的器官是

A. 睾丸　B. 附睾　C. 副性腺　D. 精索　E. 精囊腺

2. 公畜尿生殖道管壁结构中不包括

A. 黏膜　B. 软骨层　C. 海绵体层

D. 肌层　E. 外膜

3. 将卵巢悬挂于肾脏后方的腰下部或骨盆入口附近的结构是

A. 卵巢被膜　B. 卵巢固有韧带　C. 输卵门

D. 卵巢系膜　E. 卵巢囊

4. 下列腺体中，属于副性腺的是

A. 甲状腺　B. 甲状旁腺　C. 精囊腺

D. 肾上腺　E. 皮脂腺

5. 输精管末端开口于

A. 输精管壶腹　B. 阴茎头　C. 尿道内口腹侧

D. 膀胱颈　E. 精阜

6. 家畜附睾内有许多管道，它们是

A. 附睾管　B. 睾丸网

C. 睾丸输出小管　D. 睾丸输出小管和附睾管

E. 输精管

7. 成年母猪子宫的特点是

A. 子宫角长　B. 子宫角短

C. 子宫内有子宫阜　D. 双子宫

E. 有子宫颈阴道部

8. 阴茎呈左右略扁的圆柱状，没有乙状弯曲，阴茎头膨大，后缘膨隆形成阴茎头冠的动物是

A. 马　B. 牛　C. 猪　D. 犬　E. 兔

9. 图 1－14 中箭头所指结构为

图 1－14　公犬的泌尿生殖器官

A. 精囊腺　　B. 尿道球腺　　C. 尿道球　　D. 前列腺　　E. 阴茎球

10. 图 1－15 中箭头所指结构为

A. 子宫体　　B. 卵巢　　C. 子宫颈　　D. 子宫伪体　　E. 子宫角

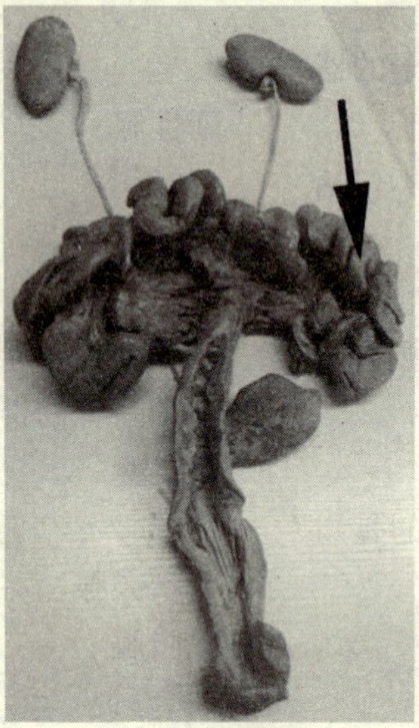

图 1－15　猪泌尿生殖器官

B1 型题

（11～12 题共用备选答案）

A. 子宫角　　B. 子宫体

C. 子宫颈阴道部　　D. 子宫颈枕

E. 子宫颈

11. 牛的子宫颈后端突入阴道，形成

12. 猪的子宫颈黏膜形成两排半球形隆起称

（13～14 题共用备选答案）

A. 精曲小管　　B. 精直小管　　C. 间质细胞

D. 睾丸小隔　　E. 睾丸纵隔

13. 睾丸中能够产生精子的结构是

14. 睾丸中能够分泌睾酮的是

［练习题目答案］1. A　2. B　3. D　4. C　5. E　6. D　7. A　8. A　9. D　10. E　11. C　12. D　13. A　14. C

生殖系统

第十一单元　心血管系统

一、例题解析

A1 型题

1. 牛常用于采血的静脉是

A. 头静脉　　B. 颈外静脉　　C. 颈内静脉
D. 颈深静脉　　E. 颈浅静脉

［考点与答案］大静脉位置及属支　B

［解题分析］颈静脉包括颈外静脉和颈内静脉。颈外静脉由舌面静脉和上颌静脉汇集而成，为头颈部粗大的静脉干，其属支有舌面静脉、上颌静脉、颈浅静脉和头静脉等，颈外静脉位于颈部皮下颈静脉沟内，是临诊上采血、放血、输液的重要部位。故选答案 B。

2. 牛子宫的血液供应来自

A. 脐动脉、臀前动脉和阴道动脉
B. 卵巢动脉、脐动脉和阴道动脉
C. 卵巢动脉、脐动脉和臀前动脉
D. 卵巢动脉、髂外动脉和阴道动脉
E. 卵巢动脉、臀前动脉和阴道动脉

［考点与答案］为主动脉分支及分布范围　B

［解题分析］卵巢动脉在子宫阔韧带中延伸，分出输卵管支和子宫支，分布于卵巢、输卵管和子宫角；髂内动脉分出脐动脉分布于膀胱、输尿管、输精管和子宫。阴道动脉分布于膀胱、输尿管、尿道、子宫、阴道、直肠、会阴等处。故选答案 B。

3. 在临床上，给羊静脉输液常用的血管是

A. 前腔静脉　　B. 后腔静脉　　C. 颈外静脉
D. 颈内静脉　　E. 臂头静脉

［考点与答案］大静脉位置及属支　C

［解题分析］颈外静脉位于颈部皮下颈静脉沟内，是临诊上采血、放血、输液的重要部位。故选答案 B。

4. 收集胃、肠、脾和胰血液回流的静脉血管是

A. 肝门静脉　　B. 肾门静脉　　C. 肺门静脉
D. 肠系膜前静脉　　E. 肠系膜后静脉

［考点与答案］体循环大静脉干　A

［解题分析］肝门静脉是收集腹腔内不成对器官［胃、脾、胰和肠管（除直肠后段）］静脉血液的静脉主干，其属支包括肠系膜前、后静脉、脾静脉和胃十二指肠静脉。故选答案A。

5. 家畜心脏的正常形态是

A. 圆形　B. 扁圆形　C. 椭圆形

D. 圆柱形　E. 倒圆锥形

［考点与答案］心脏的形态结构特点　E

［解题分析］心的形态呈倒圆锥形，心的上部为心底，与大血管相连，下部为心尖。故选答案E。

6. 心脏的传导系统包括窦房结、房室结、房室束和

A. 神经纤维　B. 神经原纤维　C. 肌原纤维

D. 胶原纤维　E. 浦金野纤维

［考点与答案］心传导系统的组成　E

［解题分析］心传导系统由特殊的心肌纤维所构成，包括窦房结、房室结、房室束和浦肯野纤维。故选答案E。

7. 猫前肢采血的静脉是

A. 腋静脉　B. 头静脉　C. 臂静脉

D. 隐静脉　E. 正中静脉

［考点与答案］前肢皮下静脉　B

［解题分析］猫前肢采血是在前肢皮下静脉，前肢皮下静脉也称头静脉。故选答案B。

8. 位于房间隔右心房侧心内膜下，呈结节状，属于心传导系统的结构是

A. 窦房结　B. 房室结　C. 静脉间结节

D. 房室束　E. 浦金野纤维

［考点与答案］窦房结和房室结的位置　B

［解题分析］窦房结位于前腔静脉和右心耳之间的沟内，心外膜下。房室结位于房间隔右心房侧的心内膜下，冠状窦口前下方。房室束为房室结向下的直接延续，在室间隔上部分为左、右两脚，分别在室间隔左、右侧面的心内膜下向下伸延，分支分布于左、右心壁的外侧壁。故选答案B。

9. 临床上经常用来给牛、羊采血、输液的大静脉是

A. 臂头静脉　B. 颈内静脉　C. 颈外静脉

D. 前腔静脉　E. 后腔静脉

［考点与答案］大静脉位置及属支　C
［解题分析］颈外静脉位于颈部皮下颈静脉沟内，是临诊上采血、放血、输液的重要部位。故选答案 C。

10. 右房室口上的瓣膜称为

A. 二尖瓣　　B. 三尖瓣　　C. 半月瓣
D. 主动脉瓣　　E. 肺干瓣

［考点与答案］右房室口的结构　B
［解题分析］右房室口上的瓣膜称为三尖瓣。故选答案 B。

11. 右心室收缩使血液射入

A. 主动脉　　B. 肺动脉　　C. 肺静脉　　D. 前腔静脉　　E. 后腔静脉

［考点与答案］右心室肺动脉干口的结构　B
［解题分析］右房室与肺动脉相连通。故选答案 B。

12. 腹腔动脉分出三个分支，即肝动脉、脾动脉和

A. 胃左动脉　　B. 胃右动脉
C. 肠系膜前动脉　　D. 肠系膜后动脉
E. 肾动脉

［考点与答案］腹腔动脉　A
［解题分析］腹腔动脉紧靠膈主动脉裂孔后方起于腹主动脉腹侧，分为脾动脉、胃左动脉、肝动脉等，分布于脾、胰、胃、肝、十二指肠和大网膜。故选答案 A。

13. 胎牛房中隔上的裂孔称为

A. 脐孔　　B. 卵圆孔　　C. 亥孔
D. 腔静脉孔　　E. 主动脉裂孔

［考点与答案］卵圆孔　B
［解题分析］动物房中隔上的裂孔称为卵圆孔。故选答案 B。

二、练习题目

A1 型题

1. 窦房结位于
   A. 前腔静脉与右心耳之间沟处的心外膜下
   B. 房间隔右心房面的心内膜下
   C. 左心房的心外膜下

D. 室间隔的心内膜下
E. 左心室侧壁的心内膜下

2. 三尖瓣位于心脏的
A. 主动脉口　　B. 肺干口　　C. 右房室口
D. 左房室口　　E. 冠状窦口

3. 心血管系统的组成描述正确的是
A. 由心脏、动脉、毛细血管和静脉组成
B. 由血液和淋巴组成
C. 由心脏、动脉、静脉和淋巴管组成
D. 由心血管系和淋巴系组成
E. 由心脏、血液和淋巴组成

4. 腹主动脉分出的脏支不包括
A. 腹腔动脉　　B. 肠系膜前动脉　　C. 睾丸动脉
D. 腰动脉　　E. 肾动脉

5. 属主动脉分支的是
A. 气管动脉　　B. 颈总动脉　　C. 冠状动脉
D. 肋间动脉　　E. 右锁骨下动脉

6. 关于微循环的描述，错误的是
A. 微循环指由微动脉到微静脉之间微血管的循环系统
B. 微循环是血液循环的基本功能单位
C. 微循环是调节局部血流、影响局部代谢和功能的结构
D. 微循环血管包括微动脉、中间微动脉、真毛细血管、直捷通路、动静脉吻合和微静脉
E. 微循环的血流只有从微动脉至动静脉吻合再到微静脉一条途径

7. 脾动脉来源描述正确的是
A. 由肠系膜前动脉分出脾动脉
B. 由胸主动脉直接分出脾动脉
C. 由腹主动脉直接分出脾动脉
D. 由腹腔动脉分出脾动脉
E. 由降主动脉直接分出脾动脉

8. 关于头静脉下列描述错误的是
A. 头静脉即臂皮下静脉
B. 头静脉即头部浅静脉干
C. 头静脉沿前臂内侧面上行，注入颈外静脉
D. 副头静脉注入头静脉
E. 头静脉为前肢的浅静脉干

9. 头静脉下列描述正确的是
A. 头静脉即头部浅静脉干
B. 头静脉亦称臂皮下静脉

C. 头静脉直接注入前腔静脉
D. 头静脉沿前臂内侧面上行注入腋静脉
E. 头静脉直接注入锁骨下静脉

10. 图 1－16 中箭头所指腔为

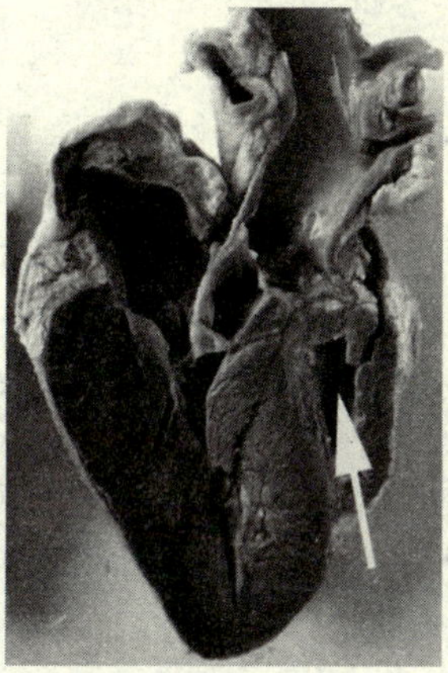

图 1－16　羊心脏剖面

A. 右心房　　B. 左心房　　C. 右心室　　D. 左心室　　E. 心包腔

B1 型题

（11～12 题共用备选答案）

A. 二个半月瓣　　B. 三个半月瓣　　C. 二尖瓣
D. 三尖瓣　　E. 一个肌肉瓣

11. 牛心脏左房室口纤维环上有瓣膜，防止血液倒流，该瓣膜称为
12. 牛心脏肺动脉干口纤维环上的瓣膜为

（13～14 题共用备选答案）

A. 升主动脉　　B. 主动脉弓　　C. 胸主动脉
D. 腹主动脉　　E. 髂外动脉

13. 分支供应心脏的血管是
14. 分支供应头部的血管是

[练习题目答案] 1. A　2. C　3. A　4. D　5. C　6. E　7. D　8. B　9. B　10. C
11. C　12. B　13. A　14. B

心血管系统

第十二单元　淋巴系统

一、例题解析

A1 型题

1. 牛脾呈

A. 镰刀形　　B. 钝三角形
C. 舌形或靴形　　D. 细而长的带状
E. 长而扁的椭圆形

［考点与答案］脾的形态特点　E

［解题分析］牛脾呈长而扁的椭圆形；羊脾扁平，略呈钝三角形，位于瘤胃左侧；马脾呈镰刀形，位于胃大弯左侧；猪脾呈细而长的带状，位于胃大弯左侧；犬脾略呈舌形或靴形。故选答案 E。

2. 牛腭扁桃体位于

A. 喉咽部　　B. 口咽部侧壁
C. 舌根部背侧　　D. 软腭口腔面
E. 鼻咽部后背侧壁

［考点与答案］扁桃体的位置、形态与结构特点　B

［解题分析］腭扁桃体位于咽部侧壁、腭舌弓和腭咽弓之间。反刍动物具有腭扁桃体窦，腭扁桃体位于窦壁内。马腭扁桃体位于舌根两侧，在黏膜上可见无数小孔。猪无腭扁桃体。犬具有腭扁桃体窝，腭扁桃体位于窝内。故选答案 B。

3. 淋巴结内的 T 细胞主要位于

A. 淋巴小结　　B. 副皮质区　　C. 皮质淋巴窦
D. 髓索　　E. 髓质淋巴窦

［考点与答案］淋巴结的组织结构　B

［解题分析］淋巴结的皮质位于被膜下方，由浅层皮质、深层皮质和皮质淋巴窦构成。浅层皮质由淋巴小结和小结间弥散淋巴组织构成。小结内有 B 细胞、巨噬细胞、滤泡树突细胞、T 细胞等。深层皮质又称副皮质区，位于皮质深部，为厚层弥散淋巴组织，主要含 T 细胞。故选答案 B。

4. 牛脾呈长而扁的椭圆形，位于

A. 瘤胃背囊左前部　　B. 瘤胃背囊右前部
C. 网胃前方　　D. 瓣胃右侧
E. 瘤胃后方

［考点与答案］牛脾的位置　A
［解题分析］牛脾呈长而扁的椭圆形，蓝紫色，质较硬。位于左季肋部，贴附于瘤胃背囊左前部，从最后 2 肋骨椎骨端斜向前下方达第 8～9 肋骨下 1/3。故选答案 A。

5. 7 岁犬的胸腺特征是

A. 胸部和颈部的胸腺均发达
B. 颈部胸腺发达，胸部胸腺退化
C. 胸部胸腺发达
D. 颈部胸部胸腺均退化
E. 颈部胸腺发达

［考点与答案］动物的胸腺　D
［解题分析］单蹄类和肉食类动物的胸腺位于胸腔内，偶蹄动物的位于胸部和颈部。牛、羊、猪的胸腺分为胸叶和颈叶，胸叶大，位于心前纵隔内，向前分为左、右颈叶，沿气管两侧分布，前端可达喉部。新生动物的胸腺在生后继续发育，至性成熟期体积达到最大，到一定年龄（犬 1 岁，马 2～3 岁，猪 1～2 岁，牛 4～5 岁）开始退化，直至消失。故选答案 D。

6. 既无输入淋巴管，又无输出淋巴管的外周淋巴器官是

A. 扁桃体
B. 法氏囊
C. 血淋巴结
D. 胸腺
E. 淋巴结

［考点与答案］血淋巴结　C
［解题分析］血淋巴结既无输入淋巴管，又无输出淋巴管。故选答案 C。

二、练习题目

A1 型题

1. 在淋巴管径路上的淋巴器官是

A. 胸腺
B. 扁桃体
C. 脾脏
D. 淋巴结
E. 法氏囊

2. 脾白髓的动脉周围淋巴鞘富含 T 细胞，属胸腺依赖区，相当于淋巴结的

A. 浅层皮质区
B. 深层皮质区
C. 髓索
D. 髓质淋巴窦
E. 淋巴小结

3. 关于淋巴器官的叙述正确的是

A. 胸腺及家禽的法氏囊是中枢淋巴器官
B. 脾、淋巴结、扁桃体是周围淋巴器官
C. 消化道、呼吸道和泌尿生殖道黏膜下组织富含淋巴组织
D. 淋巴结多分布在器官门部附近、血管主干沿途、身体窝处收集所在区域淋巴
E. 以上都正确

4. 髂下淋巴结位于
   A. 位于阴茎外侧、腹股沟管皮下环的前方
   B. 位于臀股二头肌与半腱肌之间，腓肠肌外侧头起始部的脂肪中
   C. 位于阔筋膜张肌前缘的膝褶中
   D. 位于乳房基部后上方或外侧的皮下
   E. 位于髂内、外动脉分叉处
5. 关于胸导管下列叙述错误的是
   A. 胸导管起始于乳糜池
   B. 胸导管是全身最大的淋巴管
   C. 胸导管汇集的淋巴在胸前口处注入前腔静脉或左颈外静脉
   D. 胸导管汇集除右淋巴导管以外的全身淋巴
   E. 胸导管汇集除右气管淋巴干以外的全身淋巴
6. 图 1－17 中箭头所指淋巴结为
   A. 髂外淋巴结　　B. 髂内淋巴结　　C. 髂下淋巴结
   D. 乳房淋巴结　　E. 阴囊淋巴结

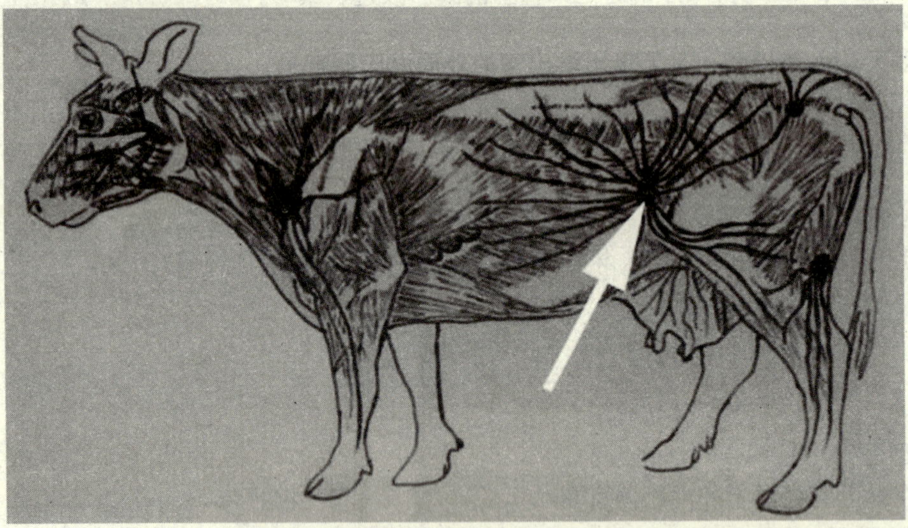

图 1－17　牛浅表淋巴结示意图

B1 型题

（7～8 题共用备选答案）
   A. 胸腺　　B. 松果腺　　C. 脾
   D. 舌扁桃体　　E. 咽扁桃体
7. 不属淋巴器官的是
8. 中枢淋巴器官是

（9～10 题共用备选答案）
   A. 髂下淋巴结　　B. 颌下淋巴结　　C. 腹腔淋巴结
   D. 腘淋巴结　　E. 颈浅淋巴结

9. 位于臀股二头肌与半腱肌之间，腓肠肌外侧头起始部的脂肪中的淋巴结是

10. 位于肩关节前上方，臂头肌和肩胛横突肌（牛）深层的淋巴结是

A2 型题

11. 4 岁经产母牛，乳房发生炎症，经检查发现该奶牛乳房局部淋巴结肿大，该淋巴结是

A. 腹股沟浅淋巴结　　B. 髂下淋巴结
C. 颈浅淋巴结　　D. 腹腔淋巴结
E. 肠系膜后淋巴结

[练习题目答案] 1. D　2. B　3. E　4. C　5. E　6. C　7. B　8. A　9. D　10. E　11. A

淋巴系统

第十三单元　神经系统

一、例题解析

A1 型题

1. 机体内最粗、最长的神经是

A. 股神经　　B. 闭孔神经　　C. 坐骨神经
D. 臀前神经　　E. 臀后神经

[考点与答案] 腰荐神经丛的分支　C

[解题分析] 腰荐神经丛的分支有坐骨神经、闭孔神经、股神经。其中坐骨神经为全身最粗、最长的神经，扁而宽。故选答案 C。

2. 硬膜外麻醉时，将麻醉剂注入硬膜外腔的常用部位是

A. 寰枢间隙　　B. 颈胸间隙　　C. 胸腰间隙
D. 腰荐间隙　　E. 荐尾间隙

[考点与答案] 脊膜　D

[解题分析] 脊髓外包有三层结缔组织膜，依次为脊硬膜、脊蛛网膜和脊软膜。脊硬膜为厚而坚实的结缔组织膜。脊硬膜和椎管之间为硬膜外腔。硬膜外麻醉即自腰荐间隙将麻醉剂注入硬膜外腔。故选答案 D。

3. 脊硬膜和椎管之间的腔隙是

A. 硬膜外腔　　B. 脊髓中央管　　C. 硬膜下腔
D. 蛛网膜下腔　　E. 蛛网膜内腔

［考点与答案］硬膜外腔的概念　A
［解题分析］脊硬膜和椎管之间的间隙为硬膜外腔。故选答案 A。

4. 牛髂下腹神经来自

A. 最后胸神经　　B. 第 1 腰神经　　C. 第 2 腰神经
D. 第 3 腰神经　　E. 第 4 腰神经

［考点与答案］牛髂下腹神经的起源　B
［解题分析］牛髂下腹神经是由第 1 腰神经的腹侧支构成。故选答案 B。

5. 脊髓灰质横切面呈

A. 立方形　　B. 扁平形　　C. 蝴蝶形　　D. 三角形　　E. 卵圆形

［考点与答案］脊髓灰质的结构　C
［解题分析］脊髓灰质横切面呈蝴蝶形。故选答案 C。

A2 型题

6. 1. 4 岁犬，下颌下垂，颊部、下颌齿槽和下颌感觉减退，咬肌萎缩，不能咀嚼饲料。初步诊断为脑神经麻痹。该神经是

A. 迷走神经　　B. 舌咽神经　　C. 面神经
D. 三叉神经　　E. 舌下神经

［考点与答案］三叉神经主要分支和支配的器官　D
［解题分析］三叉神经分布于口、鼻黏膜和咀嚼肌，咀嚼肌咬肌萎缩，为三叉神经麻痹。故选答案 D。

7. 马，3 岁，右耳歪斜，右上眼睑下垂；嘴歪，上、下唇下垂并向左侧歪斜，采食、饮水困难，牙齿咀嚼不灵活，被确诊为神经麻痹。该神经的神经根与脑联系的部位是

A. 大脑　　B. 小脑　　C. 中脑
D. 脑桥　　E. 延髓

［考点与答案］牛脑神经　D
［解题分析］三叉神经分布于口、鼻黏膜和咀嚼肌，咀嚼不灵活，为三叉神经麻痹，三叉神经从脑桥发出。故选答案 D。

8. 犬有脊髓损伤，其临床症状为轻瘫，膀胱膨胀，肛门括约肌松弛，前肢反射功能正常，后肢反射和肌紧张丧失。脊髓损伤的部位在

A. 延髓　　B. 腰荐髓　　C. 颈髓　　D. 尾髓　　E. 胸髓

［考点与答案］脊神经的分布　D

［解题分析］前肢反射功能正常说明颈髓、胸髓正常，后肢反射和肌紧张丧失说明腰荐髓有问题。故选答案 D。

二、练习题目

A1 型题

1. 胸腰段脊髓灰质外侧柱内的神经元是
   A. 感觉神经元　B. 中间神经元
   C. 交感神经节前神经元　D. 躯体运动神经元
   E. 副交感神经节前神经元
2. 关于交感神经椎旁神经节说法错误的是
   A. 位于脊柱旁交感神经干上
   B. 神经节除颈部和尾部外，均与胸、腰部椎骨数相同
   C. 神经节内为多极神经元
   D. 交感神经节后神经纤维全部来自这些节内神经细胞
   E. 灰交通支是椎旁神经节内神经细胞的轴突
3. 下列哪项不是大脑的结构
   A. 嗅脑　B. 胼胝体　C. 侧脑室
   D. 基底神经核　E. 间脑
4. 不含副交感神经成分的脑神经是
   A. 动眼神经　B. 外展神经　C. 面神经
   D. 舌咽神经　E. 迷走神经
5. 关于支配眼结构的神经描述错误的是
   A. 动眼神经调节眼球肌　B. 视神经调节瞳孔
   C. 滑车神经调节眼球肌　D. 外展神经调节眼球肌
   E. 交感神经调节瞳孔
6. 属于混合神经的是
   A. 动眼神经　B. 前庭耳蜗神经
   C. 舌下神经　D. 面神经
   E. 副神经
7. 脊髓灰质背侧柱（角）的神经元是
   A. 感觉神经元　B. 运动神经元
   C. 中间神经元　D. 植物性神经元
   E. 传出神经元
8. 关于植物性神经描述正确的是
   A. 植物性神经就是内脏神经
   B. 植物性神经是指内脏神经中的传入神经

C. 植物性神经是指内脏神经中的传出神经

D. 植物性神经元胞体位于胸腰段脊髓

E. 植物性神经含有感觉和运动两种神经纤维

9. 图 1－18 中箭头所指结构为

A. 间脑　　B. 延髓　　C. 中脑

D. 小脑　　E. 脑桥

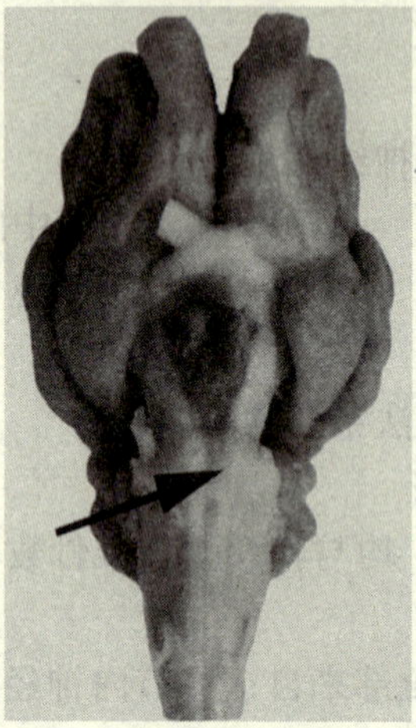

图 1－18　脑（腹侧观）

10. 图 1－19 中箭头所指结构为

A. 丘脑　　B. 上丘脑　　C. 中脑

D. 后丘脑　　E. 下丘脑

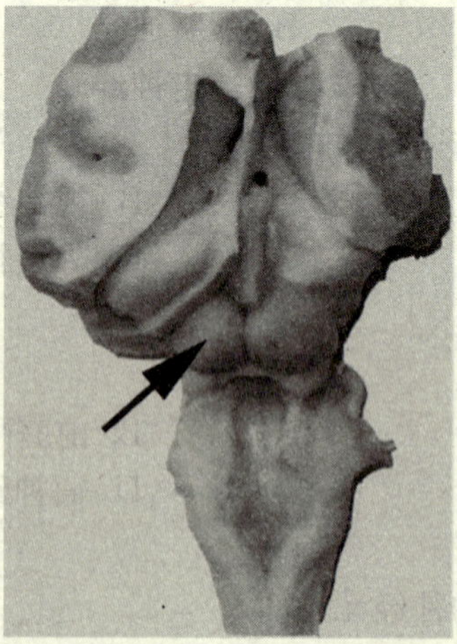

图 1－19　脑（背侧观，去除小脑和大脑背侧部）

11. 图 1－20 中箭头所指结构为

A. 坐骨神经　　B. 胫神经

C. 腓神经　　D. 隐神经

E. 股神经

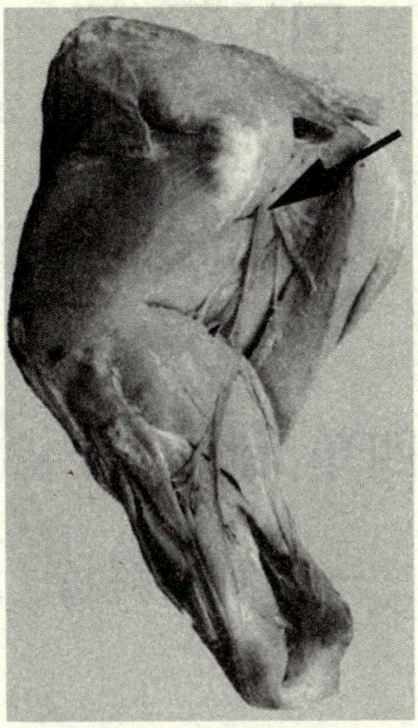

图 1-20　牛后肢深部（外侧面，去除臀股二头肌）

B1 型题

（12～13 题共用备选答案）

A. 脊髓灰质背侧柱　B. 脊髓灰质腹侧柱　C. 脊髓背侧索　D. 脊髓外侧索　E. 脊髓灰质外侧柱

12. 脊髓的躯体运动神经元位于

13. 中间神经元位于脊髓的

（14～15 题共用备选答案）

A. 肩胛上神经　B. 桡神经　C. 尺神经　D. 正中神经　E. 肩胛下神经

14. 分布于前肢腕、指关节伸肌的神经是

15. 分布于腕、指关节屈肌的最长的神经是

（16～17 题共用备选答案）

A. 动眼神经　B. 副神经　C. 迷走神经　D. 面神经　E. 三叉神经

16. 分布于面部皮肤、口鼻黏膜、咀嚼肌的神经是

17. 分布于咽、喉、食管、气管和胸、腹腔内脏的神经是

A2 型题

18. 犬，4 岁，雌性。右前肢走路困难，经检查，发现因支配前臂背外侧肌肉的神经麻痹所致，则该神经为

A. 肩胛上神经　B. 桡神经　C. 正中神经　D. 尺神经　E. 肩胛下神经

［练习题目答案］1. C　2. D　3. E　4. B　5. B　6. D　7. C　8. C　9. E　10. C　11. A　12. B　13. A　14. B　15. D　16. E　17. C　18. B

神经系统

第十四单元　内分泌系统

一、例题解析

A1 型题

1. 独立的内分泌器官是

A. 胰岛　B. 黄体　C. 卵泡　D. 前列腺　E. 甲状旁腺

［考点与答案］内分泌系统组成　E

［解题分析］内分泌系统由独立的内分泌器官和分散在其他器官中的内分泌组织。前者有甲状腺、甲状旁腺、垂体、肾上腺和松果腺。后者分散存在于其他器官或组织内，如胰脏内的胰岛、肾脏内的肾小球旁复合体、睾丸内的间质细胞、卵巢内的间质细胞、卵泡和黄体等。故选答案 E。

2. 内分泌腺的结构特点之一是没有

A. 动脉　B. 淋巴管　C. 神经　D. 导管　E. 静脉

［考点与答案］内分泌腺的结构特点　D

［解题分析］内分泌腺的结构特点是其分泌物不通过导管排出，也称无管腺。故选答案 D。

3. 甲状腺的侧叶和腺峡合并为一整体，呈球形的动物是

A. 马　B. 牛　C. 山羊　D. 猪　E. 犬

［考点与答案］猪甲状腺　D

［解题分析］猪的甲状腺左右两侧叶和峡愈合成一整体，呈贝壳状，色暗红，位于胸前口气管腹侧，背侧有气管的压迹。故选答案 D。

二、练习题目

A1 型题

1. 属于内分泌组织的结构是

A. 垂体　B. 胰岛　C. 甲状腺　D. 松果腺　E. 肾上腺

2. 位于大脑纵裂深部，间脑背侧壁中央，以柄连于丘脑上部的内分泌器官是

A. 垂体　B. 胼胝体　C. 松果腺　D. 乳状体　E. 四叠体

B1 型题

（3～5 题共用备选答案）

A. 肾上腺　B. 松果腺　C. 黄体

D. 前列腺　E. 垂体

3. 不是内分泌系统组成的是

4. 位于卵巢内的内分泌组织是

5. 借漏斗与间脑的丘脑下部相连的器官是

[练习题目答案] 1. B　2. C　3. D　4. C　5. E

内分泌系统

第十五单元　感觉器官

一、例题解析

A1 型题

1. 不属于眼折光系统的结构是

A. 角膜　B. 虹膜　C. 房水　D. 晶状体　E. 玻璃体

[考点与答案] 眼球的内含物　B

[解题分析] 眼的折光体是眼球的透明结构，包括晶状体、眼房水、玻璃体。与角膜一起，折射通过眼球的光线，使焦点集中在视网膜上，形成影像。故选答案 B。

2. 眼球折光系统不包括

A. 角膜　B. 眼房水　C. 晶状体

D. 视网膜　E. 玻璃体

[考点与答案] 眼球折光系统　D

[解题分析] 眼的折光体是眼球的透明结构，包括晶状体、眼房水、玻璃体。故选答案 D。

3. 位于眼球壁中层，具有调节视力作用的结构是

A. 虹膜　B. 睫状体　C. 角膜

D. 脉络膜　E. 巩膜

[考点与答案] 眼球壁的结构　B

[解题分析] 眼球壁有三层，分别为纤维膜、血管膜和视网膜。其中中层的血管膜，富有血管和色素细胞，血管膜由前向后分为虹膜、睫状体和脉络膜，睫状体能分泌眼房水和具有调节视力作用。故选答案 B。

4. 结膜囊指的是

A. 上、下眼睑之间的裂隙　　B. 上眼睑与角膜之间的裂隙
C. 下眼睑与角膜之间的裂隙　　D. 睑结膜与球结膜之间的裂隙
E. 睑结膜与眶筋膜之间的裂隙

[考点与答案] 结膜囊的概念　D

[解题分析] 结膜囊是睑结膜与球结膜之间的间隙。故选答案 D。

5. 含有位置感受器的结构是

A. 骨迷路　　B. 鼓室　　C. 膜迷路　　D. 咽鼓管　　E. 鼓膜

[考点与答案] 内耳膜迷路的结构　C

[解题分析] 含有位置感受器的结构是膜迷路。故选答案 C。

6. 眼球内容物包含

A. 眼房水、晶状体、玻璃体　　B. 晶状体、玻璃体、视网膜
C. 晶状体、玻璃体、虹膜　　D. 眼房水、虹膜、晶状体
E. 眼房水、虹膜、视网膜

[考点与答案] 眼球结构　A

[解题分析] 眼球内容物包含眼房水、晶状体、玻璃体。故选答案 A。

二、练习题目

A1 型题

1. 构成眼球壁的结构是
A. 纤维膜、血管膜和视网膜
B. 纤维膜、脉络膜和视网膜
C. 纤维膜、虹膜和视网膜
D. 纤维膜、巩膜和视网膜
E. 虹膜、血管膜和视网膜

2. 眼球的屈光系统不包括
A. 角膜　　B. 晶状体　　C. 睫状体　　D. 眼房水　　E. 玻璃体

3. 眼球的内含物，下列答案正确的是
A. 睫状体、晶状体、玻璃体　　B. 眼房水、晶状体、玻璃体

C. 眼房水、晶状体、眼球肌　　D. 眼房水、晶状体、泪器
E. 眼房水、玻璃体、眼球肌

A2 型题

4. 犬，7 岁，雌性。一直流泪，经检查，发现因泪道阻塞所致，则该泪道为
A. 咽鼓管　B. 鼻腭管　C. 鼻泪管　D. 泪腺管　E. 颌下腺管

［练习题目答案］1. A　2. C　3. B　4. C

感觉器官

第十六单元　家禽解剖特点

一、例题解析

A1 型题

1. 家禽大肠的特点是
A. 有一条盲肠　B. 有一条结肠　C. 有一对盲肠
D. 有一对结肠　E. 有一对直肠

［考点与答案］禽消化系统的特点　C
［解题分析］禽的大肠包括一对盲肠和一短的直肠（也称结直肠）。肉食禽类盲肠很短。故选答案 C。

2. 雌性家禽生殖系统的特点是
A. 卵巢不发达　B. 输卵管不发达
C. 卵巢特别发达　D. 左侧的卵巢和输卵管退化
E. 右侧的卵巢和输卵管退化

［考点与答案］母禽生殖系统的特点　E
［解题分析］家禽仅左侧卵巢和输卵管发育正常，右侧退化。输卵管以背、腹韧带悬吊于腹腔顶壁，根据其形态、结构和功能特点，可分为漏斗部、膨大部、峡部、子宫、阴道部。故选答案 E。

3. 鸡盲肠扁桃体位于
A. 回盲韧带　B. 盲肠体　C. 盲肠尖
D. 盲肠基部　E. 盲肠体和尖

［考点与答案］鸡盲肠扁桃体的位置　D
［解题分析］鸡盲肠扁桃体位于鸡盲肠基部。故选答案 D。

4. 鸡消化道的特点之一是

A. 1 条盲肠　　B. 2 条盲肠　　C. 3 条盲肠
D. 盲肠消失　　E. 盲肠退化

［考点与答案］鸡盲肠的特点　B
［解题分析］禽的大肠包括一对盲肠和一短的直肠（也称结直肠）。故选答案 B。

5. 鸡法氏囊是产生

A. T 淋巴细胞的初级淋巴器官　　B. T 淋巴细胞的次级淋巴器官
C. B 淋巴细胞的初级淋巴器官　　D. B 淋巴细胞的次级淋巴器官
E. NK 淋巴细胞的次级淋巴器官

［考点与答案］鸡法氏囊　C
［解题分析］禽法氏囊（腔上囊）是产生 B 淋巴细胞的初级淋巴器官。故选答案 C。

B1 型题

（6～7 题共用备选答案）

A. 峡部　　B. 膨大部　　C. 漏斗部
D. 子宫部　　E. 阴道部

6. 鸡输卵管中分泌物形成蛋壳的部位名称是

［考点与答案］母禽生殖系统的特点　D
［解题分析］根据形态、结构和功能，可分为漏斗部（主要作用是收取卵子，受精也在此处）；膨大部（分泌物形成蛋白）；峡部（分泌角蛋白，形成壳膜）；子宫（形成稀蛋白，壳腺分泌物积于壳膜外形成蛋壳）；阴道部（交配器官，贮藏精子）。故选答案 D。

7. 鸡输卵管中分泌物形成浓稠的白蛋白的部位名称是

［考点与答案］母禽生殖系统的特点　B
［解题分析］根据形态、结构和功能，可分为漏斗部（主要作用是收取卵子，受精也在此处）；膨大部（分泌物形成蛋白）；峡部（分泌角蛋白，形成壳膜）；子宫（形成稀蛋白，壳腺分泌物积于壳膜外形成蛋壳）；阴道部（交配器官，贮藏精子）。故选答案 B。

（8～9 题共用备选答案）

A. 睾丸　　B. 卵巢　　C. 肾
D. 输精管　　E. 膀胱

8. 与家畜相比，家禽缺失的泌尿器官是

[考点与答案] 家禽泌尿系统的组成　E
[解题分析] 家禽泌尿系统仅由肾脏和输尿管组成。故选答案 E。

9. 鸡仅左侧正常发育的生殖器官是

[考点与答案] 雌禽生殖器官的特点　B
[解题分析] 母禽生殖器官仅左侧的卵巢和输卵管发育正常，右侧退化。故选答案 B。

（10～12 题共用备选答案）
A. 鸣管　B. 声带　C. 鼻腺　D. 眶下窦　E. 鸣骨

10. 家禽的发声器官是

[考点与答案] 家禽的鸣管　A
[解题分析] 鸣管是禽类的发声器官，其支架由气管环和支气管环以及一块鸣骨组成。鸣骨呈楔形，位于鸣管腔分叉处。在鸣管的内侧、外侧壁覆以两对鸣膜。当禽呼吸时，空气经过鸣膜之间的狭缝，振动鸣膜而发声。故选答案 A。

11. 位于气管分叉处顶的楔形小骨为

[考点与答案] 家禽的鸣管　E
[解题分析] 鸣管是禽类的发声器官，其支架由气管环和支气管环以及一块鸣骨组成。鸣骨呈楔形，位于鸣管腔分叉处。在鸣管的内侧、外侧壁覆以两对鸣膜。当禽呼吸时，空气经过鸣膜之间的狭缝，振动鸣膜而发声。故选答案 E。

12. 家禽的喉腔无

[考点与答案] 家禽喉的特点　B
[解题分析] 家禽喉腔无声带。故选答案 B。

二、练习题目

A1 型题

1. 禽类消化系统中，主要起贮存、湿润和软化食物作用的器官是
A. 口腔　B. 食管　C. 嗉囊　D. 腺胃　E. 肌胃
2. 鸡消化系统中，称为砂囊的器官是
A. 嗉囊　B. 腺胃　C. 肌胃
D. 泄殖腔　E. 法氏囊
3. 关于母鸡泄殖腔的描述，错误的是
A. 泄殖腔是肠管末端膨大形成的腔道

B. 泄殖腔是消化、泌尿、生殖三系统的共同通道

C. 泄殖腔被内部黏膜形成的环行襞分成粪道、泄殖道和肛道三部分

D. 在肛道壁上有一对输尿管和一个左侧输卵管的开口

E. 泄殖腔的对外开口称肛门

4. 禽类不成对的气囊是

A. 颈气囊　B. 锁骨气囊　C. 前胸气囊

D. 后胸气囊　E. 腹气囊

5. 家禽的发声器官是

A. 喉　B. 声带　C. 气囊

D. 鸣管　E. 气管

6. 家禽的卵黄囊憩室位于

A. 十二指肠　B. 空肠　C. 回肠

D. 盲肠　E. 结直肠

7. 家禽不开口于泄殖道的是

A. 输尿管　B. 输卵管　C. 输精管

D. 粪道后部　E. 法氏囊

8. 图 1－21 中箭头所指器官为

A. 腺胃　B. 肌胃　C. 脾　D. 卵巢　E. 睾丸

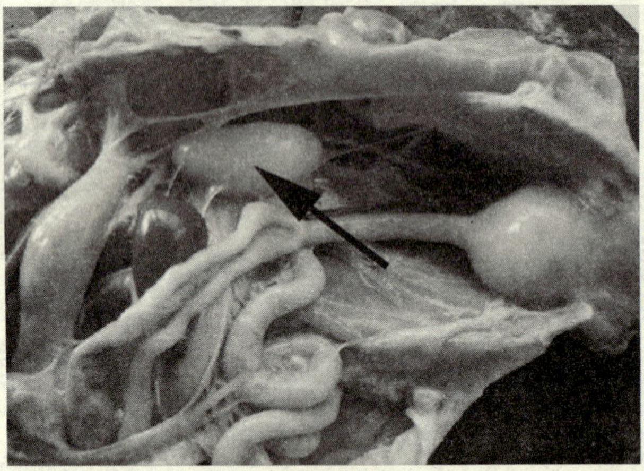

图 1－21　鸡腹腔内器官

[练习题目答案] 1. C　2. C　3. D　4. B　5. D　6. B　7. E　8. E

家禽解剖特点

第十七单元　胚 胎 学

一、例题解析

A1 型题

1. 牛的胎盘类型属于

A. 盘状胎盘（血绒毛膜胎盘）
B. 内皮绒毛膜胎盘（环状胎盘）
C. 尿囊绒毛膜胎盘（柱状胎盘）
D. 上皮绒毛膜胎盘（分散型胎盘）
E. 结缔绒毛膜胎盘（绒毛叶胎盘）

［考点与答案］胎盘的类型和结构　E
［解题分析］牛、羊等反刍动物胎盘属于结缔绒毛膜胎盘（绒毛叶胎盘）。故选答案 E。

2. 家畜受精时，精子必须首先穿过

A. 卵泡　B. 卵泡腔　C. 透明带
D. 放射冠　E. 卵细胞膜

［考点与答案］受精过程　D
［解题分析］家畜所排出的卵的周围包有卵膜，即放射冠和透明带，放射冠在外，透明带在内。因此，受精时，精子必须首先穿过放射冠，其次透明带。故选答案 D。

3. 具有结缔绒毛膜胎盘（绒毛叶胎盘）的是

A. 马　B. 牛　C. 犬
D. 猪　E. 兔

［考点与答案］胎盘的类型和结构　B
［解题分析］根据子宫的组织学结构对胎盘进行分类，胎盘可分为上皮绒毛膜胎盘（分散型胎盘）、结缔绒毛膜胎盘（绒毛叶胎盘）、内皮绒毛膜胎盘（环状胎盘）和盘状胎盘（血绒毛膜胎盘）四种，牛的胎盘是结缔绒毛膜胎盘（绒毛叶胎盘）。故选答案 B。

4. 下列哪种选项不是哺乳动物和禽类的胎膜的组成结构

A. 卵黄囊　B. 尿囊　C. 羊膜
D. 绒毛膜　E. 子宫内膜

［考点与答案］胎膜的组成　E
［解题分析］哺乳动物和禽类的胎膜包括卵黄囊、尿囊、羊膜和浆膜或绒毛膜 4 种。故选答案 E。

5. 关于受精的生物学意义描述不正确的是

A. 标志着新生命的开始
B. 染色体数目的复原
C. 传递双亲的遗传基因
D. 形成合子的过程
E. 决定性别

［考点与答案］受精的生物学意义　D

［解题分析］受精的生物学意义在于：①标志着新生命的开始；②染色体的数目复原；③传递双亲的遗传基因；④决定性别。故选答案 D。

6. 受精是指精子和卵子相融合形成受精卵的过程。受精部位在

A. 输卵管前
B. 输卵管后
C. 输卵管前 1/3
D. 输卵管后 1/3
E. 输卵管中 1/3

［考点与答案］受精部位　C

［解题分析］受精部位在输卵管壶腹部，即输卵管前 1/3。故选答案 C。

7. 卵裂合子（受精卵）在输卵管内进行多次连续的分裂过程称为卵裂，产生的细胞叫卵裂球，是一个实心的细胞团。称为桑葚胚时的卵裂球的细胞数目为

A. 6～12 个
B. 8～14 个
C. 12～23 个
D. 16～32 个
E. 32～64 个

［考点与答案］家畜早期胚胎发育　D

［解题分析］合子（受精卵）在输卵管内进行多次连续的有丝分裂过程称为卵裂，产生的细胞叫卵裂球。当卵裂球的数目为 16～32 个细胞时，胚胎称为桑葚胚。故选答案 D。

8. 家禽胚胎的卵裂方式属于

A. 盘状卵裂
B. 完全卵裂
C. 水平卵裂
D. 垂直卵裂
E. 杯状卵裂

［考点与答案］家禽早期胚胎发育　A

［解题分析］家禽卵属于多黄端黄卵，由于受精卵植物极的卵黄不能分裂，卵裂就在动物极的一个小圆盘的范围内进行，这种分裂形式称为盘状卵裂。故选答案 A。

9. 在家畜早期胚胎发育过程中，其重要意义在于使胚胎停留在子宫内，与母体组织建立起物质交换的结构——胎盘的时期是

A. 卵裂期
B. 囊胚形成期
C. 胚胎附植期
D. 原肠胚和胚层形成期
E. 三胚层分化及器官的形成期

［考点与答案］胚胎附植（着床） C

［解题分析］随着囊胚不断发育，体积增大，透明带逐渐变薄，最后破裂，胚胎裸露。进入子宫的胚泡，从子宫内膜腺体分泌的子宫乳中，吸收营养而迅速发育，囊胚腔也迅速增大。此时细胞开始分化，位于囊胚顶端分裂慢的细胞构成内细胞团，胚内所有组织都是由内细胞团分化而来的。分裂快、包围成囊胚腔的细胞，变成扁平状，形成滋养层。漂浮在子宫腔内的胚胎逐渐长大。在神经内分泌系统的调节下，随着胚泡长大，制约了胚胎在子宫腔内运动，逐渐陷入子宫内膜中，并与子宫内膜建立起组织与功能上的联系，此过程称为胚胎附植或着床。其重要意义在于使胚胎停留在子宫内，与母体组织建立起物质交换的结构——胎盘。

10. 具有内皮绒毛膜胎盘（环状胎盘）的动物是

A. 马　B. 牛　C. 羊　D. 猪　E. 犬

［考点与答案］胎盘的类型和结构 E

［解题分析］犬的胎盘是内皮绒毛膜胎盘（环状胎盘）。故选答案 E。

11. 受精的生物学意义不包括

A. 标志着新生命的开始　B. 染色体的数目复原

C. 传递双亲的遗传基因　D. 决定性别

E. 染色体的数目减半

［考点与答案］受精的生物学意义 E

［解题分析］受精的生物学意义在于：①标志着新生命的开始；②染色体的数目复原；③传递双亲的遗传基因；④决定性别。故选答案 E。

二、练习题目

A1 型题

1. 受精的生物学意义不包括

A. 标志着新生命的开始　B. 染色体的数目复原

C. 传递双亲的遗传基因　D. 决定性别

E. 染色体数目减半

2. 哺乳动物受精的条件不包括

A. 精子必须发育正常　B. 卵子必须发育正常

C. 精子必须获能　D. 卵子必须获能

E. 交配时机必须恰当

3. 外胚层将分化形成

A. 神经系统　B. 淋巴系统　C. 消化系统

D. 结缔组织　E. 肌肉

4. 哺乳动物的胎膜不包括
A. 卵黄囊　B. 尿囊　C. 羊膜
D. 浆膜　E. 绒毛膜

5. 禽类的胎膜不包括
A. 卵黄囊　B. 尿囊　C. 羊膜
D. 浆膜　E. 绒毛膜

6. 根据子宫的组织学结构对胎盘进行分类，不包括
A. 上皮绒毛膜胎盘　B. 结缔绒毛膜胎盘
C. 内皮绒毛膜胎盘　D. 血绒毛膜胎盘
E. 蜕膜胎盘

7. 胎儿出生后心血管系统的变化不包括
A. 脐动脉和脐静脉闭锁　B. 动脉导管闭锁
C. 左、右心房完全分开　D. 卵圆孔闭锁形成卵圆窝
E. 膀胱圆韧带和肝圆韧带相连

8. 图 1－22 中箭头所指结构为
A. 透明带　B. 滋养层　C. 外胚层
D. 细胞膜　E. 羊膜

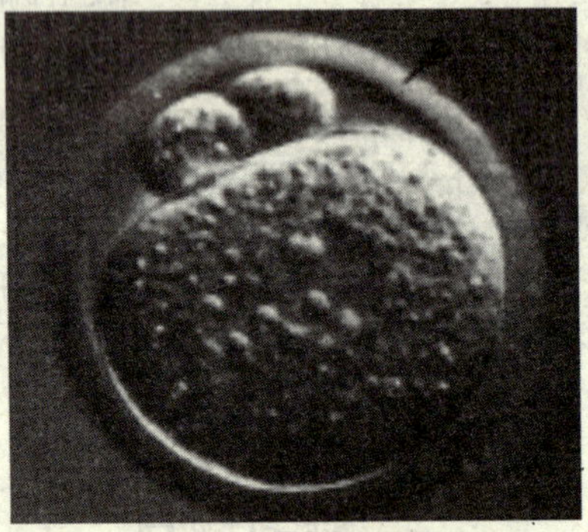

图 1－22　胚胎发育

9. 图 1－23 所示胚胎所处的发育阶段是

图 1－23　胚胎发育

A. 受精卵　　B. 卵裂　　C. 囊胚
D. 桑葚胚　　E. 原肠胚

B1 型题

（10～12 题共用备选答案）

A. 猪、马　　B. 犬、猫　　C. 牛、羊
D. 灵长类　　E. 兔

10. 具有上皮绒毛膜胎盘的动物是

11. 具有结缔绒毛膜胎盘的动物是

12. 具有内皮绒毛膜胎盘的动物是

［练习题目答案］1. E　2. D　3. A　4. D　5. E　6. E　7. E　8. A　9. B　10. A　11. C　12. B

胚胎学

第二篇

动物生理学

第一单元　概　　述

一、例题解析

A1 型题

1. 细胞外液主要指

A. 血清、组织液、淋巴液及脑脊液
B. 血液、组织液、小肠液及脑脊液
C. 血浆、组织液、淋巴液及小肠液
D. 血清、组织液、小肠液及脑脊液
E. 血浆、组织液、淋巴液及脑脊液

[考点与答案] 体液与内环境　E

[解题分析] 细胞外液是指存在于细胞外的液体。其包括血液中的血浆、组织细胞间隙的细胞间液（也称组织液）、淋巴管内的淋巴液、神经系统内的脑脊液。本题备选答案 A、B、C、D 均不完整，只有答案 E 符合题干要求，故选答案 E。

2. 细胞外液基本特点是

A. 组成成分相对不恒定
B. 组成数量相对不恒定
C. 理化特性相对不恒定
D. 组成成分和理化性质相对不恒定
E. 组成成分和理化性质相对恒定

[考点与答案] 稳态与生理功能的关系　E

[解题分析] 细胞外液的化学组成和理化性质保持相对稳定（即内环境稳态），作为细胞正常功能的必要条件，是机体正常生命活动的基础。因此，细胞外液的基本特点是组成成分和数量相对恒定，故选答案 E。

3. 内环境稳态是指

A. 成分与理化性质均不变
B. 理化性质不变，成分相对稳定
C. 成分不变，理化性质相对不变
D. 成分与理化性质均保持相对稳定
E. 成分与理化性质均不受外界环境的影响

［考点与答案］稳态与生理功能的关系 D
［解题分析］内环境是细胞直接生活的环境，即细胞外液。由于外界环境的变化以及细胞代谢活动的影响，细胞外液的成分和理化性质随时都在发生变化，但机体可通过各种调节机制，将内环境的变化控制在一个狭小范围内，即细胞外液的成分和理化性质两者均保持相对稳定，并不是固定不变的状态，而是一种动态平衡。故选答案 D。

4. 内环境稳态是指

A. 细胞内液的成分和理化性质保持相对稳定
B. 细胞内液的成分和理化性质稳定不变
C. 细胞外液的成分和理化性质保持相对稳定
D. 细胞外液的成分和理化性质稳定不变
E. 体液的成分和理化性质保持相对稳定

［考点与答案］稳态与生理功能的关系 C
［解题分析］内环境是指机体的细胞外液，而答案 A、B 为细胞内液，不符合要求；D 虽然是细胞外液，但内环境稳态是细胞外液的成分和理化性质保持相对稳定，不是稳定不变，也不符合要求；答案 E 提到的体液包括细胞内液与细胞外液两部分，同样不符合题干要求。因此，只有答案 C 符合要求。

5. 不具有体液调节功能的物质是

A. 二氧化碳　B. 氢离子　C. 血管紧张素
D. 双香豆素　E. 胃泌素

［考点与答案］机体功能的调节 D
［解题分析］体液调节是指某些具有信息传递功能的化学物质，经体液途径作用于相应的受体，调节其活动。二氧化碳和氢离子，可通过血液循环作用于中枢和外周化学感受器，调节呼吸；血管紧张素和胃泌素属于激素，通过血液循环调节机体活动。而双香豆素是一种抗凝血物质，不具有信息传递的功能。故选答案 D。

6. 动物因脊髓损伤而瘫痪，反射弧中受损的是

A. 传出神经　B. 效应器　C. 感受器
D. 神经中枢　E. 传入神经

［考点与答案］反射、反射弧与机体功能的调节　D

［解题分析］反射弧由感受器、传入神经、神经中枢、传出神经和效应器 5 部分组成。题干中明确是因脊髓损伤而造成的瘫痪，而脊髓属于反射弧的“神经中枢”，故本题选答案 D。

二、练习题目

A1 型题

1. 体液是指

A. 体内水分的总称　B. 体内液体的总称　C. 细胞内水分

D. 细胞外水分　E. 尿液

2. 内环境是指

A. 体液　B. 血液　C. 组织液　D. 细胞外液　E. 细胞内液

3. 能迅速反映内环境变动状况的体液是

A. 脑脊液　B. 血液　C. 尿液　D. 淋巴液　E. 细胞内液

4. 神经调节的基本方式是

A. 适应　B. 反应　C. 反射　D. 兴奋　E. 分泌

5. 属于体液调节特点的叙述是

A. 反应速度快　B. 作用范围局限

C. 作用准确　D. 作用范围广、作用时间持久

E. 是机体功能活动最主要的调节方式

6. 属于神经调节特点的叙述是

A. 反应速度慢　B. 作用范围广

C. 作用持续时间长　D. 作用准确

E. 经血液运送到靶细胞

7. 不属于反射弧的环节是

A. 中枢　B. 突触　C. 效应器　D. 外周神经　E. 感受器

8. 在临床实践中，以普鲁卡因作为局部麻醉剂，其作用机理主要是阻断了反射弧的

A. 传入神经　B. 肌肉收缩　C. 中枢　D. 效应器　E. 血管

［练习题目答案］1. B　2. D　3. B　4. C　5. D　6. D　7. B　8. A

概述

第二单元 细胞的基本功能

一、例题解析

A1 型题

1. 细胞的静息电位值相当于

A. K^+平衡电位　B. Na^+平衡电位
C. Mg^{2+}平衡电位　D. Ca^{2+}平衡电位
E. Fe^{2+}平衡电位

[考点与答案] 静息电位、动作电位产生　A
[解题分析] 细胞在静息状态下，膜内的K^+浓度高于膜外，且膜对K^+的通透性高，结果K^+顺浓度梯度移向膜外。随着K^+的移出，膜内电位变负而膜外变正，当K^+外移造成的电场力足以对抗K^+继续外移时，膜内外不再有K^+的净移动，此时的电位即为静息电位。因此，静息电位主要是K^+外流所致，其大小约相当于K^+的平衡电位。故选答案A。

2. 细胞兴奋后，其兴奋性变化的顺序依次为

A. 绝对不应期、相对不应期、超常期、低常期
B. 相对不应期、绝对不应期、超常期、低常期
C. 绝对不应期、相对不应期、低常期、超常期
D. 相对不应期、绝对不应期、低产期、超常期
E. 绝对不应期、低常期、相对不应期、超常期

[考点与答案] 细胞的兴奋性与兴奋、阈值　A
[解题分析] 细胞产生兴奋时，兴奋性依次经历绝对不应期、相对不应期、超常期、低常期四个时期，最后恢复到静息电位。故选答案A。

3. 阈电位的绝对值

A. 小于静息电位　B. 等于静息电位
C. 大于静息电位　D. 等于零
E. 等于超极化值

[考点与答案] 极化、去极化、复极化、超极化、阈电位　A
[解题分析] 阈电位是指从静息膜电位变为动作电位的电位临界值。通常，阈电位比静息电位的绝对值小10～20mV。故选答案A。

4. 神经-肌肉接头突触前膜囊泡中的神经递质是

A. 肾上腺素　B. 去甲肾上腺素　C. 乙酰胆碱
D. 5-羟色胺　E. 多巴胺

［考点与答案］神经-骨骼肌接头处的兴奋传递　C

［解题分析］当神经-肌肉接头的神经纤维传来的动作电位到达神经末梢时，接头前膜去极化和胞外 Ca^{2+} 进入神经末梢，突触小泡内的神经递质乙酰胆碱（ACh）释放到接头间隙，继而作用于终板膜的特异性受体，引发肌肉的收缩。因此，神经-肌肉接头突触前膜囊泡中的神经递质是乙酰胆碱。故选答案 C。

5. 神经-骨骼肌接头后膜（终板膜）的胆碱能受体是

A. α受体　　B. β受体　　C. M受体
D. N_1受体　　E. N_2受体

［考点与答案］神经-骨骼肌接头处的兴奋传递　E

［解题分析］动作电位到达神经-骨骼肌接头神经末梢时，使突触小泡内的乙酰胆碱释放到接头间隙，后者作用于肌膜（终板膜上）的胆碱能受体（N_2受体），改变终板膜对离子的通透性，产生终板电位。因此，接头后膜（终板膜）的胆碱能受体是 N_2受体。而备选答案 A 和 B 均为肾上腺素能受体，备选 C 的 M 受体植物性神经支配效应器膜上的胆碱能受体，备选 D 的 N_1受体为神经突触后膜的受体。故选答案 E。

二、练习题目

A1 型题

1. 细胞静息时，膜内负外正的电性状态称为
   A. 极化　B. 去极化　C. 复极化　D. 超极化　E. 反极化
2. 神经细胞动作电位的幅度接近于
   A. 阈电位
   B. Na^+平衡电位
   C. K^+平衡电位
   D. 静息电位绝对数值与 Na^+平衡电位数值之差
   E. 静息电位绝对数值与 Na^+平衡电位数值之和
3. 动作电位的上升支与下降支构成了动作电位的
   A. 锋电位　B. 后电位　C. 阈电位　D. 反极化　E. 超极化
4. 可兴奋细胞兴奋时的共同特征是产生
   A. 反射活动　B. 腺体分泌　C. 神经传导
   D. 肌肉收缩　E. 动作电位
5. 衡量组织兴奋性高低的常用指标是
   A. 动作电位　B. 阈电位　C. 肌肉收缩　D. 阈值　E. 腺体分泌
6. 兴奋通过神经-肌肉接头时，神经末梢突触小泡释放的化学物质是
   A. 谷氨酸　B. 内啡肽　C. 乙酰胆碱

D. 肾上腺素　　E. 去甲肾上腺素

7. 组织处于绝对不应期，其兴奋性

A. 为零　　B. 高于正常　　C. 低于正常

D. 无限大　　E. 正常

8. 兴奋-收缩偶联的偶联因子是

A. K^+　　B. Na^+　　C. Ca^{2+}　　D. Mg^{2+}　　E. Fe^{2+}

B1 型题

（9～11 题共用备选答案）

A. K^+内流　　B. K^+外流　　C. Na^+内流

D. Na^+外流　　E. Ca^{2+}内流

9. 神经细胞受刺激后，去极化的产生机理是

10. 在神经-肌肉接头，神经末梢兴奋时引起乙酰胆碱释放的离子运动是

11. 神经细胞复极化的离子机制是

（12～14 题共用备选答案）

A. 去极化　　B. 极化　　C. 反极化　　D. 超极化　　E. 复极化

12. 存在于静息细胞膜内外的电位差，称为

13. 细胞受到刺激后，静息电位值减小或消失的过程，称为

14. 静息细胞膜内外电位差进一步增大（膜电位向负值进一步增大的方向变化）的过程，称为

[练习题目答案] 1. A　2. B　3. A　4. E　5. D　6. C　7. A　8. C　9. C　10. E　11. B　12. B　13. A　14. D

细胞的基本功能

第三单元　血　　液

一、例题解析

A1 型题

1. 用盐析法可将血浆蛋白分为

A. 白蛋白、球蛋白和纤维蛋白　　B. 白蛋白、球蛋白和纤维蛋白原

C. 白蛋白、血红蛋白和纤维蛋白原　　D. 白蛋白、血红蛋白和纤维蛋白

E. 血红蛋白、球蛋白和纤维蛋白原

［考点与答案］血浆蛋的功能　B

［解题分析］血浆蛋白是血浆中各种蛋白质的总称。以盐析法，可将血浆蛋白分为白蛋白、球蛋白和纤维蛋白原。备选答案中的纤维蛋白是纤维蛋白原的活化形式，为不溶解态；血红蛋白位于红细胞内，不属于血浆蛋白。故选答案 B。

2. 构成血浆晶体渗透压的主要离子是

A. Na^+ 和 Cl^-　　B. K^+ 和 Cl^-

C. Na^+ 和 HCO_3^-　　D. K^+ 和 $H_2PO_4^-$

E. Ca^{2+} 和 $H_2PO_4^-$

［考点与答案］血浆渗透压　A

［解题分析］血浆晶体渗透压主要是由溶解于血浆中的晶体物质构成。虽然答案中的所有离子均参与了晶体渗透压的构成，但其中有 80％来自 Na^+ 和 Cl^-。故题干要求的“主要离子”，应选答案 A。

3. 血浆晶体渗透压大小主要取决于

A. 血小板数量　　B. 无机盐浓度

C. 血浆蛋白浓度　　D. 白细胞数量

E. 红细胞数量

［考点与答案］血浆渗透压　B

［解题分析］晶体渗透压约占血浆总渗透压的 99.5％，主要来自溶解于血浆中的无机盐等晶体物质，有 80％来自 Na^+ 和 Cl^-。故选无机盐浓度，故选答案 B。

4. 血红蛋白包含的金属元素是

A. 铜　　B. 锰　　C. 锌　　D. 钴　　E. 铁

［考点与答案］红细胞生成所需的主要原料及其辅助因子　E

［解题分析］动物体内的红细胞在不断生成与破坏。由于红细胞的主要成分为血红蛋白，血红蛋白是一种含铁蛋白质，由珠蛋白和亚铁血红素组成，因此合成红细胞的主要原料为蛋白和铁。故选答案 E。

5. 白细胞伸出伪足做变形运动并得以穿过血管壁的现象属于

A. 血细胞渗出　　B. 趋化性　　C. 吞噬作用

D. 可塑变形性　　E. 渗透脆性

［考点与答案］白细胞的种类、数量及各种白细胞的生理功能　A

［解题分析］白细胞具有渗出、趋化性和吞噬作用等特性，并以此实现对机体的保护功能。其中白细胞伸出伪足做变形运动，并得以穿过血管壁，称为血细胞渗出。故本题选答案 A。

6. 凝血过程的第三阶段是指

A. 形成凝血酶　　B. 形成纤维蛋白

C. 肥大细胞分泌肝素　　D. 血小板释放尿激酶

E. 血小板填塞血管损伤替换

［考点与答案］血液凝固的基本过程　B

［解题分析］血液凝固是由许多凝血因子参与的酶促反应。凝血过程大体上经历三个阶段：第一阶段为凝血酶原激活物的形成，第二阶段为凝血酶原活化为凝血酶，第三阶段为纤维蛋白原转变为纤维蛋白，最终形成血凝块。因此，本题正确答案选B。

7. 常用的抗血液凝固方法是

A. 血液置于37℃　　B. 出血处接触面粗糙

C. 补充维生素K　　D. 血液中加入肝素

E. 血液中加入钙离子

［考点与答案］加速和减缓血液凝固的基本原理和措施　D

［解题分析］血液凝固是有许多凝血因子参与的酶促反应，其凝固速度受到物理、化学和生物因素的影响。本题的备选答案中，A、B、C和E选项均使血液凝固速度加快。其中，37℃使酶促反应加快；粗糙面促使血小板破裂，并使因子Ⅻ活化，启动凝血；维生素K参与了许多凝血因子的合成；钙离子本身就是凝血因子Ⅳ，参与多个凝血步骤；而肝素通过抑制多种凝血因子而抗凝。因此，本题选择D。

（8～10题共用备选答案）

A. 铁和蛋白质　　B. 锌和蛋白质

C. 维生素B_{12}、丁酸和铜离子　　D. 维生素B_{12}、叶酸和铜离子

E. 促红细胞生成素

8. 红细胞生成所需的原料主要是

［考点与答案］红细胞生成所需的主要原料及辅助因子　A

［解题分析］红细胞的主要成分为血红蛋白，其是一种含铁蛋白质，故生成的主要原料为蛋白质、铁，若供应或摄取不足，造血将发生障碍，出现营养性贫血。因此，本题的正确选项是A，其他选项为红细胞生成、成熟的辅助因子或调节因子。

9. 促进红细胞发育和成熟的物质主要是

［考点与答案］红细胞生成所需的主要原料及辅助因子　D

［解题分析］维生素B_{12}和叶酸在核酸（尤其是DNA）合成中起辅酶作用，可促进骨髓原红细胞分裂增殖；Cu^{2+}是合成血红蛋白的激动剂。因此，本题正确答案选D。

10. 调节红细胞数量自稳态的主要物质是

［考点与答案］红细胞生成的调节　E

［解题分析］正常情况下，动物的红细胞数量保持相对恒定，保证正常的带氧量。当血液氧分压发生变化时，通过影响促红细胞生成素，调节红细胞的生成，以满足机体对氧的需要。因此，调节红细胞数量自稳态的主要物质是促红细胞生成素，故本题正确答案选E。

A2 型题

11. 犬，3岁，雄性，主诉发病2周，精神沉郁、脉搏微弱，血常规发现血细胞压积为20%，说明该犬

A. 血小板减少　　B. 红细胞数减少

C. 白细胞数减少　　D. 血细胞比容升高

E. 血红蛋白含量升高

［考点与答案］血量、血液的基本组成、血细胞比容　B

［解题分析］该犬，发病2周，精神沉郁、脉搏微弱，临床症状表现为贫血。题干中进行的血细胞压积测定，是指压紧的血细胞在全血中所占的容积百分比，其中红细胞占血细胞容积的99%左右。犬的血细胞压积正常值为45%，而该病犬仅为20%，明显低于正常值，确证了其贫血。因此，根据临床症状和血常规检查结果，可以判定为红细胞数减少。故选答案B。

12. 奶牛，2岁，精神沉郁，体温40℃，白细胞计数 15×10^{9} 个/L，中性粒细胞的百分比为48%、该牛可能发生

A. 消化不良　　B. 蠕虫感染　　C. 细菌感染

D. 病毒感染　　E. 贫血

［考点与答案］白细胞的种类、数量及各种白细胞的生理功能　C

［解题分析］牛血细胞计数的正常值为 7.62×10^{9} 个/L，中性粒细胞的正常百分比为36.5%，正常体温为38.0～39.3℃。而该牛的体温、白细胞总数及其中性粒细胞比例均高于正常。只有细菌感染会造成白细胞计数及其中性粒细胞的百分比升高，而备选答案中的其他选项一般不会造成中性粒细胞百分比的变化，或只会引起红细胞数、嗜酸性粒细胞的变化。因此，本题选答案C。

二、练习题目

A1 型题

1. 血清与血浆的主要区别是

A. 钙离子的有无　　B. 血清中含有抗体，而血浆无

C. 血清中白蛋白的含量比血浆更多　　D. 血清中含有纤维蛋白，而血浆中无

E. 血浆中含有纤维蛋白原，而血清中无

2. 血浆胶体渗透压的主要生理作用是

A. 决定血浆总渗透压　B. 维持细胞正常体积

C. 维持细胞正常形态　D. 调节血管内外的水平衡

E. 调节细胞内外的水平衡

3. 生理盐水是指

A. 0.09%NaCl 溶液　B. 0.9%NaCl 溶液

C. 9%NaCl 溶液　D. 灭菌蒸馏水

E. 缓冲液

4. 在哺乳动物的成熟血细胞中，无细胞核的是

A. 红细胞　B. 淋巴细胞　C. 单核细胞

D. 中性粒细胞　E. 嗜酸性粒细胞

5. 能保持哺乳动物红细胞形态不变的溶液是

A. 0.5%葡萄糖　B. 0.09%NaCl　C. 75%酒精

D. 5%葡萄糖　E. 9%NaCl

6. 血沉加快，表示红细胞的

A. 膜通透性增大　B. 脆性增大　C. 脆性减小

D. 悬浮稳定性差　E. 不易发生叠连

7. 调节红细胞生成的最主要体液因素是

A. 肝素　B. 雌激素

C. 促红细胞生成素　D. 红细胞提取物

E. 促肾上腺皮质激素

8. 完成生理止血的主要血细胞是

A. 红细胞　B. 血小板　C. 中性粒细胞

D. 巨噬细胞　E. 粒细胞

9. 血液凝固过程的正确次序是

A. 凝血酶形成，纤维蛋白形成，凝血酶原激活物形成

B. 凝血酶原形成，凝血酶形成，纤维蛋白原形成

C. 凝血酶原形成，凝血酶形成，纤维蛋白形成

D. 凝血酶原激活物形成，凝血酶形成，纤维蛋白形成

E. 纤维蛋白原形成，凝血酶形成，凝血酶原激活物形成

10. 血液中，直接参与血液凝固的最主要物质是

A. 抗体　B. 白蛋白　C. 球蛋白　D. 血红蛋白　E. 纤维蛋白原

11. 血液凝固过程中，参与多步反应的无机离子是

A. Fe^{2+}　B. Mg^{2+}　C. Cu^{2+}　D. K^{+}　E. Ca^{2+}

12. 促使血液凝固速度加快的处理是

A. 血液中加入肝素　B. 血液置于硅胶管中

C. 血液中加入柠檬酸钠　D. 去除血浆中的 Ca^{2+}

E. 血液置于 38℃的水浴中

13. 血浆中最重要的抗凝血物质是

A. 肝素　B. 球蛋白　C. 白蛋白　D. 氯化钠　E. 纤维蛋白

B1 型题

（14～16 题共用备选答案）

A. 葡萄糖　B. Na^+　C. K^+　D. 球蛋白　E. 白蛋白

14. 构成血浆胶体渗透压的主要物质是

15. 构成血浆晶体渗透压的主要物质是

16. 执行免疫功能的主要物质是

（17～18 题共用备选答案）

A. 红细胞数目　B. 血浆白蛋白含量

C. 血浆球蛋白含量　D. 血浆 NaCl 含量

E. 血浆纤维蛋白原含量

17. 血液的黏滞性主要决定于

18. 血浆胶体渗透压主要决定于

[练习题目答案] 1. E　2. D　3. B　4. A　5. D　6. D　7. C　8. B　9. D　10. E　11. E　12. E　13. A　14. E　15. B　16. D　17. A　18. B

血液

第四单元　血液循环

一、例题解析

A1 型题

1. 心室肌细胞产生动作电位时，其膜内电位有－90mV 变为 0mV 的过程称为

A. 极化　B. 反极化　C. 去极化　D. 复极化　E. 超极化

[考点与答案] 心肌细胞动作电位的特点及其与功能的关系　C

[解题分析] 较之于神经肌肉细胞，心室肌细胞的动作电位更为复杂，包括去极的 0 期和复极的 1、2、3、4 五个时期。从窦房结传来的冲动，作用于心室肌细胞，后者膜对 Na^+ 的通透性提高，Na^+ 内流使膜内电位从极化状态的－90mV 迅速上升到 0mV，构成动作电位的上升支的一部分。由于其表现为膜内外电位差的电位消失，称为去极化。故选答案 C。

2. 心室肌复极化时程较长的主要原因是存在

A. 复极初期　B. 去极化期　C. 平台期

D. 复极末期　E. 静息期

[考点与答案] 心肌细胞动作电位的特点及其与功能的关系　C

[解题分析] 心室肌细胞动作电位的持续时间长（200～300ms），特别是复极化过程及参与的离子复杂（涉及 K^+、Na^+、Ca^{2+}）。其中，平台期（复极 2 期）的复极化过程非常缓慢，由于 Ca^{2+} 内流与 K^+ 外流的共同作用，使膜电位基本上停滞于 0mV 附近，可持续 100～150ms。而其他备选答案的时期相对均较短。故选答案 C。

3. 在一个心动周期中，心室的压力、容积与功能变化的顺序是

A. 射血→等容收缩→充盈→等容舒张

B. 等容收缩→射血→等容舒张→充盈

C. 射血→等压收缩→充盈→等压舒张

D. 射血→等容收缩→充盈→等压舒张

E. 等容收缩→充盈→等容舒张→射血

[考点与答案] 心脏泵血过程　B

[解题分析] 在一个心动周期内，心室开始收缩期时，心室内压力很快超过房内压、但仍低于主动脉压，使房室瓣关闭、半月瓣仍处于关闭状态，心室暂时成为一个封闭的心腔，心室容积不变，即“等容收缩”；随着心室继续收缩、压力进一步升高，当室内压升高至超过主动脉压时，半月瓣开放，使血液快速射入动脉，即进入“射血”；随后，心室开始舒张，心室内压很快低于主动脉压、但仍高于房内压，使半月瓣关闭、房室瓣仍处于关闭状态，心室又暂时成为一个封闭的腔，即“等容舒张”；随着心室的持续舒张，室内压也低于了房内压，心房内的血液冲开房室瓣快速进入心室，即进入“充盈”。因此，在一个心动周期中，心室的变化的顺序是等容收缩→射血→等容舒张→充盈，故选答案 B。

4. 动物第一心音形成的原因之一是

A. 房室瓣关闭　B. 半月瓣关闭

C. 心室的舒张　D. 心房的收缩

E. 心室的充盈

[考点与答案] 心音　A

[解题分析] 通常可以听到第一心音和第二心音两个心音。其中第一心音发生于心缩期，又称心缩音。心缩音的音调低，持续时间较长，产生的原因主要包括心室肌的收缩、房室瓣的关闭以及射血开始引起的主动脉管壁的振动。因此，房室瓣关闭是第一心音形成的一个原因。故选答案 A。

5. 对微循环血流起“总闸门”作用的结构是

A. 动-静脉吻合支　B. 后微动脉　C. 微动脉
D. 真毛细血管　E. 毛细血管前括约肌

［考点与答案］微循环的组成及作用　C

［解题分析］微动脉的管壁有丰富的环行平滑肌，其收缩和舒张可控制微血管的血流量，起着“总闸门”的作用；而后微动脉是微动脉的分支，它的舒缩活动仅控制着其支配部分的真毛细血管血流量；毛细血管前括约肌是真毛细血管起始端的括约肌，亦只是控制其所在真毛细血管的血流量；动-静脉吻合支是吻合微动脉和微静脉的通道，对整个微血管床的血流量影响不大。因此，只有微动脉才是对微循环血流起“总闸门”作用的结构。故选答案C。

6. 促使毛细血管内液体向外滤过的力量是

A. 毛细血管血压、组织液静水压
B. 毛细血管血压、血浆胶体渗透压
C. 组织液静水压、血浆胶体渗透压
D. 组织液静水压、组织液胶体渗透压
E. 毛细血管血压、组织液胶体渗透压

［考点与答案］组织液的形成及其影响因素　E

［解题分析］液体通过毛细血管壁的滤过与重吸收，是由有效滤过压决定的，有效滤过压＝（毛细血管血压＋组织液胶体渗透压）－（血浆胶体渗透压＋组织液静水压）。由公式可知，毛细血管血压和组织液胶体渗透压是促使液体由毛细血管内向血管外滤过（即生成组织液）的力量。故选答案E。

7. 心交感神经节后神经末梢释放的递质是

A. 乙酰胆碱　B. 去甲肾上腺素
C. γ-氨基丁酸　D. 多巴胺
E. 肾上腺素

［考点与答案］心交感神经和心迷走神经对心脏和血管功能的调节　B

［解题分析］心交感神经的活动，使心脏活动增强。其作用机制是心交感神经兴奋时，其节后纤维末梢释放去甲肾上腺素，作用于心肌细胞膜的β肾上腺素能受体，使心肌膜上的钙通道激活，从而使心脏活动增强。而多巴胺、γ-氨基丁酸是中枢递质，乙酰胆碱是节前纤维释放的递质，肾上腺素不是神经递质。故选答案B。

8. 正常情况下，迷走神经兴奋时心血管活动的变化是

A. 心率加快　B. 心肌收缩力增强
C. 心输出量增加　D. 外周血管口经缩小
E. 房室传导减慢

［考点与答案］心交感神经和心迷走神经对心脏和血管功能的调节　E

［解题分析］迷走神经兴奋时，使心肌兴奋性降低、自律性下降、传导速度减慢和收缩力降低；使血管舒张，外周阻力减小。备选答案 A、B 和 C 均为心脏活动加强，D 是血管收缩，均不符合题意。只有 E 属于传导速度下降，符合要求。故选答案 E。

9. 关于缩血管神经纤维的描述，正确的是

A. 平时无紧张性活动

B. 均来自于副交感神经

C. 都属于交感神经纤维

D. 兴奋时使被支配的器官血流量增加

E. 节后纤维释放的递质为乙酰胆碱

［考点与答案］心交感神经和心迷走神经对心脏和血管功能的调节　C

［解题分析］缩血管神经纤维都是交感神经纤维，故一般称为交感缩血管神经纤维。其兴奋时，节后神经纤维末梢释放去甲肾上腺素，使所支配的血管平滑肌收缩，血流量下降。同时，在安静状态下，交感缩血管纤维持续发放低频冲动，即交感缩血管紧张，使血管平滑肌保持一定程度的收缩状态。因此，在所有备选答案中，只有 C 符合题意。

10. 临床上将肾上腺素用于强心，其结合的受体是

A. α受体　B. β受体　C. M受体　D. N受体　E. H_1受体

［考点与答案］肾上腺素和去甲肾上腺素对心血管功能的调节　B

［解题分析］肾上腺素既能作用于α受体，又能作用于β受体。心脏上的肾上腺素能受体为β受体，肾上腺素与心肌细胞的β受体结合，使心脏活动增强，心输出量增加。肾上腺素作用于具有α受体的血管，使其收缩；使具有β受体的血管舒张，对全身血液进行重新分配。故选答案 B。

B1 型题

（11～13 题共用备选答案）

A. 外周阻力大小　B. 循环血量多少

C. 动脉管壁弹性大小　D. 心肌传导速度快慢

E. 每搏输出量多少

11. 舒张压主要反映

［考点与答案］影响动脉血压的主要因素　A

［解题分析］外周血管收缩，造成的血管口径变小，使外周阻力加大，则心舒期血液外流的速度减慢，心舒期末主动脉中存留的血量增多，舒张压升高。因此，舒张压的高低主要反映外周阻力的大小。故选答案 A。

12. 脉搏压主要反映

［考点与答案］影响动脉血压的主要因素　C

［解题分析］动脉的弹性贮器作用可以缓冲心脏收缩与舒张引起的外周血压波动。动脉弹性好，心脏收缩射血时的部分动能转变为势能贮存于动脉中；而心脏舒张时，动脉回缩又将贮存于动脉中的势能转变为动能，推动血液外流，使收缩压低、舒张压相对高，脉搏压低。因此，脉搏压主要反映动脉管壁的弹性大小。故选答案C。

13. 收缩压主要反映

［考点与答案］影响动脉血压的主要因素　E

［解题分析］每搏输出量增大，射出的血量增加，收缩压升高。因此，收缩压的高低主要反映心脏每搏输出量的多少。故选答案E。

（14～15题共用备选答案）

A. 物质和气体交换　　B. 淋巴液回流

C. 参与体温调节　　D. 感受刺激

E. 控制微循环血流量

14. 毛细血管前括约肌的主要功能是

［考点与答案］微循环的组成及作用　E

［解题分析］典型的微循环由微动脉、后微动脉、毛细血管前括约肌、真毛细血管、通血毛细血管（或称直捷通路）、动-静脉吻合支和微静脉等7部分组成，其中毛细血管前括约肌位于真毛细血管的上游，其口径的大小改变了进入下游真毛细血管床的血流量，即控制了微循环血流量。故选答案E。

15. 真毛细血管的主要生理功能是

［考点与答案］微循环的组成及作用　A

［解题分析］在微循环的组成结构中，真毛细血管通透性高，可以实现血液与组织细胞间物质的自由交换。故选答案A。

A2型题

16. 3岁犬，精神沉郁、食欲减退，黏膜轻度发绀，听诊发现第二心音性质显著改变，其原因是

A. 肺动脉锁不全

B. 主动脉口闭锁不全

C. 肺动脉口狭窄

D. 主动脉口狭窄

E. 左房室口狭窄

［考点与答案］心音 B

［解题分析］这是一道临床病例题。临床症状主要表现为缺氧，但关键是心音的异常，主要考查对两个心音成因的掌握。题干明确说明第二心音的变化，根据已有的生理学知识可知，第二心音产生的主要原因是主动脉瓣突然关闭、血液冲击瓣膜等引起的动脉壁振动。因此，在所有备选答案中，只有主动脉口闭锁不全符合要求。所以，本题选答案 B。

二、练习题目

A1 型题

1. 房室瓣开放见于
   A. 等容收缩期　B. 快速射血期　C. 减慢射血期
   D. 等容舒张期　E. 充盈期
2. 心室血液充盈的动力主要是
   A. 心房的收缩　B. 心房的舒张　C. 心室的收缩
   D. 心室的舒张　E. 全身骨骼肌的收缩
3. 射血分数是指每搏输出量与下列哪一容积的比
   A. 回心血量　B. 每分输出量
   C. 心室舒张末期容积　D. 心房容积
   E. 心室收缩末期容积
4. 第一心音标志着
   A. 房室瓣开放　B. 房室瓣关闭　C. 动脉瓣开放
   D. 主动脉瓣关闭　E. 心室开始舒张
5. 第二心音的产生，主要是由于
   A. 心室收缩时，血液冲击半月瓣引起的振动
   B. 心室舒张时，房室瓣关闭引起的振动
   C. 心室收缩时，动脉管壁突然开放时的振动
   D. 心室舒张时，半月瓣迅速关闭引起的血管振动
   E. 心室收缩时，血液射入大动脉冲击管壁的振动
6. 较之于神经细胞，心室肌细胞动作电位的特征是
   A. 0 期去极速度慢、持续时间长
   B. 有平台期且复极持续时间长
   C. 0 期去极的幅度为 40mV
   D. 4 期电位不稳定
   E. 1 期复极时间长，持续 100～150ms
7. 正常情况下，心脏的起搏点是
   A. 窦房结　B. 心房肌　C. 心室肌
   D. 浦肯野纤维　E. 房室结

8. 心脏自动节律性最高的部位是
A. 浦肯野氏细胞　B. 房室交界区　C. 窦房结
D. 心室肌　E. 房室结

9. 房-室延搁的生理意义是
A. 增强心室肌收缩力　B. 使心室肌有效不应期延长
C. 使心室肌动作电位幅度增加　D. 保证心室肌同步收缩
E. 保证心室不会与心房同时收缩

10. 心电图的P波反映
A. 心房的去极化　B. 心室的去极化
C. 心室的复极化　D. 心室的收缩
E. 心房的复极化

11. 动物心电图的QRS波群代表
A. 两心房去极化过程　B. 两心室去极化过程
C. 两心室复极化过程　D. 两心房为收缩状态
E. 两心室全部处在舒张状态

12. 生理情况下，外周阻力的增加主要引起
A. 收缩压升高　B. 舒张压升高　C. 脉压变大
D. 心率增加　E. 血管容积变动

13. 使循环系统外周阻力增加的主要因素是
A. 动脉血压升高　B. 心输出量增加
C. 乙酰胆碱浓度升高　D. 小动脉和微动脉收缩
E. 小静脉和微静脉的收缩

14. 影响血管外周阻力最主要的因素是
A. 红细胞数目　B. 血管长度
C. 小静脉口径变化　D. 小动脉口径变化
E. 心输出量增加

15. 交换血管是指
A. 微动脉　B. 微动脉
C. 通血毛细血管　D. 真毛细血管
E. 微静脉

16. 心血管活动调节的基本中枢位于
A. 大脑皮层　B. 下丘脑　C. 脑桥
D. 延髓　E. 脊髓

17. 心肌细胞膜上，与去甲肾上腺素结合的受体是
A. α受体　B. β受体　C. M受体
D. N_1受体　E. N_2受体

18. 血压调节的压力感受性反射的感受器位于
A. 延髓　B. 心房内壁　C. 心室内壁
D. 颈动脉体和主动脉体　E. 主动脉弓和颈动脉窦

19. 可引起心率降低的因素是

A. 心交感神经活动增强　　B. 心迷走神经活动增强

C. 肾上腺素分泌增加　　D. 甲状腺激素分泌增加

E. 发热

20. 心迷走神经兴奋时，节后纤维末梢释放的神经递质是

A. 去甲肾上腺素　　B. 谷氨酸　　C. 乙酰胆碱

D. 肾上腺素　　E. 多巴胺

21. 使血压升高的因素是

A. 迷走神经兴奋　　B. 注射乙酰胆碱

C. 刺激主动脉神经　　D. 注射去甲肾上腺素

E. 大量脱水

22. 能使外周小血管收缩的体液因素是

A. 去甲肾上腺素　　B. 乙酰胆碱　　C. CO_2

D. 缓激肽　　E. 前列腺素

B1 型题

（23～25 题共用备选答案）

A. 肾上腺素　　B. 去甲肾上腺素　　C. 乙酰胆碱

D. 血管升压素　　E. 阿托品

23. 使动脉血压降低的物质是

24. 心交感神经兴奋时，节后纤维末梢释放的化学递质是

25. 在临床上，常用作“强心”的药物是

（26～28 题共用备选答案）

A. P 波　　B. QRS 波群　　C. T 波

D. P－R 间期　　E. ST 段

26. 心电图上，可反映左右心房去极过程的是

27. 心电图上，可反映左右心室去极过程的是

28. 心电图上，可反映左右心室复极过程的是

[练习题目答案] 1. E　2. D　3. C　4. B　5. D　6. B　7. A　8. C　9. E　10. A　11. B　12. B　13. D　14. D　15. D　16. D　17. B　18. E　19. B　20. C　21. D　22. A　23. C　24. B　25. A　26. A　27. B　28. C

血液循环

第五单元　呼　　吸

一、例题解析

A1 型题

1. 呼吸过程中的有效通气量是

A. 肺活量　　B. 潮气量
C. 补吸气量　　D. 补呼气量
E. 肺泡通气量

［考点与答案］肺通气量　E
［解题分析］每次吸入的新鲜空气除了进入肺泡，还有一部分停留在无效腔内不能进行气体交换。因此，只有进入肺泡的气体才能实现气体交换，因而肺泡通气量才是真正的有效通气量。故选答案 E。

2. 吸气时胸膜腔内的压力变化是

A. 负压变化　　B. 负压减小
C. 负压增大　　D. 压力等于大气压
E. 压力大于大气压

［考点与答案］胸内压　C
［解题分析］吸气时胸廓扩大，肺被扩张，回缩力增大，胸内负压也增大；呼气时相反，胸内负压减小。根据题干，可以选择 A 和 C，但选项 A 的“负压变化”包含了“增大”与“减小”的两种变化，不明确。故选答案 C。

3. 肺泡与血液间气体扩散的方向主要取决于

A. 气体的分压差　　B. 气体的分子质量
C. 呼吸运动　　D. 气体与血红蛋白亲和力
E. 呼吸膜通透性

［考点与答案］肺泡与血液及组织与血液间气体交换的原理和主要影响因素　A
［解题分析］肺泡与血液间气体扩散的方向遵循物质扩散的一般规律，气体分子由其压力高的区域向压力低（分压差）的区域扩散。故选答案 A。而其他选项仅影响扩散量，与扩散方向无关。

4. 二氧化碳在血浆中运输的主要化学结合形式是

A. 碳酸氢铵　　B. 碳酸氢钠
C. 碳酸氢钾　　D. 磷酸氢钾
E. 磷酸氢钠

［考点与答案］氧和二氧化碳在血液中运输的基本方式 B

［解题分析］CO_2以化学结合和物理溶解两种形式在血液中运输，其中以化学结合为主，约占运输总量的95%。化学结合形式又有两种，即碳酸氢盐运输形式（87%）和氨基甲酸血红蛋白运输形式（7%）。而血浆中的阳离子主要又是Na^+，所以HCO_3^-与血浆中Na^+结合成$NaHCO_3$而运输二氧化碳。故选答案B。

5. 抑制动物吸气过长过深的调节中枢位于

A. 脊髓　　B. 延髓　　C. 间脑

D. 脑桥　　E. 大脑皮层

［考点与答案］呼吸的神经反射性调节 D

［解题分析］动物的呼吸中枢存在于大脑皮质、间脑、脑桥、延髓和脊髓等部位，其中脑桥的前1/3存在呼吸调整中枢，限制吸气、促使吸气转为呼气；防止吸气过长过深，协助呼吸节律的维持。因此，抑制动物吸气过长过深的调节中枢位于脑桥。故选答案D。

6. 对于肺扩张反射不正确的表述是

A. 感受器位于细支气管和肺泡内　　B. 传入神经是迷走神经

C. 中枢位于延髓　　D. 传出神经为运动神经

E. 效应器为呼吸肌

［考点与答案］呼吸运动的神经反射性调节 A

［解题分析］由肺扩张或肺缩小反射性引起的吸气抑制或兴奋的反射，称为肺牵张反射。它包括肺扩张反射和肺缩小反射。该反射的感受器位于支气管至细支气管的平滑肌中；传入纤维在迷走神经干内；中枢是延髓内的呼吸中枢；传出神经是支配呼吸肌的躯体神经（如膈神经、肋间神经）；效应器是呼吸肌。上述备选答案中，B、C、D和E均正确；而A答案的感受器表述，将肺泡包括在内是错误的。因此，肺扩张反射不正确的表述是“感受器位于细支气管和肺泡内”。故选答案A。

7. 颈动脉体和主动脉体化学感受器可感受的刺激是

A. 白蛋白含量变化　　B. 氢离子浓度变化

C. 钠离子浓度变化　　D. 钙离子浓度变化

E. 钾离子浓度变化

［考点与答案］呼吸运动的体液调节 B

［解题分析］颈动脉体和主动脉体化学感受器是调节运动的化学感受器，其对血液中缺氧和氢离子浓度升高很敏感，离子和蛋白对此感受器并无直接作用。故选答案B。

B1 型题

（8～10 共用备选答案）

A. 12L　B. 18L　C. 24L　D. 30L　E. 42L

8. 某马的潮气量为 6L，补吸气量、补呼气量、余气量均为 12L，则肺活量为

［考点与答案］肺容积和肺容量　D

［解题分析］肺活量是指用力吸气后再用力呼气，所能呼出的气体量。即补吸气量、潮气量与补呼气量之和。因此，该马的肺活量为 12L＋6L＋12L＝30L，故选答案 D。

9. 某马的潮气量为 6L，补吸气量、补呼气量、余气量均为 12L，则功能余气量为

［考点与答案］肺容积和肺容量　C

［解题分析］功能余气量是指平和呼气后留存于肺内的气体量。是补呼气量与余气量之和。因此，该马的功能余气量为 12L＋12L＝24L。故选答案 C。

10. 某马的潮气量为 6L，补吸气量、补呼气量、余气量均为 12L，则深吸气量为

［考点与答案］肺容积和肺容量　B

［解题分析］深吸气量是指从平静呼气末，做最大吸气时所能吸入的气体量。它是潮气量与补吸气量之和，是衡量最大通气潜力的一个重要指标。因此，该马的深吸气量为 6L＋12L＝18L。故选答案 B。

A2 型题

11. 羊，2 岁，胸部外伤，呼吸时双侧胸壁起伏不对称，呼吸急促，心率加快，可视黏膜发绀，伤侧叩诊呈鼓音。其呼吸异常的原因是

A. 双侧气胸　B. 单侧气胸　C. 气管破裂

D. 食道破裂　E. 胸腔积液

［考点与答案］胸内压　B

［解题分析］该题为临床病例题。动物“呼吸急促、心率加快、可视黏膜发绀”等表现，均为缺氧的典型症状，提示呼吸机能障碍；“胸部外伤”以及“伤侧叩诊呈鼓音”说明，由于外伤使空气进入胸腔，形成气胸；呼吸时双侧胸壁起伏不对称，说明气胸仅发生在一侧胸腔。因此，呼吸异常的原因是“单侧气胸”所致。故选答案 B。

A2 型题

12. 猪，采食烂青菜后，站立不稳，呼吸困难，脉搏细弱，全身发绀，其可能的发病机制是

A. 血红蛋白 Fe^{3+} 还原为 Fe^{2+}　B. 血红蛋白 Fe^{2+} 氧化为 Fe^{3+}

C. 血液 pH 降低，使氧离曲线左移　D. 血液 PCO_2 增高，使氧离曲线左移

E. CO_2与血红蛋白结合率降低

［考点与答案］氧和二氧化碳在血液中运输的基本方式　B

［解题分析］这是一道临床病例题。根据题干描述，猪采食的烂青菜后，含有大量的亚硝酸盐，症状为典型的亚硝酸盐中毒，表现为缺氧。由于亚硝酸盐可使 Hb 中的 Fe^{2+} 氧化为 Fe^{3+} 而失去运氧能力，造成的缺氧。故选答案 B。

二、练习题目

A1 型题

1. 肺通气的原动力主要来自
   A. 肺的舒缩运动　B. 肺的弹性回缩
   C. 呼吸肌的节律性运动　D. 胸内压的周期性变化
   E. 肺内压和胸内压之差
2. 哺乳动物的吸气肌是
   A. 肋间内肌与膈肌　B. 肋间外肌与膈肌
   C. 膈肌与腹壁肌　D. 肋间内肌与肋间外肌
   E. 胸大肌
3. 肺泡表面活性物质
   A. 能增加肺泡表面张力　B. 使肺的顺应性提高
   C. 使肺泡趋于萎缩　D. 有利于液体进入肺泡
   E. 覆盖在肺泡内层液泡与肺泡上皮之间
4. 肺泡表面活性物质减少时，可能产生
   A. 肺扩张　B. 肺不张
   C. 肺泡表面张力减小　D. 肺回缩力减弱
   E. 呼吸阻力减小
5. 效率最高的呼吸形式是
   A. 深而慢的呼吸　B. 浅而快的呼吸
   C. 浅而慢的呼吸　D. 深而快的呼吸
   E. 自由式呼吸
6. 大多数健康动物的呼吸类型是
   A. 胸腹式　B. 胸式　C. 腹式
   D. 潮式　E. 窒息
7. 维持胸内负压的必要条件是
   A. 吸气肌收缩　B. 呼吸道内存在一定压力　C. 呼气肌收缩
   D. 肺内压低于大气压　E. 腹肌收缩
8. 肺活量等于
   A. 潮气量＋补吸气量　B. 余气量＋机能余气量

C. 余气量＋补吸气量　　D. 补吸气量＋潮气量＋补呼气量
E. 潮气量＋补吸气量＋机能余气量

9. 平静呼气末，肺内的气体量为
A. 肺活量　　B. 时间肺活量
C. 补呼气量和潮气量　　D. 功能余气量
E. 余气量

10. 决定气体在肺部交换方向的关键因素是
A. 呼吸膜的面积　　B. 气体的分压差
C. 气体的分子质量　　D. 呼吸膜的通透性
E. 气体在血中的溶解度

11. 肺泡与毛细血管之间进行气体交换的结构是
A. 肺泡膜　　B. 血管内皮细胞　　C. 呼吸膜
D. 血管内皮细胞　　E. 间质

12. O_2在血液中运输的最主要形式是
A. 物理溶解　　B. 氨基甲酸血红蛋白
C. 氧合血红蛋白　　D. 高铁血红蛋白
E. 形成碳酸氢盐

13. Hb 氧含量是指 100mL 血液中
A. 氧扩散的总量　　B. 血浆中溶解的氧量
C. 血红蛋白实际结合的氧量　　D. 血液氧含量占氧容量的百分比
E. 血红蛋白能结合氧的最大量

14. 氧离曲线表示
A. 血红蛋白含量与氧解离量的关系曲线
B. 血红蛋白氧饱和度与氧含量的关系曲线
C. 血红蛋白氧饱和度与氧分压的关系曲线
D. 血氧含量与血氧容量的关系曲线
E. 血氧容量与氧分压的关系曲线

15. 使氧解离曲线右移的因素是
A. 血液中 CO_2分压增高
B. 血液中 CO_2分压降低
C. 血液中 pH 增高
D. 血液中 O_2分压增高
E. 血液中 2，3－二磷酸甘油酸减少

16. CO_2在血液中运输的最主要形式是
A. 物理溶解　　B. 形成碳酸氢盐
C. 形成氨基甲酸血红蛋白　　D. 和水结合形成碳酸
E. 形成 CO 血红蛋白

17. 节律性呼吸的基本中枢位于
A. 延髓　　B. 脑桥　　C. 中脑　　D. 丘脑　　E. 脊髓

18. 肺牵张反射的传入神经位于
A. 肋间神经　　B. 交感神经　　C. 迷走神经
D. 窦神经　　E. 膈神经

19. 外周血液中 H^+ 浓度升高引起呼吸运动增强的主要途径是其作用于
A. 下丘脑　　B. 皮层化学感受器
C. 主动脉弓和颈动脉窦　　D. 颈动脉体和主动脉体
E. 肺牵张感受器

20. 低 O_2 对呼吸的兴奋作用，主要的作用途径是
A. 直接刺激中枢化学感受器
B. 刺激肺的化学感受器
C. 直接刺激颈动脉体、主动脉体化学感受器
D. 直接刺激颈动脉窦、主动脉弓压力感受器
E. 兴奋大脑皮层

B1 型题

（21～23 题共用备选答案）
A. 潮气量　　B. 补吸气量　　C. 补呼气量
D. 肺活量　　E. 肺泡通气量

21. 平静呼吸时，每次吸入或呼出的气体量是
22. 肺总容量减去余气量的值是
23. 呼吸过程中的有效通气量是

（24～26 题共用备选答案）
A. Hb 结合 O_2 的最大量　　B. 氧含量占氧容量的百分率
C. Hb 实际结合的 O_2 量　　D. O_2 扩散的总量
E. 血浆中溶解 O_2 的量

24. Hb 的氧含量是指每 100mL 血液中
25. Hb 的氧容量是指每 100mL 血液中
26. Hb 的氧饱和度是指

[练习题目答案] 1. C　2. B　3. B　4. B　5. A　6. A　7. A　8. D　9. D　10. B　11. C　12. C　13. C　14. C　15. A　16. B　17. A　18. C　19. D　20. C　21. A　22. D　23. E　24. C　25. A　26. B

呼吸

第六单元　采食、消化和吸收

一、例题解析

A1 型题

1. 激活胃蛋白酶原的因素是

A. 碳酸氢盐　B. 内因子　C. 磷酸氢盐
D. 盐酸　E. 钠离子

［考点与答案］胃液的主要成分和作用　D

［解题分析］由胃腺主细胞分泌的胃蛋白酶为无活性的酶原，在盐酸或已被激活的胃蛋白酶作用下，变为具有活性的胃蛋白酶。因此，盐酸是激活胃蛋白酶原的因素是盐酸。故选答案 D。

2. 促进胃液分泌的激素是

A. 降钙素　B. 甲状旁腺激素
C. 胃泌素　D. 胆囊收缩素
E. 雌激素

［考点与答案］胃液分泌的体液调节　C

［解题分析］胃窦及小肠上段黏膜的 G 细胞分泌的胃泌素，通过血液循环与胃腺细胞膜胃泌素受体结合，促进胃液分泌。而备选答案中的其他激素没有直接刺激胃液分泌的功能。因此，胃泌素是刺激胃液分泌的主要激素。故选答案 C。

3. 瘤胃发酵产生的气体大部分

A. 被微生物利用　B. 经呼吸道排出
C. 经嗳气排出　D. 经直肠排出
E. 被胃肠道吸收

［考点与答案］反刍动物前胃的消化　C

［解题分析］瘤胃内微生物对饲料发酵产生大量的气体，这些气体一部分被瘤胃壁吸收后，经呼吸道排出；而大部分通过前胃的运动，经嗳气排出。故选答案 C。

4. 主要由肠环形肌产生的节律性收缩和舒张形成的小肠运动形式是

A. 紧张性收缩　B. 蠕动冲　C. 逆蠕动
D. 分节运动　E. 钟摆运动

［考点与答案］小肠运动的基本方式　D

［解题分析］小肠运动的基本方式包括紧张性收缩、蠕动和分节运动。其中分节运动是以环状肌节律性舒缩为主的运动。故选答案 D。

5. 小肠吸收葡萄糖的主要方式是

A. 简单扩散　　B. 易化扩散
C. 胞吞　　D. 原发性主动转运
E. 继发性主动转运

[考点与答案] 小肠的消化和吸收　E
[解题分析] 葡萄糖在小肠上皮细胞处的吸收是继发性主动转运。在小肠上有钠泵的存在，可将细胞内的 Na^+ 源源不断地泵出，造成细胞内的低 Na^+ 环境（相对于肠腔液和肾小管液）。因此，Na^+ 可不断从肠腔液和小管液中顺浓度差进入细胞，由此释放的势能则用于葡萄糖分子逆浓度差进入细胞。因此，小肠吸收葡萄糖的主要方式是继发性主动转运。故选答案 E。

6. 铁在肠道内吸收的主要部位是

A. 直肠　　B. 盲肠　　C. 十二指肠
D. 回肠　　E. 结肠

[考点与答案] 主要营养物质在小肠内的吸收　C
[解题分析] 由于结构、内容物停留时间等特点，小肠作为吸收的主要部位，吸收绝大部分的营养物质。其中，铁主要是在小肠前段的十二指肠和空肠被吸收，备选答案中只有十二指肠（无空肠），故选答案 C。

7. 成年鸡分泌淀粉酶的器官是

A. 肌胃　　B. 肝脏　　C. 胰腺
D. 腺胃　　E. 嗉囊

[考点与答案] 家禽消化的特点（淀粉化学性消化）　C
[解题分析] 淀粉酶的作用是对饲料淀粉进行化学性消化，将后者水解成葡萄糖。虽然成年鸡的胆汁中也含有少量的淀粉酶，但消化能力有限。与哺乳动物一样，分泌淀粉酶的主要器官仍为胰腺。故选答案 C。

B1 型题

（8～10 题共用备选答案）

A. 胆盐　　B. 内因子　　C. 胃蛋白酶
D. 胰蛋白酶　　E. 胰脂肪酶

8. 消化液中由主细胞分泌，能被盐酸激活并发挥作用的成分是

[考点与答案] 胃液的主要成分和功能　C
[解题分析] 胃蛋白酶由胃腺主细胞分泌。胃蛋白酶刚分泌出来时以无活性的酶原形式存在，经盐酸激活成为有活性的蛋白酶。因此，消化液中由主细胞分泌，能被盐酸激活并发挥作用的成分是胃蛋白酶。故选答案 C。

9. 消化液中能与维生素B_{12}结合成复合体，并促进维生素B_{12}吸收入血的成分是

［考点与答案］胃液的主要成分和功能　B

［解题分析］内因子是由胃黏膜的壁细胞分泌的一种糖蛋白。它能与维生素B_{12}结合成复合体，使维生素B_{12}在转运到回肠途中不被消化液中的水解酶破坏，然后附着于回肠黏膜刷状缘的受体上，促进维生素B_{12}吸收。故选答案B。

10. 消化液中能降低脂肪表面张力，增加脂肪与酶的接触面积，并促进脂肪分解产物吸收的成分是

［考点与答案］胰液和胆汁的性质、主要成分和作用　A

［解题分析］胆汁中的胆盐通过降低脂肪的表面张力、增强脂肪酶的活性、与脂肪酸形成可被吸收水溶性复合物等，参与脂肪的消化和吸收。故选答案A。

二、练习题目

A1 型题

1. 胃蛋白酶原转变为胃蛋白酶的激活物是
   A. 肠激酶　B. Na^+　C. K^+
   D. HCl　E. 内因子
2. 关于胃酸生理作用的叙述，错误的是
   A. 能激活胃蛋白酶原，提供胃蛋白酶所需的酸性环境
   B. 可使饲料中的蛋白质变性而易于分解
   C. 可杀死随饲料进入胃内的细菌
   D. 可促进维生素B_{12}的吸收
   E. 盐酸进入小肠后，可促进胰液、肠液、胆汁的分泌
3. 小肠对氨基酸和葡萄糖的吸收机制是
   A. 渗透和滤过　B. 主动转运　C. 入胞作用
   D. 单纯扩散　E. 易化扩散
4. 进食引起的胃液分泌属于
   A. 神经调节　B. 体液调节
   C. 神经和体液双重调节　D. 正反馈调节
   E. 负反馈调节
5. 交感神经兴奋，对胃肠道的影响是
   A. 运动增强，分泌抑制　B. 运动增强，分泌增强
   C. 运动抑制，分泌抑制　D. 运动抑制，分泌增强
   E. 运动增强，分泌无明显变化
6. 需要胆盐协助方可对饲料进行消化的酶是
   A. 胰蛋白酶　B. 糜蛋白酶　C. 胰脂肪酶

D. 胰淀粉酶　　E. 胃蛋白酶

7. 胃特有的运动形式是

A. 蠕动　　B. 逆蠕动

C. 紧张性收缩　　D. 容受性舒张

E. 分节运动

8. 反刍动物与嗳气有关的前胃收缩是

A. 瘤胃收缩 A 波　　B. 瘤胃收缩 B 波

C. 网胃的附加收缩　　D. 网胃第一次收缩

E. 网胃第二次收缩

9. 胰液中含量最高的无机物是

A. HCO_3^-　　B. Cl^-　　C. Na^+

D. K^+　　E. Ca^{2+}

10. 在瘤胃发酵产生的挥发性脂肪酸中，成为血糖主要来源的物质是

A. 乙酸　　B. 丙酸　　C. 乙酸和丁酸

D. 乙酸和丙酸　　E. 丙酸和丁酸

B1 型题

（11～13 题共用备选答案）

A. 唾液　B. 胃液　C. 胰液　D. 小肠液　E. 胆汁

11. 对蛋白质消化力最强的消化液是

12. 不含有消化酶的消化液是

13. pH 最低的消化液是

［练习题目答案］ 1. D　2. D　3. B　4. C　5. C　6. C　7. D　8. B　9. A　10. B　11. C　12. E　13. B

采食、消化和吸收

第七单元　能量代谢和体温

一、例题解析

A1 型题

1. 下列与动物静止能量代谢率无关的是

A. 肌肉发达程度　　B. 个体大小　　C. 年龄

D. 性别　　E. 生理状态

［考点与答案］基础代谢和静止能量代谢及在实践中的应用　A

［解题分析］动物在基本生命活动条件下，单位时间内每平方米体表面积的能量代谢，称为基础代谢。但对家畜基础代谢的测定有很大困难，因此，在实践中通常以测定静止能量代谢来代替基础代谢。也就是说，静止能量代谢率是指动物在一般的畜舍或实验室条件下、早晨饲喂前休息时的能量代谢水平。因此，与基础代谢率一样，其受到肌肉活动等主要因素影响外，或受到年龄、性别、品种、个体大小的影响，而肌肉发达程度与静止能量代谢率无关。故选答案 A。

2. 外周温度感受器是分布于皮肤、黏膜和内脏的

A. 腺细胞　　B. 环层小体
C. 血管内皮细胞　　D. 游离神经末梢
E. 神经元细胞体

［考点与答案］动物维持体温相对恒定的基本调节方式　D

［解题分析］外周温度感受器广泛分布在皮肤、黏膜和内脏中，包括冷感受器和热感受器，它们都是游离神经末梢。这两种感受器各自对一定范围的温度敏感。当局部温度升高时，热感受器兴奋；反之，冷感受器兴奋。故选答案 D。

3. 动物维持体温相对恒定的基本调节方式是

A. 体液调节　　B. 自身调节
C. 自分泌调节　　D. 旁分泌调节
E. 神经体液调节

［考点与答案］动物维持体温相对恒定的基本调节方式　E

［解题分析］下丘脑体温调节中枢调节产热和散热过程，其通过躯体神经、植物性神经和神经-体液调节的外周机制，维持体温稳定的基本调节方式。故选答案 E。

4. 恒温动物体温调节的基本中枢位于

A. 小脑　　B. 大脑　　C. 脊髓
D. 延髓　　E. 下丘脑

［考点与答案］动物维持体温相对恒定的基本调节方式　E

［解题分析］调节体温的基本中枢位于下丘脑。故选答案 E。

5. 寒冷环境下，参与维持动物机体体温稳定的是

A. 冷敏神经元发放冲动频率减少　　B. 深部血管舒张
C. 体表血管舒张　　D. 甲状腺激素分泌减少
E. 骨骼肌战栗产热

［考点与答案］动物维持体温相对恒定的基本调节方式　E

［解题分析］在环境温度改变的情况下，动物通过一系列的机制，调节机体的产热和散热过程，而维持体温恒定。本题的备选答案中，仅有E项满足寒冷环境下需要产热增加的要求使体温稳定，而A、B、C、D项均使产热减少或散热增加。故选答案E。

6. 感染引起发热的机制是

A. 非寒战产热增加
B. 寒战产热增加
C. 下丘脑体温调节中枢体温调定点上移
D. 外周热感受器发放冲动增加
E. 中枢热敏神经元发放冲动频率增加

［考点与答案］动物维持体温相对恒定的基本调节方式　C

［解题分析］细菌等感染所致的发热就是由于致热源使视前区-下丘脑前部中的热敏神经元的阈值升高，冷敏神经元的阈值下降，致使下丘脑体温调节中枢体温调定点上移，由于体温低于升高的调定点，所以机体的散热减少，产热过程增强，出现恶寒、寒战等反应，结果引起体温升高。故选答案C。

二、练习题目

A1 型题

1. 给高热动物使用冰块的主要作用是
A. 增加辐射散热　B. 增加传导散热
C. 增加对流散热　D. 增加蒸发散热
E. 对流散热和辐射散热同时增加
2. 当环境温度超过体表温度时，皮肤唯一的散热方式是
A. 辐射　B. 传导　C. 对流
D. 蒸发　E. 以上都不是
3. 使辐射散热增加的因素是
A. 皮下脂肪增多　B. 气温高于皮肤温度
C. 气温低于皮肤温度　D. 被毛加厚
E. 有效辐射面积减少
4. 哺乳动物主要的散热器官是
A. 消化道　B. 皮肤　C. 肾脏
D. 肺　E. 肝脏
5. 用酒精给高热动物擦浴的散热方式属于
A. 辐射散热　B. 对流散热　C. 传导散热

D. 蒸发散热　　E. 传导和蒸发散热

6. 促进机体产热的最重要的激素是

A. 甲状腺激素　　B. 肾上腺皮质激素　　C. 肾上腺素

D. 生长激素　　E. 胰岛素

7. 在运动状态下，动物产热量最高的器官是

A. 骨骼肌　　B. 心肌　　C. 肝脏

D. 肾脏　　E. 肺脏

8. 动物安静时，产热量最大的器官是

A. 心肌　　B. 骨骼肌　　B. 肺脏

D. 肾脏　　E. 肝脏

[练习题目答案] 1. B　2. D　3. C　4. B　5. D　6. A　7. A　8. E

能量代谢和体温

第八单元　尿的生成和排出

一、例题解析

A1 型题

1. 肾小球滤过率是指

A. 两侧肾脏生成的原尿量　　B. 一侧肾脏生成的原尿量

C. 流经两侧肾脏的血量　　D. 流经一侧肾脏的血量

E. 一个肾单位生成的原尿量

[考点与答案] 肾小球的滤过功能　A

[解题分析] 每分钟两侧肾脏生成原尿的量，称为肾小球滤过率。其是衡量肾脏功能的重要指标之一。在备选答案中，只有“两侧肾脏生成的原尿量”符合题目要求。故选答案 A。

2. 急性肾小球肾炎时，动物出现少尿或无尿的主要原因是

A. 肾小囊内压降低　　B. 肾小球滤过率降低

C. 毛细血管血压下降　　D. 血浆胶体渗透压升高

E. 血浆晶体渗透压升高

［考点与答案］肾小球的滤过功能 B

［解题分析］在正常情况下，滤过膜的通透性是比较稳定的，对肾小球滤过率的影响不大。只有在病理情况下，例如，急性肾小球肾炎时，可造成肾小球滤过率显著下降，结果出现少尿或无尿。因此，急性肾小球肾炎时，动物出现少尿或无尿的主要原因是肾小球滤过率降低。故选答案 B。

3. 影响肾小球滤过膜通透性的因素不包括

A. 肾小球毛细血管内皮细胞肿胀

B. 肾小球毛细血管内皮下的基膜增厚

C. 肾小球毛细血管管腔狭窄

D. 囊内皮孔隙加大

E. 肾小球旁细胞分泌增加

［考点与答案］影响肾小球滤过的因素 E

［解题分析］在急性肾小球肾炎等情况下，由于内皮细胞肿胀、基膜增厚，致使肾小球毛细血管腔变得狭窄或阻塞不通，肾小球滤过膜通透性降低，造成滤过率下降；而在机体缺氧或中毒时，囊内皮孔隙加大，滤过膜的通透性增大，造成肾小球滤过率增加。因此，A、B、C 和 D 选项均为影响通透性的因素，而肾小球旁细胞分泌的肾素不直接影响滤过膜的通透性，不是影响通透性的因素。故选答案 E。

4. 正常情况下，原尿中不含有

A. 高分子质量蛋白质　B. Na^+　C. Ca^{2+}

D. 葡萄糖　E. K^+

［考点与答案］肾小球的滤过功能 A

［解题分析］当血液流过肾小球时，由于肾小球滤过膜的选择性通透功能，血浆中的一部分水和小分子溶质依靠滤过作用滤入肾小囊腔内形成的超滤液（原尿），而蛋白质等大分子物质不能漏出。因此，正常情况下，原尿中不会含大分子蛋白质，其他成分与血浆基本相同。故选答案 A。

5. 一犬因腹泻脱水，某兽医门诊实习生误给病犬静脉输入过量注射用水，引起其尿量增多，分析该犬尿量增多的生理机制之一是

A. 囊内压降低

B. 肾血流量下降

C. 血浆胶体渗透压下降

D. 血浆晶体渗透压下降

E. 肾小球毛细血管血压下降

［考点与答案］肾小球的滤过功能　C

［解题分析］根据肾小球有效滤过压＝肾小球毛细血管血压－（血浆胶体渗透压＋囊内压）。给动物快速静脉内注射大量的生理盐水后可出现尿量增加，其原因之一是大量的生理盐水入血后，使血浆胶体渗透压相应降低，有效过滤压升高，肾小球滤过率加大而出现尿量增加。故选答案C。

6. 牛因创伤失血，导致尿量减少，经测定动脉血压降至正常值70%。其尿量减少的机制是

A. 肾小球毛细血管血压下降　B. 囊内压下降
C. 血浆胶体渗透压下降　D. 血浆晶体渗透压下降
E. 滤过膜通透性下降

［考点与答案］影响肾小球滤过的因素　A

［解题分析］动物大量失血以后，使动脉血压明显下降，继而肾小球毛细血管血压下降、肾小球有效滤过压下降，导致尿量减少。动物的失血一般不会造成囊内压、血浆胶体渗透压、血浆晶体渗透压和滤过膜通透性的明显变化。故选答案A。

7. 犬，6岁，肾脏远曲小管和集合管对水的重吸收减少1%，则尿量将增加

A. 0.5倍　B. 1倍　C. 1.5倍
D. 2倍　E. 2.5倍

［考点与答案］肾小管与集合管的重吸收和分泌功能　B

［解题分析］正常情况下，小管液流经肾小管和集合管时，其中99%的水被重吸收，仅1%的水变为终尿。因此，重吸收减少1%，即重吸收变为98%时，则尿量将1倍。故选答案B。

二、练习题目

A1型题

1. 小管液中的氨基酸通过主动转运被全部重吸收的部位是

A. 近球小管　B. 髓袢　C. 远曲小管
D. 集合管　E. 肾盂

2. 醛固酮作用于远曲小管和集合管，可促进

A. Na^+的重吸收　B. Na^+的重吸收和葡萄糖的重吸收
C. Na^+的重吸收和K^+的排出　D. K^+的重吸收
E. Na^+和K^+的重吸收

3. 构成肾内髓部渗透压梯度的主要溶质是

A. 磷酸盐和氯化钠　B. 氯化钾和尿素
C. 尿素和葡萄糖　D. 氯化钠和葡萄糖

E. 尿素和氯化钠

4. 调节远曲小管和集合管对水重吸收的激素是

A. 血管紧张素 B. 肾上腺素

C. 糖皮质激素 D. 醛固酮

E. 抗利尿激素

5. 急性失血引起尿少的主要原因是

A. 肾小球毛细血管血压明显下降

B. 血浆胶体渗透压升高

C. 囊内压增高

D. 滤过膜通透性减小

E. 肾小球滤过面积减小

6. 肾小球有效滤过压等于

A. 肾小球毛细血管血压－（血浆胶体渗透压＋囊内压）

B. 肾小球毛细血管血压＋（血浆胶体渗透压－囊内压）

C. 肾小球毛细血管血压－（血浆胶体渗透压－囊内压）

D. 肾小球毛细血管血压＋（血浆胶体渗透压＋囊内压）

E. 血浆胶体渗透压－（肾小球毛细血管血压－囊内压）

7. 正常情况下，不能通过肾小球滤过膜的物质是

A. Na^{+}、K^{+}、Cl^{-} B. 大分子蛋白质 C. 氨基酸

D. 葡萄糖 E. 尿素

8. 给 2.5 kg 的实验兔静脉注射 50%葡萄糖 5mL 后，尿量增多的主要原因是

A. 血浆胶体渗透压降低 B. 肾小球毛细血管血压增高

C. 小管液溶质浓度增加 D. 血浆晶体渗透压增高

E. 血容量增多

9. 大量饮水引起尿量增加的主要机制是

A. 肾小球毛细血管血压升高 B. 血浆晶体渗透压升高

C. 囊内压增高 D. 抗利尿激素分泌减少

E. 肾血浆流量减少

10. 快速滴注生理盐水时可出现

A. 肾小囊囊内压升高 B. 肾小球毛细血管内压升高

C. 肾小球毛细血管血压下降 D. 肾小球有效滤过压下降

E. 血浆胶体渗透压下降

11. 各段肾小管比较，重吸收量居首位的是

A. 远端小管 B. 近端小管 C. 髓袢降支

D. 髓袢升支 E. 集合管

[练习题目答案] 1. A 2. C 3. E 4. E 5. A 6. A 7. B 8. C 9. D 10. E 11. B

尿的生成和排出

第九单元　神经系统

一、例题解析

A1 型题

1. 在突触前神经元的突触小体内含有较多的线粒体和大量的突触小泡，小泡内含有的化学物质属于

A. 酶　B. 受体　C. 化学递质　D. 氧气　E. 二氧化碳

［考点与答案］突触的种类、突触传递的基本特征　C

［解题分析］在突触前神经元的突触小体内含有较多的线粒体和大量的囊泡，此囊泡称为突触小泡。小泡内含有兴奋性递质或抑制性化学递质。故选答案 C。

2. 在中枢神经系统内，具抑制性作用的氨基酸是

A. 谷氨酸　B. 亮氨酸　C. 天冬氨酸

D. 丙氨酸　E. 甘氨酸

［考点与答案］神经递质、肾上腺素能受体、胆碱能受体的功能、种类及其分布　E

［解题分析］中枢神经递质可分为两类：兴奋性递质，包括谷氨酸等；抑制性递质，包括甘氨酸和 γ-氨基丁酸。用电生理微电泳法将甘氨酸作用于脊髓运动神经元，可引致突触后膜出现类似抑制性突触后电位的反应。闰绍细胞轴突末梢释放的递质就是甘氨酸，它对运动神经元起抑制作用。故选答案 E。

3. 能被阿托品阻断的受体是

A. α受体　B. β受体　C. M受体　D. N_1 受体　E. N_2 受体

［考点与答案］神经递质、肾上腺素能受体、胆碱能受体的功能、种类及其分布　C

［解题分析］阿托品是胆碱能受体的阻断剂。阿托品可与 M 受体结合，阻断乙酰胆碱的毒蕈碱样作用。故选答案 C。

4. 属于胆碱能受体的是

A. M受体和N受体　B. M受体和β受体

C. α受体和β受体　D. M受体和α受体

E. N受体和α受体

[考点与答案] 神经递质、肾上腺素能受体、胆碱能受体的功能、种类及其分布　A

[解题分析] 胆碱能受体是指能与乙酰胆碱结合，并发挥生理效应的受体。其分为毒蕈碱型受体（M受体）和烟碱型受体（N受体）两种。而α受体和β受体属于肾上腺素能受体。故选答案A。

5. 神经-肌肉接头突触前膜囊泡中的神经递质是

A. 肾上腺素　B. 去甲肾上腺素　C. 乙酰胆碱

D. 5-羟色胺　E. 多巴胺

[考点与答案] 神经递质的分类　C

[解题分析] 外周递质包括乙酰胆碱、去甲肾上腺素和嘌呤类或肽类等。全部植物性神经的节前纤维、绝大部分的副交感神经节后纤维、全部躯体运动神经以及支配汗腺和舒血管平滑肌的交感神经纤维，所释放的递质都是乙酰胆碱。故选答案C。

二、练习题目

A1 型题

1. 使用局部麻醉剂普鲁卡因作用于神经纤维，影响了神经纤维传导兴奋的

A. 生理完整性　B. 绝缘性　C. 双向传导性

D. 相对不疲劳性　E. 对内环境变化敏感

2. 属于条件反射的生理现象是

A. 犬看到食物时引起唾液分泌

B. 食物进入犬口腔后，引起胃腺分泌

C. 大量饮水后尿量增加

D. 寒冷环境下皮肤血管收缩

E. 炎热环境下出汗

3. 躯体运动的基本反射中枢位于

A. 大脑皮层　B. 中脑　C. 延髓

D. 脊髓　E. 小脑

4. 关于感受器的叙述，正确的是

A. 仅分布在体内

B. 仅分布在体表

C. 机体感受内外环境变化的特殊装置

D. 结构形式非常单一

E. 不可能是游离的感觉神经纤维末梢

5. 丘脑特异投射系统的主要作用是

A. 协调肌紧张　B. 维持觉醒

C. 调节内脏功能　　　　　　　　　　D. 引起特定感觉

E. 引起牵涉痛

6. 由于不同递质对突触后膜通透性影响的不同，突触后电位的类型包括

A. 兴奋性突触后电位和局部电位

B. 抑制性突触后电位和局部电位

C. 兴奋性突触后电位、抑制性突触后电位和局部电位

D. 兴奋性突触后电位或抑制性突触后电位

E. 兴奋性突触后电位和抑制性突触后电位

7. 关于条件反射的叙述，正确的是

A. 通过后天学习和训练而形成　　　　B. 不需要非条件反射为基础

C. 数量有限且比较固定　　　　　　　D. 属低级的反射活动

E. 主要中枢部位在脑干

B1 型题（8～12 题共用备选答案）

A. 箭毒　　B. 六羟季胺　　C. 酚妥拉明

D. 心得安　　E. 阿托品

8. N_1受体的阻断剂是

9. N_2受体的阻断剂是

10. M 受体的阻断剂是

11. α受体的阻断剂是

12. β受体的阻断剂是

[练习题目答案] 1. A　2. A　3. D　4. C　5. D　6. E　7. A　8. B　9. A　10. E　11. C　12. D

神经系统

第十单元　内 分 泌

一、例题解析

A1 型题

1. 细胞分泌的激素进入细胞间液，通过扩散到达靶细胞发挥作用，这种信息传递方式是

A. 内分泌　　B. 外分泌　　C. 旁分泌

D. 自分泌　　　　　　　　　　　　E. 神经内分泌

［考点与答案］内分泌、旁分泌、自分泌与神经内分泌及其对生理功能的调节　C

［解题分析］激素不经血液运输，仅通过扩散而作用于邻近细胞的传递方式称为旁分泌。故选答案 C。

2. 下丘脑大细胞神经元分泌的主要激素是

A. 生长抑素

B. 催产素

C. 促性腺激素释放激素

D. 促黑激素释放抑制因子

E. 催乳素

［考点与答案］下丘脑激素的种类及其主要功能　B

［解题分析］下丘脑大细胞神经元分泌的血管升压素（抗利尿激素）和催产素，经轴突运送至神经垂体贮存，构成了下丘脑-神经垂体系统。在本题备选答案中仅催产素符合题意。故选答案 B。

3. 下丘脑-神经垂体系统分泌的激素是

A. 生长激素和催乳素

B. 抗利尿激素和催产素

C. 促性腺激素和促黑激素

D. 肾上腺素和去甲肾上腺素

E. 促甲状腺激素和促肾上腺皮质激素

［考点与答案］腺垂体激素和神经激素的种类及其生理功能　B

［解题分析］下丘脑-神经垂体系统分泌的激素包括抗利尿激素和催产素。激素经轴突运送至神经垂体贮存，机体需要时由垂体释放入血。因此，下丘脑神经垂体系统分泌的激素是抗利尿激素和催产素。故选答案 B。

4. 直接刺激黄体分泌孕酮的激素是

A. 褪黑素　　　　　　　　　　　　B. 卵泡刺激素（FSH）

C. 黄体生成素（LH）　　　　　　　D. 促甲状腺激素

E. 促肾上腺皮质激素

［考点与答案］垂体的内分泌功能　C

［解题分析］LH 主要是促进卵巢合成雌激素、卵泡发育和成熟、排卵和排卵后黄体的形成。在雄性动物，LH 促进睾丸间质细胞增殖并合成雄激素。因此，直接刺激黄体分泌孕酮的激素是黄体生成素。故选答案 C。

5. 调节血钙浓度的激素是

A. 促甲状腺激素　　　　　　　　　B. 促甲状腺激素释放激素

C. 甲状旁腺激素　　D. 三碘甲状腺原氨酸
E. 甲状腺激素

［考点与答案］甲状旁腺激素的作用及其分泌的调节　C

［解题分析］在备选答案中，促甲状腺激素的作用促进甲状腺的增生与甲状腺激素的分泌，促甲状腺激素释放激素是促进垂体促甲状腺激素的分泌，甲状旁腺激素升高血钙浓度，三碘甲状腺原氨酸主要调节能量代谢，甲状腺激素主要也是调节能量代谢。因此，只有甲状旁腺激素的作用是调节血钙浓度。故本题选答案C。

6. 胰岛中分泌胰岛素的细胞是

A. A细胞　　B. B细胞　　C. D细胞
D. F细胞　　E. PP细胞

［考点与答案］胰岛激素　B

［解题分析］胰腺的内分泌部分为胰岛。胰岛细胞依其形态、染色特点和不同功能，可分为A、B、D等细胞类型。其中，A细胞分泌胰高血糖素，B细胞分泌胰岛素。因此，胰岛中分泌胰岛素的细胞是B细胞。故选答案B。

7. 褪黑素对生长发育期哺乳动物生殖活动的影响是

A. 延缓性成熟
B. 促进性腺的发育
C. 延长精子的寿命
D. 促进副性腺的发育
E. 促进垂体分泌促性腺激素

［考点与答案］松果腺分泌的激素及其主要功能　A

［解题分析］褪色素主要的生理功能是抑制垂体促性腺激素，影响生殖系统的功能，为抑制性腺和副性腺的发育，延缓性成熟。故选答案A。

8. 前列腺素E的生理功能之一是

A. 抑制精子的成熟　　B. 抑制卵子的成熟
C. 松弛血管平滑肌　　D. 松弛胃肠道平滑肌
E. 促进胃酸分泌

［考点与答案］前列腺素的分类及其主要功能　C

［解题分析］前列腺素E和前列腺素F能使血管平滑肌松弛，从而减少血流的外周阻力，降低血压。故选答案C。

9. 可治疗某些不育症的激素是

A. 绒毛膜促性腺激素　　B. 降钙素
C. 褪黑素　　D. 松弛素

E. 抑制素

[考点与答案] 胎盘激素的种类、合成、分泌及其主要功能 A
[解题分析] 在备选答案中，降钙素的作用是降低血钙，褪黑素和抑制素对生殖具有一定的抑制作用，是一种对母畜分娩前产道有松弛作用的多肽类激素。而绒毛膜促性腺激素的主要生物活性物质包括 FSH 和 LH，可促进雌性动物卵泡成熟、排卵、使周期性黄体转变为妊娠黄体，刺激黄体分泌孕酮。在动物生产中，绒毛膜促性腺激素可用作治疗某些不育症。故选答案 A。

B1 型题

（10～12 题共用备选答案）

A. 皮质酮
B. 胰岛素
C. 醛固酮
D. 甲状腺素
E. 甲状旁腺激素

10. 促进机体产热的主要激素是

[考点与答案] 甲状腺激素的作用及其分泌的调节 D
[解题分析] 甲状腺激素的主要生理功能：对产热和组织氧化的作用，甲状腺激素可使体内绝大多数组织的耗氧率和产热量增加。因此，促进机体产热的主要激素是甲状腺素。故选答案 D。

11. 促进机体“保钙排磷”的主要激素是

[考点与答案] 甲状旁腺激素的作用及其分泌的调节 E
[解题分析] 甲状旁腺激素的生理作用是调节血钙和血磷水平最重要的激素之一，它使血钙升高，血磷降低，起着“保钙排磷”的作用。因此，促进机体“保钙排磷”的主要激素是甲状旁腺素。故选答案 E。

12. 促进机体“保钠排钾”的主要激素是

[考点与答案] 肾上腺皮质激素 C
[解题分析] 肾上腺皮质合成分泌的盐皮质激素主要以醛固酮的生物活性最高。盐皮质激素的主要功能是对肾有保钠、保水和排钾作用。因此，促进机体“保钠排钾”的主要激素是醛固酮。故选答案 C。

（13～15 题共用备选答案）

A. 甲状腺激素
B. 促甲状腺激素
C. 促甲状腺激素释放激素
D. 生长激素
E. 生长激素释放激素

13. 幼犬，生长迟缓、反应迟钝且呆滞，与该病症有关的下丘脑激素是

［考点与答案］下丘脑激素的种类及其主要功能　C

［解题分析］根据该病例的临床症状生长迟缓、反应迟钝且呆滞的结果，可以诊断为甲状腺激素分泌不足。甲状腺激素的分泌主要受促甲状腺激素释放激素和促甲状腺激素的调节。在备选答案中，促甲状腺激素释放激素是属于下丘脑激素种类之一，主要功能是促进促甲状腺激素的分泌。故选答案 C。

14. 幼犬，生长迟缓、反应迟钝且呆滞，与该病症有关的腺垂体激素是

［考点与答案］垂体的内分泌功能　B

［解题分析］根据该病例的临床症状生长迟缓、反应迟钝且呆滞的结果，可以诊断为甲状腺激素分泌不足。甲状腺激素的分泌主要受促甲状腺激素释放激素和促甲状腺激素的调节。在备选答案中，促甲状腺激素（TSH）是属于腺垂体激素之一，主要生理作用是促进甲状腺的发育、甲状腺激素的合成与释放。故选答案 B。

15. 幼犬，生长迟缓、反应灵敏，该病犬分泌不足的腺垂体激素是

［考点与答案］下丘脑激素的种类及其主要功能　E

［解题分析］根据该病例的临床症状生长迟缓、反应灵敏的结果，可以诊断为生长激素分泌不足。生长激素的分泌主要受生长激素释放激素的调节，属于腺垂体激素的一种。故选答案 E。

B1 型题

（16～18 题共用备选答案）

A. TSH　　B. OXT　　C. FSH　　D. LH　　E. PRL

16. 绵羊，2 岁，颈部增粗，局部肿大，经检查为甲状腺增生，该羊最可能出现异常的激素是

［考点与答案］甲状腺激素分泌的调节　A

［解题分析］该病例已明确是甲状腺增生。在备选答案中，只有 TSH（促甲状腺激素）具有促进甲状腺增生的作用，其余激素无相关功能。故选答案 A。

17. 山羊，3 岁，发情期迟迟不见排卵，经 B 超检查卵泡发育正常，该羊最可能出现异常的激素是

［考点与答案］腺垂体激素和神经垂体激素的种类及其生理功能　D

［解题分析］该病例表现为卵泡发育正常，而排卵异常，其最可能现异常的激素应为排卵相关的激素。在备选答案中，只有 LH（黄体生成素）具有促进排卵、黄体形成及其分泌孕酮的功能。因此，LH 异常可能会影响排卵。故选答案 D。

18. 绵羊，3 岁，雌性，产羔后胎衣不下，泌乳严重滞后，可用于治疗该病的是

［考点与答案］腺垂体激素和神经垂体激素的种类及其生理功能　B

［解题分析］在备选答案中，只有 OXT（催产素）有促进乳汁排出和刺激子宫收缩的作用，从而使脱衣排出和排乳。故选答案 B。

A2 型题

19. 犬，5 岁，突发肌肉震颤，很快转为四肢无力，腱反射消失，且心律不齐，呼吸困难，血钾明显升高，引起该病的原因是

A. 胰岛素分泌过多　　B. 醛固酮分泌不足

C. 生长激素分泌不足　　D. 甲状腺激素分泌不足

E. 前列腺素分泌过多

［考点与答案］肾上腺激素　B

［解题分析］根据该病例的临床症状和实验室检查的血钾明显升高的结果，可以诊断为高钾血症。在备选答案中，醛固酮是唯一直接调节钾代谢的激素。其主要作用是排钾保钠，若分泌不足，使血钾升高。故选答案 B。

20. 一群雏鸡，生长停滞，腿无力，常以飞节着地呈蹲状休息，骨骼变软膨胀，喙与爪变软易弯曲。该鸡群日粮可能缺乏的维生素是

A. 维生素 A　　B. B 族维生素　　C. 维生素 C

D. 维生素 D　　E. 维生素 E

［考点与答案］甲状旁腺激素和降钙素　D

［解题分析］该临床病例是雏鸡典型的缺钙症状。在备选答案中，维生素 D 可通过促进消化道和肾小管对钙的吸收而维持血钙水平。故选答案 D。

二、练习题目

A1 型题

1. 下丘脑调节肽共有

A. 7 种　　B. 8 种　　C. 9 种　　D. 10 种　　E. 11 种

2. 刺激胰岛素分泌的最重要因素是

A. 胃泌素释放　　B. 迷走神经兴奋

C. 血糖浓度升高　　D. 血氨基酸浓度升高

E. 胰高血糖素释放

3. 腺垂体分泌的激素不包括

A. 促甲状腺激素　　B. 促肾上腺皮质激素

C. 黄体生成素　　D. 催产素

E. 催乳素

4. 影响神经系统发育最重要的激素是
A. 肾上腺素　B. 甲状腺激素　C. 生长素
D. 胰岛素　E. 醛固酮
5. 降低血糖的激素是
A. 胰岛素　B. 糖皮质激素　C. 胰高血糖素
D. 甲状旁腺激素　E. 生长激素
6. 分泌降钙素的内分泌腺是
A. 甲状腺　B. 肾上腺髓质　C. 肾上腺皮质
D. 胰岛　E. 甲状旁腺
7. 甲状旁腺激素的生物作用是
A. 升高血钙，降低血磷　B. 降低血钙，升高血磷
C. 升高血钙和血磷　D. 降低血钙和血磷
E. 降低血钠和血氯
8. 分泌醛固酮的内分泌腺是
A. 腺垂体　B. 甲状腺　C. 肾上腺皮质
D. 肾上腺髓质　E. 胰岛

B1 型题（9～12 题共用备选答案）
A. 甲状腺激素　B. 肾上腺皮质激素　C. 抗利尿激素
D. 生长激素　E. 甲状旁腺激素
9. 参与应激反应的激素是
10. 促机体产热量增加的激素是
11. 通过胰岛素样生长因子促蛋白质合成的激素是
12. 促进远曲小管和集合管对水分重吸收的激素是
（13～15 题共用备选答案）
A. 催乳素、生长激素　B. 催产素、催乳素
C. 抗利尿激素、催产素　D. 醛固酮、皮质醇
E. 抗利尿激素、醛固酮
13. 由神经垂体释放的激素
14. 由腺垂体分泌的激素
15. 由肾上腺皮质分泌的激素

[练习题目答案] 1. C　2. C　3. D　4. B　5. A　6. A　7. A　8. C　9. B　10. A
11. D　12. C　13. C　14. A　15. D

内分泌

第十一单元　生殖和泌乳

一、例题解析

A1 型题

1. 动物分泌雄激素的主要器官是

A. 睾丸　B. 附睾　C. 输精管
D. 精囊腺　E. 前列腺

［考点与答案］睾丸的主要功能　A

［解题分析］睾丸的主要功能是生精作用和分泌雄性激素，其中的内分泌功能由睾丸间质细胞完成。睾丸间质细胞合成和分泌包括睾酮、双氢睾酮和雄烯二酮等雄激素。因此，动物分泌雄激素的主要器官是睾丸。故选答案 A。

2. 睾丸内能够合成睾酮的细胞是

A. 精原细胞　B. 精母细胞
C. 精细胞　D. 支持细胞
E. 间质细胞

［考点与答案］睾丸的内分泌功能　E

［解题分析］睾丸的内分泌功能是由睾丸的间质细胞和曲细精管的支持细胞共同实现的。间质细胞分泌雄激素，主要包括睾酮、双氢睾酮、脱氢异雄酮、雄烯二酮和雄酮等几种。支持细胞主要分泌抑制素和激活素。故选答案 E。

3. 属于自发性排卵的动物是

A. 猫　B. 兔　C. 骆驼
D. 猪　E. 水貂

［考点与答案］卵巢的主要功能　D

［解题分析］牛、马、猪、羊等大多数家畜的卵泡发育成熟后，可自行破裂而排卵，属于自发性排卵。而猫、兔、骆驼、水貂等动物的卵泡发育成熟后必须通过交配才能排卵，属于诱发性排卵。故选答案 D。

4. 对雌激素表述不正确的是

A. 主要由成熟卵泡和颗粒细胞合成
B. 主要以游离形式存在于血浆
C. 促进输卵管上皮细胞增生
D. 可加速骨的生长
E. 刺激乳腺导管和结缔组织增生

［考点与答案］卵巢的内分泌功能　B

［解题分析］雌激素主要由成熟卵泡的颗粒细胞、内膜细胞及黄体合成和分泌，雌激素在血中，主要以结合型存在，游离存在的量很少。雌激素主要功能是刺激雌性性器官的生长发育和副性征的出现，以及发情时的性行为；促进乳腺导管系统的发育和结缔组织增长；促进骨骼的同化作用；促进输卵管纤毛上皮增生和纤毛运动的增强，利于卵子、精子运行等。因此，在本题的备选答案中，“主要以游离形式存在于血浆”是错误的。故选答案 B。

5. 促进乳腺腺泡发育的主要激素是

A. 睾酮　　B. 孕酮　　C. 胸腺素

D. 甲状旁腺激素　　E. 松弛素

［考点与答案］卵巢的内分泌功能　B

［解题分析］孕酮的一个重要作用是促进乳腺小叶及腺泡的发育，在雌激素的协同作用下使乳腺发育完全。而备选答案中的其他激素对乳腺无明显的直接作用。因此，孕酮电促进乳腺腺泡发育的主要激素，故选答案 B。

6. 抑制排乳反射的外周因素是

A. 神经垂体释放催产素

B. 下丘脑-垂体束兴奋

C. 乳导管平滑肌细胞紧张性降低

D. 交感神经末梢释放去甲肾上腺素减少

E. 肾上腺髓质释放肾上腺素

［考点与答案］排乳及其调节　E

［解题分析］肾上腺髓质释放的肾上腺素，通过增强血管平滑肌细胞的紧张性、使血液流量下降，导致排乳抑制。而下丘脑垂体束兴奋、催产素释放、去甲肾上腺素释放减少等，使乳导管平滑肌细胞紧张性降低，导致排乳增加。故选答案 E。

B1 型题

（7～9 题共用备选答案）

A. 抑制素　　B. 雄激素　　C. 黄体生成素

D. 雌二醇　　E. 松弛素

7. 维持精子生成与成熟的激素是

［考点与答案］睾丸功能的调节　B

［解题分析］生精作用是雄激素的最主要生理功能，进入曲细精管的睾酮可转变为活性更强的双氢睾酮，与生精细胞的受体结合，促进精子的生成。备选答案中的其他选项均无维持精子生成与成熟的功能。故本题选答案 B。

8. 芳香化酶可将睾酮转变为

[考点与答案] 卵巢的内分泌功能 D

[解题分析] 卵巢的颗粒细胞经 FSH 刺激，使芳香化酶活性增强，进而将雄烯二酮转变为雌酮、将睾酮转变为雌二醇，如“雌激素合成的双细胞双促性腺激素学说”。备选答案中的其他选项均不是睾酮的转变产物。故选答案 D。

9. 睾丸支持细胞分泌的多肽激素为

[考点与答案] 睾丸的内分泌功能 A

[解题分析] 睾丸支持细胞的主要功能是支持、保护生精细胞，参与形成血-睾屏障和分泌功能。其中的分泌功能是分泌雄激素结合蛋白和抑制素。在备选答案中只有“抑制素”，故选答案 A。

二、练习题目

A1 型题

1. 卵泡刺激素的主要作用是
   A. 促进卵泡的生长、发育、成熟　　B. 促进子宫内膜生长
   C. 促进排卵和黄体生成　　D. 促进前列腺素释放
   E. 促进睾丸分泌雄激素
2. 促进排卵的激素是
   A. PGF　　B. LH　　C. VIP
   D. GnRH　　E. FSH
3. 可以作为排卵的标志，在排卵前出现高峰的激素是
   A. 雌激素　　B. 孕激素　　C. 黄体生成素
   D. 卵泡刺激素　　E. 促性腺激素释放激素
4. 精子主要贮存在
   A. 附睾　　B. 睾丸　　C. 前列腺
   D. 精囊腺　　E. 尿道球腺
5. 成熟的卵泡能分泌大量的
   A. 卵泡刺激素　　B. 黄体生成素
   C. 绒毛膜促性腺激素　　D. 雌激素
   E. 孕激素
6. 分泌睾酮的细胞是睾丸的
   A. 生精细胞　　B. 支持细胞
   C. 间质细胞　　D. 曲细精管上皮细胞
   E. 精原细胞
7. 正常情况下，在排卵前一天血液中出现黄体生成素高峰。若事先以抗雌激素血清处

理动物，则黄体生成素高峰消失。表明诱导黄体生成素高峰的激素是

A. 雌激素　B. 孕激素　C. 卵泡刺激素

D. 肾上腺皮质激素　E. 促肾上腺皮质激素

B1 型题

（8～10 题共用备选答案）

A. 下丘脑　B. 腺垂体　C. 卵巢

D. 子宫　E. 肾脏

8. 卵泡刺激素来源于

9. GnRH 来源于

10. 孕激素来源于

［练习题目答案］1. A　2. B　3. C　4. A　5. D　6. C　7. A　8. B　9. A　10. C

生殖和泌乳

第三篇

动物生物化学

第一单元　蛋白质化学及其功能

一、例题解析

A1 型题

1. 动物不能自身合成、必须从饲料中摄取的氨基酸是

A. 赖氨酸　　B. 甘氨酸　　C. 脯氨酸
D. 丙氨酸　　E. 谷氨酸

［考点与答案］必需氨基酸的种类　A

［解题分析］动物体内必需氨基酸主要有赖氨酸、甲硫氨酸、色氨酸、苯丙氨酸、亮氨酸、异亮氨酸、缬氨酸和苏氨酸等。故选答案 A。

2. 不属于蛋白质二级结构的形式是

A. β-折叠　　B. 无规卷曲　　C. β-转角　　D. α-螺旋　　E. 二面角

［考点与答案］蛋白质的二级结构　E

［解题分析］蛋白质的二级结构形式包括α螺旋、β折叠、β转角，以及无规卷曲。二面角是肽平面之间的夹角，不属于二级结构。故选答案 E。

3. 含支链的必需氨基酸是

A. 蛋氨酸　　B. 亮氨酸　　C. 苏氨酸　　D. 赖氨酸　　E. 色氨酸

［考点与答案］氨基酸结构与分类　B

［解题分析］分支氨基酸指缬氨酸、亮氨酸和异亮氨酸。这些氨基酸β位或γ位有甲基，结构相似，代谢上也具有共同的途径，可被具共同底物特异性的酶所催化。由分支氨基酸代谢的先天性酶缺乏所引起的病症，称为槭糖尿病。故选答案 B。

4. 蛋白质具有最大紫外吸收峰的波长是

A. 220nm　　B. 230nm　　C. 240nm　　D. 260nm　　E. 280nm

［考点与答案］蛋白质的紫外吸收性质　E

［解题分析］组成蛋白质的氨基酸中酪氨酸、色氨酸和苯丙氨酸具有紫外吸收能力，因此蛋白质也具有紫外吸收能力，一般最大吸收在 280nm 波长处。故选答案 E。

5. 在临床化验中，常用于去除血浆蛋白质的化学试剂为

A. 丙酮　B. 硫酸铵　C. 醋酸铅

D. 稀盐酸　E. 三氯醋酸

［考点与答案］蛋白质的沉淀　E

［解题分析］三氯醋酸属于生物碱试剂，在 pH 小于蛋白质等电点时，其酸根负离子与蛋白质分子上的正离子结合，降低蛋白质溶解度而使之沉淀下来。因此常用于样品中蛋白质的沉淀，以及酶促反应结束后沉淀酶蛋白以终止酶促反应。故选答案 E。

6. 具有四级结构的蛋白质通常有

A. 一个 α 亚基　B. 一个 β 亚基

C. 两种或两种以上的亚基　D. 辅酶

E. 二硫键

［考点与答案］蛋白质的四级结构　C

［解题分析］蛋白质的四级结构是指多个具有三级结构的多肽链的聚合。这些多肽链本身都具有特定的三级结构，称为亚基。四级结构即指亚基的种类、数目、空间排布和相互作用。因此，具有四级结构的蛋白质通常有两种或两种以上的亚基。故选答案 C。

7. 组成蛋白质的氨基酸中，属于碱性氨基酸的是

A. 半胱氨酸　B. 异亮氨酸　C. 谷氨酸

D. 精氨酸　E. 蛋氨酸

［考点与答案］氨基酸分类　D

［解题分析］组成蛋白质的氨基酸中，带正电荷的极性氨基酸也称碱性氨基酸，有组氨酸、赖氨酸和精氨酸 3 种。故选答案 D。

8. 原核生物和真核生物少数蛋白质中发现的第 21 种氨基酸是

A. 甘氨酸　B. 亮氨酸

C. 硒代半胱氨酸　D. 异亮氨酸

E. 脯氨酸

［考点与答案］氨基酸分类　C

［解题分析］20 种常见氨基酸外，还有第 21 种硒代半胱氨酸和第 22 种吡咯赖氨酸。

9. 可用于蛋白质分子质量测定的方法是

A. 醋酸纤维薄膜电泳　　B. 葡聚糖凝胶电泳
C. 琼脂糖凝胶电泳　　D. SDS-聚丙烯酰胺凝胶电泳
E. 等电聚焦电泳

［考点与答案］蛋白质分析分离技术　D
［解题分析］电泳主要用于蛋白质分离。其中，SDS 聚丙烯酰胺凝胶电泳也可以用于蛋白质分子质量测定，等电聚焦电泳可以用于蛋白质等电点测定。故选 D。

10. 图示的生化分析技术的名称是

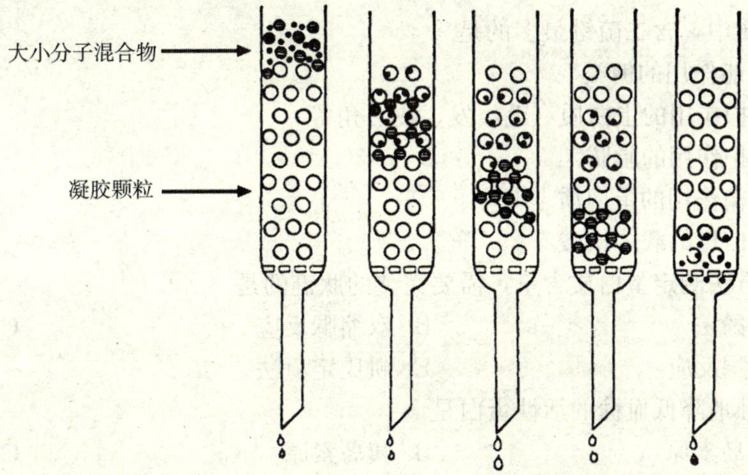

A. 分子筛层析技术　　B. 凝胶电泳技术
C. 免疫沉淀技术　　D. 分子杂交技术
E. 透析技术

［考点与答案］蛋白质分析分离技术　A
［解题分析］图示的是层析柱，因此是层析技术。根据分子质量大小将混合物分离的技术称分子筛层析。故选 A。

二、练习题目

A1 型题

1. 在 280nm 具有最大光吸收的蛋白质组分是
A. 色氨酸　　B. 谷氨酸　　C. 甲硫氨酸
D. 半胱氨酸　　E. 肽键

2. 不影响蛋白质 α-螺旋形成的因素是
A. 碱性氨基酸相近排列　　B. 酸性氨基酸相近排列
C. 赖氨酸的存在　　D. 丙氨酸的存在

E. 谷氨酸的存在

3. 用于测定蛋白质相对分子质量的方法是

A. 260nm/280nm 紫外吸收比值　B. SDS 聚丙烯酰胺凝胶电泳

C. 凯氏定氮法　D. 荧光分光光度法

E. Folin 酚试剂法

4. 蛋白质变性不包括

A. 氢键断裂　B. 肽键断裂　C. 疏水键断裂

D. 盐键断裂　E. 范德华力破坏

5. 每分子血红蛋白可结合氧的分子数为

A. 1　B. 2　C. 3　D. 4　E. 6

6. 下列物质中，含二硫键最多的是

A. 起供能作用的糖类

B. 起保护作用的蛋白质（毛、发、皮、角等）

C. 起保护作用的脂肪

D. 起运输作用的蛋白质

E. 遗传信息的载体核酸

7. 用下列方法测定蛋白质含量，需要完整的肽键的是

A. 福林酚法　B. 双缩脲反应　C. 紫外吸收法

D. 茚三酮反应　E. 凯氏定氮法

8. 具有较强地降低血糖的活性蛋白是

A. 前胰岛素原　B. 胰岛素原　C. C 肽

D. 胰岛素　E. 胰岛素样生长因子

9. 怀疑一个病人是否患肝癌，是根据下列哪种物质超标判断的

A. 胆固醇　B. 甲胎蛋白　C. 磷脂

D. 球蛋白　E. 转氨酶

B1 型题

（10～12 题共用备选答案）

A. 甘氨酸　B. 谷氨酸　C. 异亮氨酸

D. 苯丙氨酸　E. 精氨酸

10. 属于支键氨基酸的是

11. 属于碱性氨基酸的是

12. 含有胍基的氨基酸是

（13～15 题共用备选答案）

A. 清蛋白　B. 脂蛋白　C. 糖蛋白

D. 补体系统蛋白质　E. 免疫球蛋白

13. 血浆中含量最多的蛋白质是

14. 胶体渗透压的维持主要依赖

15. 胶原蛋白属于

［练习题目答案］1. A　2. D　3. B　4. B　5. D　6. B　7. B　8. D　9. B　10. C　11. E　12. E　13. A　14. A　15. C

蛋白质化学及其功能

第二单元　生物膜与物质的过膜运输

一、例题解析

A1 型题

1. 生物膜内能调节其相变温度的成分是

A. 水　　B. Na^+　　C. 糖类

D. 胆固醇　　E. 膜蛋白

［考点与答案］膜脂的流动性与相变　D

［解题分析］膜脂的相变与磷脂分子中所含脂肪酸烃链的性质密切相关。一般来说，脂质分子中所含脂肪酸的烃链的不饱和程度越高，其相变温度越低；其所含脂肪酸的烃链越短，其相变温度也相应越低。较低相变温度使脂双层具有较好的流动性。故选答案 D。

2. 构成生物膜的骨架是

A. 蛋白质　　B. 胆固醇

C. 糖聚合物　　D. 脂质双分子层

E. 脂蛋白复合物

［考点与答案］生物膜的化学组成　D

［解题分析］在水溶液中，膜脂分子极性的头部可通过氢键与水分子相互作用而朝向水相，其非极性的尾部会依赖疏水力的作用而相互聚拢以避开水，结果形成脂质的双分子层。胆固醇虽然具有双亲性，但生物膜中含量很少，并不足以构成生物膜的“骨架”；蛋白质、糖聚合物以及脂蛋白复合物，可以是生物膜中的成分，但它们并不具备形成双分子层的化学特性。故选答案 D。

3. 离子利用 ATP 逆浓度梯度过膜转运的方式是

A. 被动转运　　B. 促进扩散　　C. 内吞作用

D. 主动转运　　E. 胞吐作用

［考点与答案］物质的过膜运输　D

［解题分析］离子和小分子的过膜转运包括简单扩散、促进扩散和主动转运，其中主动转运是消耗能量并逆浓度梯度运输的方式。内吞作用和胞吐作用是大分子物质过膜转运的方式。故选答案 D。

4. 动物小肠黏膜吸收葡萄糖和氨基酸时伴有同向转运的离子是

A. 钠离子　B. 钾离子　C. 钙离子
D. 氯离子　E. 镁离子

［考点与答案］物质的过膜运输　A

［解题分析］主动转运是由 ATP 间接供能的逆浓度差转运方式，它利用钠钾泵原发性主动转运形成的势能储备，来完成其他物质逆浓度梯度的转运。小肠黏膜上皮细胞吸收葡萄糖和氨基酸进入胞内时，伴随着 Na^+ 的同向转运。因此，质膜上的钠钾泵必须把在胞内累积的 Na^+ 不断地排出去，才能使葡萄糖和氨基酸的转运得以持续进行。故选答案 A。

5. 属于生物膜组成成分的物质是

A. 丙酮酸　B. 乳糖　C. 磷脂　D. 乙酸　E. 甘油

［考点与答案］生物膜组分　C

［解题分析］生物膜主要由脂类和蛋白质组成，还有少量糖、金属离子和水。膜脂包括磷脂、少量的糖脂和胆固醇。因此，属于生物膜组成成分的物质是磷脂。故选答案 C。

6. 细胞膜上用来捕捉和辨认胞外化学信号的成分是

A. 卵磷脂　B. 寡糖链　C. 胆固醇　D. 脑磷脂　E. 鞘磷脂

［考点与答案］生物膜组分的功能　B

［解题分析］生物膜主要由蛋白质和脂类组成，还有少量的糖、金属离子等。其中膜糖的功能包括提高膜的稳定性；帮助膜蛋白正确折叠；参与细胞的信号识别、细胞的黏着；帮助新合成的蛋白质运输定位。故选答案 B。

7. 细胞膜上的寡糖链

A. 均暴露在细胞膜的外表面　B. 结合在细胞膜的内表面
C. 都结合在膜蛋白上　D. 都结合在膜脂上
E. 分布在细胞膜的两侧

［考点与答案］膜糖的存在方式　A

［解题分析］细胞膜上的糖蛋白均暴露在细胞膜的外表面，参与细胞的信号识别、帮助新合成的蛋白质进行正确的运输和定位。

二、练习题目

A1 型题

1. 膜脂的相变与磷脂分子中所含脂肪酸烃链的性质密切相关。下列情况中，膜脂的相变温度最低的是

A. 磷脂的不饱和程度低、烃链短
B. 磷脂的不饱和程度低、烃链长
C. 磷脂的不饱和程度高、烃链短
D. 磷脂的不饱和程度高、烃链长
E. 以上都不对

2. 影响物质在膜上自由扩散的因素有

A. 脂溶性的分子，易扩散
B. 不带电的极性分子，不易扩散
C. 气体分子，不易扩散
D. 带正电的极性分子，易扩散
E. 带负电的极性分子，易扩散

3. 小肠上皮细胞吸收葡萄糖是通过

A. Na^+ 泵
B. Na^+ 通道
C. Na^+ 偶联运输
D. Na^+ 交换运输
E. K^+ 通道

4. 糖蛋白是一种十分重要的复合糖类

A. 它是由氨基酸、脂和糖组成
B. 参与细胞基因调控
C. 参与细胞识别作用
D. 只存在于细胞质中
E. 提高膜的流动性

5. 质膜上特征性的酶是

A. 琥珀酸脱氢酶
B. 磷酸酶
C. 苹果酸合成酶
D. Na^+－K^+ ATP 酶
E. 柠檬酸合酶

6. 细胞膜上信息交流的受体多数是属于哪类物质

A. 多糖　B. 磷脂　C. 蛋白质　D. 核酸　E. 维生素

7. 主动运输与易化扩散不同之处在于

A. 需要载体蛋白
B. 扩散的速度有饱和现象
C. 对转运的物质有特异性
D. 不消耗能量使物质逆浓度梯度双向转运
E. 逆浓度梯度和消耗能量的定向转运

B1 型题

（8～9 题共用备选答案）

A. 糖脂　B. 蛋白质　C. 胆固醇　D. 脂质　E. 糖类

8. 细胞膜组成中，占质量百分比最多的是

9. 细胞膜组成中，分子数最多的是

[练习题目答案] 1. C　2. A　3. C　4. C　5. D　6. C　7. E　8. D　9. D

生物膜与物质的过膜运输

第三单元　酶

一、例题解析

A1 型题

1. 有机磷杀虫剂抑制胆碱酯酶的作用属于

A. 竞争性抑制　B. 不可逆抑制　C. 可逆抑制
D. 非竞争性抑制　E. 反竞争性抑制

[考点与答案] 酶的抑制作用　B

[解题分析] 有机磷农药都属于磷酰化剂，能与酶活性中心 Ser 的 OH 结合，强烈地抑制与中枢神经系统有关的乙酰胆碱酯酶，使乙酰胆碱不能分解为乙酰和胆碱。乙酰胆碱的堆积，引起一系列神经中毒症状。属于不可逆抑制作用。故选答案 B。

2. 酶的比活力越高表示酶

A. 纯度越低　B. 纯度越高　C. 活力越小
D. K_m值越大　E. 性质越稳定

[考点与答案] 酶的比活力　B

[解题分析] 酶的比活力是指每克酶制剂或每毫升酶制剂所含有的活力单位数。在酶的分离制备过程中，比活力可以作为酶的纯度的评价指标。故选答案 B。

3. 可用乙酰胺解救的动物中毒病是

A. 有机氟中毒　B. 亚硝酸盐中毒　C. 有机磷中毒
D. 有机砷中毒　E. 氰化物中毒

[考点与答案] 酶的抑制作用　A

[解题分析] 乙酰胺是有机氟杀虫农药——氟乙酰胺中毒的解毒药。作用的机制为乙酰胺的化学结构和氟乙酰胺相似，能竞争乙酰胺酶，使氟乙酰胺不产生氟乙酸，消除后者对三羧酸循环的毒性作用而达到解毒目的。故选答案 A。

4. 用于治疗犬干眼病的药物是

A. 维生素 A　　B. 维生素 D　　C. 维生素 K　　D. 维生素 C　　E. 维生素 E

［考点与答案］维生素的生理作用　A

［解题分析］维生素 A 参与体内许多氧化过程，当维生素 A 缺乏时，可影响骨骼的生长、生殖功能衰退、皮肤干燥粗糙，尤其对眼睛的影响较大，如干燥性眼炎、角膜软化以及夜盲症等。故选答案 A。

5. 用于防治动物骨软症的药物是

A. 维生素 A　　B. 维生素 D　　C. 维生素 K　　D. 维生素 C　　E. 维生素 E

［考点与答案］维生素的生理功能　B

［解题分析］维生素 D 具有抗佝偻病作用，也称为抗佝偻病维生素。它能够提高血钙、血磷的浓度，有利于新骨的生成与钙化，所以可以防治骨软症。故选答案 B。

6. 单胃动物胃蛋白酶的最适 pH 范围是

A. 1.6～2.4　　B. 3.6～5.4　　C. 6.6～7.4

D. 7.6～8.4　　E. 8.6～9.4

［考点与答案］酶的最适 pH　A

［解题分析］动物体内多数酶的最适 pH 接近中性，但也有例外，如胃蛋白酶的最适 pH 约为 1.8，胰蛋白酶约为 8，肝精氨酸酶约为 9.8。因此，单胃动物胃蛋白酶的最适 pH 范围是 1.6～2.4。故选答案 A。

7. 结合酶的基本结构是

A. 由多个亚基聚合而成　　B. 具有多个辅助因子组成

C. 由酶蛋白和辅助因子组成　　D. 由酶蛋白组成

E. 由不同的酶结合而成

［考点与答案］酶分子组成　C

［解题分析］基本组成成分是蛋白质的酶称为单纯酶，结合酶的基本成分除蛋白质（酶蛋白）以外，还含有对热稳定的非蛋白质的小分子有机物以及金属离子等辅助因子。因此，结合酶的基本结构是由酶蛋白和辅助因子组成。故选答案 C。

8. 具有结合 CO_2 功能的辅酶或辅基是

A. 四氢叶酸　　B. NAD^+　　C. 生物素

D. 钴胺素　　E. FAD

［考点与答案］辅酶的功能　C

［解题分析］四氢叶酸是一碳单位转移酶的辅酶，NAD^+ 和 FAD 是脱氢酶的辅酶和辅基，钴胺素参与分子内重排、核糖核苷酸还原和甲基转移反应，生物素是羧化酶的辅基。故选答案 C。

二、练习题目

A1 型题

1. 竞争性抑制剂的作用特点是

A. 与酶的底物竞争激活剂

B. 与酶的底物竞争酶的活性中心

C. 与酶的底物竞争酶的辅基

D. 与酶的底物竞争酶的必需基团

E. 与酶的底物竞争酶的变构剂

2. 白化病患者是由于体内缺乏

A. 6-磷酸葡萄糖脱氢酶　B. 胆碱酯酶　C. 酪氨酸酶

D. 碱性磷酸酶　E. 酸性磷酸酶

3. 动物体内一些水解酶类以无活性的酶原形式存在的生理意义是

A. 提高催化能力　B. 使酶相对稳定

C. 避免自身的损伤　D. 利于和底物的结合

E. 防止酶被降解

4. 乳酸脱氢酶是一个由两种不同的亚基组成的四聚体。假定这些亚基随机结合成四聚体，可以组成同工酶的种类是

A. 两种　B. 三种　C. 四种　D. 五种　E. 六种

5. 急性胰腺炎时，血中下列哪种酶升高

A. 谷丙转氨酶　B. 淀粉酶　C. 胆碱酯酶

D. 碱性磷酸酶　E. 酸性磷酸酶

6. 非竞争性抑制作用的动力学性质是

A. K_m增加而V_{max}降低　B. K_m降低而V_{max}增加

C. K_m和V_{max}均降低　D. K_m和V_{max}均增加

E. K_m不变而V_{max}降低

7. 标本发生溶血时对酶测定不产生影响的是

A. AST　B. ALT　C. CK　D. γ-GT　E. LD

B1 型题

（8～10 题共用备选答案）

A. 有机磷农药　B. 磺胺药　C. 青霉素

D. 有机汞化合物　E. 重金属盐

8. 属于酶的可逆抑制剂的是

9. 属于抑制作用是通过与半胱氨酸作用，抑制含巯基酶的是

10. 能与酶分子活性部位的丝氨酸羟基结合的是

（11～14 题共用备选答案）

A. 维生素 PP　B. 维生素 E　C. 维生素 D

D. 维生素 A　E. 维生素 C

11. 抗佝偻病维生素又称
12. 抗干眼病维生素又称
13. 抗癞皮病因子又称
14. 抗坏血酸又称

（15～17 题共用备选答案）

A. 维生素 E　　B. 维生素 B_{12}　　C. 维生素 K
D. 维生素 C　　E. 维生素 B_1

15. 广泛分布于含油的植物组织中的是
16. 主要来源于新鲜水果和绿叶蔬菜之中的是
17. 唯一含金属元素的维生素是

（18～20 题共用备选答案）

A. 碱性磷酸酶　　B. 酸性磷酸酶　　C. 乳酸脱氢酶
D. 单胺氧化酶　　E. 谷丙转氨酶

18. 主要分布在肾脏
19. 主要分布在肝脏
20. 分布的主要组织为小肠黏膜

［练习题目答案］ 1. B　2. C　3. C　4. D　5. B　6. E　7. D　8. B　9. D　10. A　11. C　12. D　13. A　14. E　15. A　16. D　17. B　18. C　19. E　20. A

酶

第四单元　糖 代 谢

一、例题解析

A1 型题

1. 糖酵解最主要的生理意义在于

A. 调节动物体的酸碱平衡
B. 在动物肌肉中贮存磷酸肌酸
C. 满足动物大部分的 ATP 需求
D. 在动物缺氧时迅速提供所需的能量
E. 为动物机体提供糖异生的原料——乳糖

［考点与答案］糖酵解的生理意义　D

［解题分析］糖的无氧分解最主要的生理意义在于能为动物机体迅速提供生理活动所需的能量。当动物在缺氧或剧烈运动时，氧的供应不能满足肌肉将葡萄糖完全氧化的需求。这时肌肉处于相对缺氧状态，糖的无氧分解过程随之加强，以补充运动所需的能量。故选答案D。

2. 动物采食后血糖浓度

A. 维持恒定　B. 逐渐下降
C. 先下降后上升　D. 先下降后恢复正常
E. 先上升后恢复正常

［考点与答案］糖的生理功能　E

［解题分析］动物血糖水平保持恒定是在糖、脂肪、氨基酸代谢途径之间，在肝、肌肉、脂肪组织之间相互协调的结果。动物在采食后血糖只是出现短暂的上升，在消化吸收期间，肝糖原和肌糖原的合成加强，分解减弱，氨基酸的糖异生作用减弱，脂肪组织加快将糖转变为脂肪，于是血糖又恢复正常。故选答案E。

3. 三羧酸循环中可以通过转氨形成氨基酸的酮酸是

A. 延胡索酸　B. 柠檬酸　C. 苹果酸
D. 异柠檬酸　E. 草酰乙酸

［考点与答案］三羧酸循环和转氨基作用　E

［解题分析］三羧酸循环过程形成的中间产物中只有草酰乙酸和α-酮戊二酸两种酮酸，其中草酰乙酸可以经转氨基作用形成天冬氨酸，α-酮戊二酸可以经转氨基作用形成谷氨酸。故选答案E。

4. 动物长时间剧烈运动后，补充血糖的主要途径是

A. 葡萄糖异生　B. 肝糖原分解　C. 肌糖原分解
D. 脂肪酸氧化　E. 糖降解

［考点与答案］糖原代谢　A

［解题分析］血糖是运动时各组织摄取利用的主要能源，肝糖原分解是补充血糖的主要途径，长时间剧烈运动后，肝糖原耗尽，血糖的来源主要依靠糖异生途径。故选答案A。

5. 三羧酸循环中，发生底物水平磷酸化的反应为

A. 草酰乙酸与乙酰辅酶A的缩合　B. 琥珀酰辅酶A变成琥珀酸
C. 琥珀酸脱氢　D. 延胡索酸加水
E. 苹果酸脱氢

［考点与答案］三羧酸循环 B
［解题分析］三羧酸循环中唯一一个底物水平磷酸化反应是琥珀酰辅酶 A 在琥珀酰辅酶 A 合成酶的催化下生成琥珀酸，同时产生一分子 GTP。故选答案 B。

6. 可以在动物体内转变成葡萄糖和糖原的物质是

A. 乳酸 B. 乙酸 C. 亮氨酸 D. 乙酰乙酸 E. 赖氨酸

［考点与答案］糖异生 A
［解题分析］糖异生作用是指非糖物质（甘油、丙酸、乳酸、生糖氨基酸、丙酮酸及三羧酸循环中的各种羧酸）转变成葡萄糖或糖原的过程。因此，可以在动物体内转变成葡萄糖和糖原的物质是乳酸。故选答案 A。

7. 磷酸戊糖途径较为活跃的器官是

A. 快速跳动的心脏 B. 剧烈运动的肌肉
C. 哺乳期的乳腺 D. 机体的表皮
E. 饥饿时的肝脏

［考点与答案］磷酸戊糖途径 C
［解题分析］磷酸戊糖途径中产生的还原辅酶 NADPH＋H^+ 是生物合成反应的重要供氢体，为合成脂肪、胆固醇、类固醇激素和脱氧核苷酸提供氢。所以在脂类合成旺盛的脂肪组织、哺乳期乳腺、肾上腺皮质、睾丸等组织中较活跃。因此，磷酸戊糖途径较为活跃的器官是哺乳期的乳腺。故选答案 C。

8. 动物发生急性胰腺炎时，血清中活性显著升高并且具有诊断意义的是

A. 丙氨酸转移酶 B. 天冬氨酸转移酶 C. 碱性磷酸酶
D. 淀粉酶 E. 肌酸激酶

［考点与答案］代谢异常临床检验 D
［解题分析］急性胰腺炎时，血清淀粉酶活性升高；急性肝炎或心肌炎时，血清中氨基转移酶活性升高。故选答案 D。

9. 合成糖原所需的“活性葡萄糖”是

A. 葡萄糖-6-磷酸 B. 葡萄糖-1-磷酸
C. UMP-葡萄糖 D. UDP-葡萄糖
E. 葡萄糖酸

［考点与答案］糖原合成 D
［解题分析］糖原合成首先由葡萄糖-1-磷酸在 UDP 葡萄糖焦磷酸化酶的催化与尿苷三磷酸（UTP）作用，生成尿苷二磷酸葡萄糖即 UDPG 可看作是“活性葡萄糖”，在体内作为糖原合成的葡萄糖供体。故选答案 D。

10. 糖的分解代谢为脂肪酸合成提供的原料之一是

A. $NADP^+$　B. 乙酰 CoA　C. NAD^+　D. FAD　E. 乳酸

[考点与答案] 糖代谢与脂代谢联系　B

[解题分析] 脂肪酸合成需要原料乙酰 CoA 和还原力 NADPH。故选答案 B。

11. 糖代谢中可产生还原性辅酶 $NADPH+H^+$ 的代谢途径是

A. 糖异生途径　B. 磷酸戊糖途径　C. 糖酵解

D. 三羧酸循环　E. 乳酸循环

[考点与答案] 糖代谢　B

[解题分析] 磷酸戊糖途径的氧化阶段的脱氢酶以 $NADP^+$ 为辅酶，产生 2 分子 NADPH $+H^+$。故选答案 B。

12. 反刍动物体内糖异生的主要原料是

A. 甘油　B. 丙酸　C. 乳酸　D. 丙酮　E. 丙酮酸

[考点与答案] 脂代谢　B

[解题分析] 反刍动物瘤胃中糖的发酵和奇数碳原子脂肪酸的分解后可以产生丙酸。丙酸可以通过糖异生作用产生葡萄糖。故选答案 B。

B1 型题

（13～14 题共用备选答案）

A. 糖酵解途径

B. 2，3-二磷酸甘油酸支路

C. 柠檬酸循环

D. 糖醛酸循环

E. 磷酸戊糖途径

13. 为哺乳动物红细胞生理活动提供所需能量的主要途径是

[考点与答案] 糖的无氧分解　A

[解题分析] 糖酵解途径作为最古老的代谢途径几乎存在于所有的细胞。厌氧生物、无氧状态下的兼性生物和哺乳动物成熟的红细胞都是以糖酵解为它们产生 ATP 的唯一途径。故选答案 A。

14. 与调节血红蛋白和氧的亲和力有密切联系的途径是

[考点与答案] 血红蛋白与氧结合的调节和 2，3-二磷酸甘油酸支路　B

[解题分析] BPG（2，3-二磷酸甘油酸）是血红蛋白的一个重要的别构效应物，当有 BPG 存在时，血红蛋白对氧的亲和力降低，氧结合曲线呈 S 形曲线。红细胞内特有的 2，3-BPG 支路可以由二磷酸甘油酸变位酶催化 1，3-BPG 转变成 2，3-BPG。故选答案 B。

二、练习题目

A1 型题

1. 三羧酸循环的第一步反应产物是
   A. 草酰乙酸　B. 柠檬酸　C. 乙酰 CoA
   D. CO_2　E. 丙酮酸
2. 正常情况下，肝获得能量的主要途径是
   A. 葡萄糖进行糖酵解氧化　B. 脂肪酸氧化
   C. 葡萄糖的有氧氧化　D. 磷酸戊糖途径
   E. 氨基酸的降解
3. 在糖酵解和糖异生中都起作用的酶是
   A. 丙酮酸激酶　B. 丙酮酸羧化酶
   C. 3-磷酸甘油醛脱氢酶　D. 己糖激酶
   E. 磷酸果糖激酶
4. 动物体内 1mol 葡萄糖经糖有氧氧化可产生的 ATP 为
   A. 12mol　B. 24mol　C. 32mol　D. 34mol　E. 20mol
5. 缺氧条件下，糖酵解途径生成的 $NADH+H^+$ 代谢去路是
   A. 进入呼吸链供应能量
   B. 将丙酮酸还原为乳酸
   C. 甘油酸-3-磷酸还原为甘油醛-3-磷酸
   D. 在醛缩酶的作用下合成果糖-1，6-二磷酸
   E. 生成 α-酮戊二酸
6. 糖尿病时出现的白内障，其发病原因是
   A. 山梨醇脱氢酶增加　B. 半乳糖激酶增加
   C. 山梨醇脱氢酶减少　D. 醛糖还原酶减少
   E. 1-磷酸半乳糖尿苷酸转移酶减少
7. 乳酸/丙酮酸比率≥35 时，提示
   A. 高乳酸血症　B. 肌肉毒　C. 糖异生缺陷
   D. 线粒体功能缺陷　E. 细胞内缺氧
8. 不受短期血糖浓度影响的指标是
   A. 酮体　B. 乳酸　C. 尿糖
   D. 糖化血红蛋白　E. 胰岛素
9. 糖尿病时
   A. 葡萄糖的利用减少　B. 葡萄糖的利用增加
   C. 肝糖原降解减少　D. 糖异生减少
   E. 肌糖原降解减少
10. Ⅰ型糖原累积病是
    A. 葡萄糖-6-磷酸酶缺乏症　B. α-葡萄糖苷酶缺乏症

C. 分枝酶缺乏症　　D. 肌磷酸化酶缺乏症

E. 肝磷酸化酶缺乏症

B1 型题

（11～13 题共用备选答案）

A. 糖酵解途径　　B. 糖有氧氧化途径

C. 磷酸戊糖途径　　D. 糖异生途径

E. 糖原合成途径

11. 体内能量的主要来源是

12. 只在肝进行的糖代谢途径是

13. 需要分支酶的途径是

（14～15 题共用备选答案）

A. 葡萄糖激酶　　B. 丙酮酸激酶

C. 6-磷酸果糖激酶-1　　D. 3-磷酸甘油酸激酶

E. 磷酸烯醇式丙酮酸羧激酶

14. 由葡萄糖进行酵解，催化其第二步不可逆反应的酶是

15. 在肝脏葡萄糖进行糖酵解，其第一步反应的酶是

（16～18 题共用备选答案）

A. 随机血糖　　B. 空腹血糖　　C. OGTT

D. GHb　　E. 酮体

16. 反映机体对糖代谢能力状况的指标是

17. 仅在Ⅰ型糖尿病时升高的指标是

18. 诊断糖尿病最基本的指标是

（19～21 题共用备选答案）

A. 酮症酸中毒　　B. 非酮症高渗性昏迷

C. 白内障　　D. 动脉粥样硬化

E. 半乳糖血症

19. Ⅰ型糖尿病的急性并发症是

20. Ⅱ型糖尿病的急性并发症是

21. 不属于高糖血症的是

[练习题目答案] 1. B　2. C　3. C　4. C　5. B　6. E　7. E　8. D　9. A　10. A　11. B
12. D　13. E　14. C　15. A　16. C　17. E　18. B　19. A　20. B　21. E

糖代谢

第五单元　生物氧化

一、例题解析

A1 型题

1. 生物体内“通用能量货币”是指

A. ATP　B. UTP　C. GTP　D. CTP　E. dATP

[考点与答案] ATP　A

[解题分析] ATP 的作用犹如货币一样在体内使用和流通，因此，人们将它形象地称为“通用能量货币”。故选答案 A。

2. 真核细胞生物氧化的主要场所是

A. 线粒体　B. 溶酶体　C. 核糖体

D. 过氧化物酶体　E. 高尔基复合体

[考点与答案] 生物能量学　A

[解题分析] 真核细胞的生物氧化发生在线粒体中，而原核生物则在细胞膜上。故选答案 A。

3. 可以在醌式结构和酚式结构之间互变的递氢体是

A. NAD^+　B. FMN　C. FAD

D. CoA　E. CoQ

[考点与答案] 呼吸链组分　E

[解题分析] 呼吸链组分中递氢体包括 NAD^+、FMN、FAD 和 CoQ。FMN、FAD 和 CoQ 都含有半醌结构，但只有氧化型 CoQ 接受质子后可以形成酚式结构。故选答案 E。

4. 生物氧化中产生 CO_2 的主要方式

A. 缩合反应　B. 偶联反应　C. 脱氧反应

D. 脱羧反应　E. 羧化反应

[考点与答案] 生物氧化中化学反应类型　D

[解题分析] 生物氧化中营养物质主要以脱氢、脱羧、水化、加成和化学键断裂等方式分解，其中脱羧能够产生 CO_2。因此，生物氧化中产生 CO_2 的主要方式是脱羧反应。故选答案 D。

5. 底物脱下氢经由琥珀酸循环呼吸氧化，可以产生 ATP 的摩尔数是

A. 3.5　B. 1.5　C. 2.5　D. 1　E. 3

［考点与答案］两条呼吸链生成 ATP 的数目　B

［解题分析］生物体内两条呼吸链分别是 NADH 呼吸链和 $FADH_2$ 呼吸链（也称琥珀酸呼吸链）。其中底物脱下的氢经琥珀酸呼吸链最终与氧结合生成水，生成 1.5 mol ATP。故选答案 B。

6. NADH 呼吸链不包括的是

A. 复合物Ⅰ　　B. 复合物Ⅳ

C. 复合物Ⅲ　　D. CoQ

E. 复合物Ⅱ

［考点与答案］呼吸链　E

［解题分析］NADH 呼吸链包括复合物Ⅰ、复合物Ⅲ、CoQ 和复合物Ⅳ。$FADH_2$ 呼吸链包括复合物Ⅱ、复合物Ⅲ、CoQ 和复合物Ⅳ。故选答案 E。

二、练习题目

A1 型题

1. 呼吸链的各细胞色素在电子传递中的排列顺序是

A. $c_1 \rightarrow b \rightarrow c \rightarrow aa_3 \rightarrow O_2$　　B. $c \rightarrow c_1 \rightarrow b \rightarrow aa_3 \rightarrow O_2$

C. $c_1 \rightarrow c \rightarrow b \rightarrow aa_3 \rightarrow O_2$　　D. $b \rightarrow c_1 \rightarrow c \rightarrow aa_3 \rightarrow O_2$

E. $b \rightarrow c \rightarrow c_1 \rightarrow aa_3 \rightarrow O_2$

2. 呼吸链中的电子传递体中，不是蛋白质而是脂质的组分为

A. NAD^+　　B. FMN　　C. 辅酶 Q

D. 铁硫蛋白　　E. 细胞色素

3. 氰化钾抑制的是

A. 细胞色素　　B. 细胞色素氧化酶

C. 超氧化物歧化酶　　D. ATP 酶

E. 细胞色素还原酶

4. 属于细胞色素氧化酶的是

A. 细胞色素 b　　B. 细胞色素 c

C. 细胞色素 c　　D. 细胞色素 aa_3

E. 细胞色素 c

5. 不经 NADH 呼吸链氧化的是

A. 琥珀酸　　B. 苹果酸

C. β-羟丁酸　　D. 异柠檬酸

E. 谷氨酸

6. 肌肉组织中肌肉收缩所需要的大部分能量以哪种形式贮存

A. ADP　　B. 磷酸烯醇式丙酮酸

C. ATP　　D. 磷酸肌酸

E. 丙酮酸

B1 型题

（7～9 题共用备选答案）

A. ATP　　B. CTP　　C. GTP　　D. UTP　　E. TTP

7. 参与糖原合成的核苷酸是

8. 为蛋白质合成提供能量的核苷酸主要是

9. 从低等的单细胞生物到高等的人类，能量的贮存、释放和利用都是以哪一种物质为中心

［练习题目答案］1. D　2. C　3. B　4. D　5. A　6. D　7. D　8. C　9. A

生物氧化

第六单元　脂类代谢

一、例题解析

A1 型题

1. 在脂肪动员过程中催化脂肪水解的酶是

A. 硫酯酶　　B. 磷脂酶

C. 脂酰基转移酶　　D. 脂蛋白脂肪酶

E. 激素敏感脂肪酶

［考点与答案］脂肪的分解代谢　E

［解题分析］脂肪的动员：在激素敏感脂肪酶作用下，贮存在脂肪细胞中的脂肪被水解为游离脂肪酸和甘油并释放入血液，被其他组织氧化利用，这一过程称为脂肪动员。禁食、饥饿或交感神经兴奋时，肾上腺素、去甲肾上腺素和胰高血糖素等激素分泌增加，激活脂肪酶，促进脂肪动员。因此，在脂肪动员过程中催化脂肪水解的酶是激素敏感脂肪酶。故选答案 E。

2. 被称为机体胆固醇“清扫机”的血浆脂蛋白是

A. 乳糜微粒（CM）　　B. 低密度脂蛋白（LDL）

C. 中等密度脂蛋白（MDL）　　D. 高密度脂蛋白（HDL）

E. 极低密度脂蛋白（VLDL）

［考点与答案］血浆脂蛋白　D

［解题分析］高密度脂蛋白（HDL）主要在肝脏和小肠内合成，其作用与 LDL 基本相反。它是机体胆固醇的“清扫机”，通过胆固醇的逆向转运，把外周组织中衰老细胞膜上的以及血浆中的胆固醇运回肝脏代谢。故选答案 D。

3. 血液中转运内源性甘油三酯的脂蛋白是

A. 乳糜微粒　　B. 极低密度脂蛋白

C. 低密度脂蛋白　　D. 高密度脂蛋白

E. 游离脂肪酸结合蛋白

［考点与答案］血浆脂蛋白的分类及功能　B

［解题分析］运输甘油三酯的是乳糜颗粒和极低密度脂蛋白，但乳糜微粒运输外源（来自肠道吸收的）甘油三酯和胆固醇酯到肌肉、心和脂肪等组织，而极低密度脂蛋白把内源的，即肝内合成的甘油三酯、磷脂、胆固醇运到肝外组织去贮存或利用。故选答案 B。

4. 动物血浆低密度脂蛋白中富含

A. 蛋白质

B. 胆固醇酯

C. 不饱和脂肪酸

D. 卵磷脂

E. 甘油三酯

F. 高密度脂蛋白

G. 游离脂肪酸结合蛋白

［考点与答案］血浆脂蛋白的分类及功能　B

［解题分析］低密度脂蛋白：向组织转运肝脏合成的内源胆固醇。释放的胆固醇在细胞中进行生物转化，同时反馈调节胆固醇的合成。故选答案 B。

5. 胞嘧啶核苷三磷酸（CTP）除了用于核酸合成外，还参与

A. 磷脂合成　　B. 糖原合成　　C. 蛋白质合成

D. 脂肪合成　　E. 胆固醇合成

［考点与答案］磷脂的合成　A

［解题分析］生物机体中以磷脂酸为前体合成甘油磷脂的途径有两条，每条都需要 CTP 的参与。故选答案 A。

6. 丙酸在反刍动物体内主要用于

A. 合成丙氨酸　　B. 异生葡萄糖　　C. 运输蛋白质

D. 转化胆固醇　　E. 合成卵磷脂

［考点与答案］丙酸的代谢　B
［解题分析］游离的丙酸在硫激酶的催化下生成丙酰 CoA，然后羧化（加 CO_2）生成甲基丙二酸单酰 CoA。后者转变为琥珀酰 CoA，然后通过草酰乙酸转变为磷酸烯醇式丙酮酸，进入糖异生途径合成葡萄糖或糖原，或者经过三羧酸循环彻底氧化成二氧化碳和水并提供能量。故选答案 B。

7. 通过“逆向转运”，将胆固醇运回肝脏进行代谢的是

A. 乳糜微粒　B. 高密度脂蛋白
C. 极低密度脂蛋白　D. 低密度脂蛋白
E. 脂肪酸清蛋白复合物

［考点与答案］血浆脂蛋白的分类和功能　B
［解题分析］高密度脂蛋白：是机体胆固醇的“清扫机”，通过胆固醇的逆向转运，把外周组织中衰老细胞膜上的以及血浆中的胆固醇运回肝脏代谢。故选答案 B。

A2 型题

8. 猫，10 岁，近来多饮、多尿、多食且体重减轻，尿有明显的烂苹果气味，其血液生化检查显示血糖和酮体升高。此时机体最活跃的代谢途径是

A. 葡萄糖有氧氧化　B. 脂肪酸氧化分解　C. 糖原合成
D. 核酸复制　E. 蛋白质水解

［考点与答案］酮体的生理意义　B
［解题分析］持续的低血糖导致脂肪大量动员，脂肪酸在肝中经过β-氧化产生的乙酰 CoA 缩合形成过量的酮体，使血液和尿中的酮体升高，导致动物酸碱平衡失调，引起酮症酸中毒。故选答案 B。

B1 型题

（9～11 题共用备选答案）

A. ACP　B. CoA　C. 肉碱　D. FH4　E. 生物素

9. 脂肪酸合成过程中酰基的载体是

［考点与答案］脂肪酸的合成　A
［解题分析］脂肪酸从头合成多酶体系包括乙酰转移酶、丙二酸单酰转移酶、缩合酶、烯脂酰还原酶、脱水酶、β-酮脂酰还原酶及脂酰基载体蛋白（ACP）。故选答案 A

10. 脂肪酸分解过程中酰基的载体是

［考点与答案］长链脂肪酸的β-氧化过程　B
［解题分析］长链脂肪酸的β-氧化过程①脂肪酸的活化脂肪酸须在胞液中消耗 ATP 的 2 个高能磷酸键活化为脂酰 CoA。故选答案 B

11. 脂酰 CoA 从细胞质转移到线粒体的载体是

[考点与答案] 长链脂肪酸的β-氧化过程　C

[解题分析] 脂肪酸须在胞液中消耗 ATP 的 2 个高能磷酸键活化为脂酰 CoA，依靠脂酰肉碱转移系统从胞液转移至线粒体内。故选答案 C

二、练习题目

A1 型题

1. 软脂酰 CoA 经过一次β-氧化的产物经三羧酸循环和呼吸链可生成的 ATP 数是

A. 14　B. 15　C. 17　D. 23　E. 36

2. 脂肪酸活化需要

A. NAD^+　B. $NADP^+$

C. CoASH＋ATP　D. UTP

E. GTP

3. 脂肪酸从头合成时，乙酰 CoA 从线粒体到细胞质通过下列哪种循环

A. 三羧酸循环　B. 鸟氨酸循环　C. 丙氨酸-葡萄糖循环

D. 乳酸循环　E. 柠檬酸-丙酮酸循环

4. 脂肪酸在线粒体内的主要氧化方式是

A. α-氧化　B. β-氧化　C. 脱氢

D. 加氧　E. ω-氧化

5. 有关酮体的描述正确的是

A. 糖尿病都会出现酮体升高

B. 酮体是指乙酰乙酸和β-羟丁酸

C. 它们在肝脏合成

D. 正常时乙酰乙酸比β-羟丁酸浓度高

E. 尿酮与血酮的相关性很好

6. 关于酮体的利用，琥珀酰 CoA 转硫酶所催化的反应是：

A. 将丙酮酸转变为乙酰乙酸

B. 将乙酰乙酸 CoA 转变为乙酰 CoA

C. 将 HMGCoA 转变为乙酰乙酸

D. 将乙酰乙酸转变为乙酰乙酰 CoA

E. 将β-羟丁酸转变为乙酰 CoA

B1 型题

（7～9 题共用备选答案）

A. 细胞浆　B. 微粒体　C. 线粒体

D. 内质网　E. 细胞膜

7. 脂肪酸β-氧化的部位是

8. 脂肪酸合成的部位是

9. 酮体合成的部位是

（10～12 题共用备选答案）

A. 乙酰 CoA 羧化酶　　B. HMG－CoA 还原酶

C. HMG－CoA 裂解酶　　D. HMG－CoA 合成酶

E. 乙酰乙酸硫激酶

10. 胆固醇合成的关键酶是

11. 酮体合成的关键酶是

12. 脂肪酸合成的关键酶是

（13～15 题共用备选答案）

A. ACP 丙二酸单酰转移酶　　B. HMGCoA 合成酶

C. 脂酰 CoA 脱氢酶　　D. 激素敏感性脂肪酶

E. HMGCoA 裂解酶

13. 参与脂肪动员的酶

14. 参与 β-氧化的酶

15. 参与软脂酸合成的酶

[练习题目答案] 1. A　2. C　3. E　4. B　5. C　6. D　7. C　8. A　9. C　10. B　11. D　12. A　13. D　14. C　15. A

脂类代谢

第七单元　含氮小分子的代谢

一、例题解析

A1 型题

1. 动物氨基酸代谢中产生游离氨基的反应是

A. 脱羧　B. 异构　C. 缩合　D. 转氨　E. 脱氨

[考点与答案] 氨基酸脱氨　E

[解题分析] 氨基酸的分解代谢分为脱氨和脱羧。脱氨可将氨基酸分解为 α-酮酸和游离的氨基。故选答案 E。

2. 禽类排出氨的主要形式是

A. 尿素　B. 嘌呤　C. 尿酸盐　D. 游离氨　E. 谷氨酰胺

［考点与答案］尿酸　C
［解题分析］禽类体内也可以合成谷氨酰胺，但不能合成尿素，而是把体内大部分的氨合成尿酸排出体外。故选答案C。

3. 参与联合脱氨基作用的酶是

A. L-谷氨酸脱氨酶　B. L-氨基酸氧化酶
C. 谷氨酰胺酶　D. 氨甲酰基转移酶
E. 氨甲酰磷酸合成酶

［考点与答案］氨基酸脱氨　A
［解题分析］体内大多数的氨基酸脱去氨基是通过转氨基作用和氧化脱氨基作用两种方式联合起来进行的，这种作用方式称为联合脱氨基作用。故选答案A。

4. 可以转变为肾上腺素的氨基酸是

A. 谷氨酸　B. 亮氨酸　C. 甘氨酸
D. 苯丙氨酸　E. 赖氨酸

［考点与答案］个别氨基酸代谢　D
［解题分析］苯丙氨酸、酪氨酸等芳香族氨基酸是甲状腺激素、肾上腺素和去甲肾上腺素等激素的前体。故选答案D。

5. 哺乳动物合成尿素的主要器官是

A. 肝　B. 脑　C. 脾　D. 肾　E. 胰

［考点与答案］尿素合成　A
［解题分析］哺乳动物体内氨的主要去路是合成尿素排出体外。肝脏是合成尿素的主要器官。肾脏、脑等其他组织虽然也能合成尿素，但合成量甚微。故选答案A。

6. 尿素合成的循环是

A. 三羧酸循环　B. 鸟氨酸循环
C. 柠檬酸-丙酮酸循环　D. 乳酸循环
E. 丙氨酸-葡萄糖循环

［考点与答案］尿素合成　B
［解题分析］氨转变为尿素是一个循环反应过程，称尿素循环，也称鸟氨酸精氨酸循环。故选答案B

7. 氨基酸转氨酶的辅酶是

A. 生物素　B. 磷酸吡哆醛
C. 四氢叶酸　D. 辅酶A

E. 甲钴胺苏

［考点与答案］转氨作用　B
［解题分析］转氨作用：指在转氨酶催化下将 α-氨基酸的氨基转给另一个 α-酮酸，生成相应的 α-酮酸和一种新的 α-氨基酸的过程。转氨酶的辅酶是磷酸吡哆醛。故选答案 B。

8. 通过脱羧基作用形成 γ-氨基丁酸的氨基酸是

A. 脯氨酸　B. 谷氨酸　C. 丙氨酸
D. 天冬氨酸　E. 赖氨酸

［考点与答案］脱羧基作用　B
［解题分析］氨基酸在脱羧酶的催化下，脱去羧基产生 CO_2 和相应的胺，如色氨酸脱羧后为 5-羟色胺，谷氨酸脱羧为 γ 氨基丁酸。故选答案 B。

B1 型题

（9～11 题共用备选答案）

A. 琥珀酸　B. 丙酮酸
C. 苹果酸　D. 草酰乙酸
E. α-酮戊二酸

9. 接受氨基可直接转化为谷氨酸的是

［考点与答案］α-酮酸的代谢与非必需氨基酸的生成，葡萄糖分解代谢　E
［解题分析］非必需氨基酸的生成：只要有氨基供应，由糖的分解代谢生成的 α-酮酸可以作为“碳骨架”，通过氨基化反应合成非必需氨基酸。有时必需氨基酸也参与非必需氨基酸的合成。有氧代谢途径及生理意义：三羧酸循环是糖、脂肪、氨基酸及其他有机物质代谢的联系枢纽。糖有氧分解过程中产生的丙酮酸、α-酮戊二酸和草酰乙酸可以氨基化转变为丙氨酸、谷氨酸和天冬氨酸，反之这些氨基酸脱去氨基又可转变成相应的酮酸进入糖的有氧分解途径。此外，丙酸等低级脂肪酸可经琥珀酰 CoA、草酰乙酸等途径异生成糖。因此，三羧酸循环将各种营养物质的相互转变联系在了一起。故选答案 E。

10. 接受氨基可直接转化为丙氨酸的是

［考点与答案］α-酮酸的代谢与非必需氨基酸的生成，葡萄糖分解代谢　B
［解题分析］参考 9 题。

11. 接受氨基可直接转化为天冬氨酸的是

［考点与答案］α-酮酸的代谢与非必需氨基酸的生成，葡萄糖分解代谢　D
［解题分析］参考 9 题。

二、练习题目

A1 型题

1. 催化谷氨酸氧化脱氨的酶是
   A. 谷氨酸脱氨酶　B. 谷氨酸水解酶
   C. 氨基酸氧化酶　D. 谷氨酸转氨酶
   E. 谷氨酸脱氢酶
2. 灵长类体内嘌呤代谢的最终产物是
   A. 尿素　B. 乳清酸　C. 尿囊素
   D. 尿酸　E. β-氨基酸
3. 体内丙氨酸葡萄糖循环的作用是
   A. 促进糖异性　B. 促进非必需氨基酸的合成
   C. 促进丙氨酸的转运　D. 促进肌肉与肝脏之间氨的转运
   E. 促进脑与肾脏之间的氨转运
4. 关于嘧啶分解代谢的正确叙述是
   A. 产生尿酸
   B. 代谢异常可引起痛风症
   C. 需要黄嘌呤氧化酶
   D. 产生 NH_3、CO_2与α-氨基酸
   E. 产生 NH_3、CO_2与β-氨基酸
5. dTMP 合成的直接前体是
   A. dUDP　B. dAMP　C. dIMP　D. dUMP　E. dGMP
6. 肌肉中氨基酸脱氨的主要方式是
   A. 联合脱氨作用　B. L-谷氨酸氧化脱氨作用
   C. 转氨作用　D. 鸟氨酸循环
   E. 嘌呤核苷酸循环
7. 参与尿素形成的氨基酸是
   A. 谷氨酸　B. 丙氨酸　C. 天冬氨酸　D. 缬氨酸　E. 甘氨酸
8. 一位患者血液生化检查发现血清谷草转氨酶活性明显升高，可能为
   A. 慢性肝炎　B. 脑动脉血栓
   C. 肾炎　D. 肠黏膜细胞坏死
   E. 心肌梗死

B1 型题

（9～11 题共用备选答案）

A. 骨骼肌　B. 肾脏　C. 脑　D. 肝脏　E. 消化道

9. 形成尿素的部位是
10. 以嘌呤核苷酸循环为主要脱氨方式的部位是
11. 排出尿素的部位是

（12～14 题共用备选答案）

A. 苯丙氨酸羟化酶的缺乏　　B. 尿黑酸酶的缺陷

C. 黑色素生成障碍　　D. 酪氨酸

E. 色氨酸

12. 苯丙酮尿症的发生是由于

13. 尿黑酸症是由于

14. 白化病的发生是由于

［练习题目答案］1. E　2. D　3. D　4. E　5. D　6. E　7. C　8. E　9. D　10. A　11. B　12. A　13. B　14. C

含氮小分子的代谢

第八单元　物质代谢的相互联系和调节

一、例题解析

A1 型题

1. 葡萄糖和脂肪酸分解进入三羧酸循环的共同中间代谢产物是

A. 丙酸　　B. 乙酰 CoA　　C. 琥珀酰 CoA

D. α-磷酸甘油　　E. 磷酸二羟丙酮

［考点与答案］糖代谢与脂类代谢的联系　B

［解题分析］三羧酸循环又是三大物质分解代谢的共同归宿：乙酰 CoA 不仅是糖有氧分解的产物，同时也是脂肪酸和氨基酸代谢的产物。因此，三羧酸循环是三大营养物质的最终代谢通路。据估计，动物体内 2/3 的有机物质通过三羧酸循环被分解，三羧酸循环成为各种营养物质分解代谢的共同归宿。故选答案 B。

2. 酮酸在经由氨基化转变成相应的氨基酸的过程中提供了

A. 羟基　　B. 能量　　C. 碳架

D. 氨基　　E. 氢原子

［考点与答案］糖代谢与氨基酸代谢的联系　C

［解题分析］糖代谢的分解产物，特别是 α-酮酸可以作为“碳架”通过转氨基或氨基化作用进而转变成组成蛋白质的非必需氨基酸。故选答案 C。

3. 所有氨基酸在动物体内最终都能转变为

A. 必需脂肪酸　　B. 磷脂　　C. 脂肪

D. 核苷酸　　E. 葡萄糖

［考点与答案］脂代谢与氨基酸代谢的联系　C

［解题分析］所有的氨基酸，都可以在动物体内转变成脂肪。故选答案 C。

二、练习题目

A1 型题

1. 糖、脂肪及氨基酸三者代谢的交叉点是

A. 丙酮酸　　B. 琥珀酸　　C. 延胡索酸

D. 乙酰辅酶 A　　E. 磷酸烯醇式丙酮酸

2. 下面物质哪个不属于第二信使

A. 环腺苷酸（cAMP）　　B. 胰岛素

C. 肌醇三磷酸（IP_3）　　D. 环鸟苷酸（cGMP）

E. Ca^{2+}

3. 能与胞内受体结合的信号分子是

A. 胰高血糖素　　B. 胰岛素　　C. 肾上腺素

D. 促肾上腺皮质激素　　E. 甲状腺激素

B1 型题

（4～7 题共用备选答案）

A. 蛋白质合成　　B. 核酸合成　　C. 尿素合成

D. 糖酵解　　E. 脂肪酸 β-氧化

4. 在线粒体进行

5. 在细胞浆和线粒体进行

6. 在细胞核进行

7. 在细胞浆进行

［练习题目答案］1. D　2. B　3. E　4. E　5. C　6. B　7. D

物质代谢的相互联系和调节

第九单元 核酸的功能与研究技术

一、例题解析

A1 型题

1. 只出现在 DNA 分子中的碱基是

A. 腺嘌呤（A） B. 尿嘧啶（U） C. 鸟嘌呤（G）
D. 胞嘧啶（C） E. 胸腺嘧啶（T）

［考点与答案］核酸的化学组成 E

［解题分析］核酸中的碱基主要是嘧啶碱基和嘌呤碱基两类。DNA 含有胸腺嘧啶（T）和胞嘧啶（C）以及腺嘌呤（A）和鸟嘌呤（G）。而 RNA 中由尿嘧啶（U）代替胸腺嘧啶（T），所含嘌呤种类与 DNA 一样。因此，唯胸腺嘧啶只出现在 DNA 分子中。故选答案 E。

2. 动物细胞的遗传信息主要储存于

A. 内质网 B. 高尔基复合体 C. 溶酶体
D. 细胞核 E. 过氧化物酶体

［考点与答案］核酸的种类和分布 D

［解题分析］动物细胞中的遗传信息储存于 DNA 中。在真核细胞中，细胞核中有染色体 DNA 与组蛋白等结合；线粒体中有少量的 DNA。RNA 主要存在于细胞质中。故选答案 D。

3. 被称作是 DNA 重组技术中一把神奇“手术刀”的是

A. DNA 聚合酶 B. 碱性磷酸酶
C. DNA 连接酶 D. 逆转录酶
E. 限制性核酸内切酶

［考点与答案］核酸工具酶 E

［解题分析］限制性核酸内切酶：又称限制性内切酶、限制酶，是一类能识别双链 DNA 分子中某种特定核苷酸序列，并由此切割 DNA 双链结构的核酸内切酶，此类酶主要是从原核生物中分离纯化得到的。限制酶的发现和应用，使 DNA 分子能很容易地在体外被切割和连接，因此，被称为 DNA 重组技术中一把神奇的“手术刀”。故选答案 E。

4. 核酸中核苷酸的连接方式是

A. 糖苷键 B. 糖肽键 C. 肽键
D. 3′，5′-磷酸二酯键 E. 二硫键

［考点与答案］核苷酸之间的连接方式　D
［解题分析］核苷酸之间的连接方式：DNA 分子的一级结构是由许多脱氧核糖核苷酸以磷酸二酯键连接起来的。具有游离 5′磷酸基的一端称为 5′末端，具有游离 3′OH 的一端称为 3′末端。故选答案 D。

5. DNA 变性时对紫外光吸收的表现特征为
A. 增色效应　B. 减色效应　C. 变构效应　D. 协同效应　E. 诱导效应

［考点与答案］核酸的变性　A
［解题分析］核酸的变性是指碱基对之间的氢键断裂，如 DNA 的双螺旋结构分开，成为两股单链的 DNA 分子。变性后的 DNA 生物学活性丧失，并且由于螺旋内部碱基的暴露使其在 260nm 处的紫外光吸收值升高，称为增色效应。故选答案 A。

6. 原核生物蛋白质生物合成时，肽链延伸需要的能量分子是
A. ATP　B. GTP　C. UTP　D. CTP　E. TTP

［考点与答案］肽链的延长　B
［解题分析］肽链的延长：①第一步是携带有氨基酸的氨酰基 tRNA 进入 A 位。②原来结合在 P 位点的 fMet tRNAf 将其活化的甲酰甲硫氨酸部分转移到 A 位的氨酰基 tRNA 的氨基上，形成肽键，催化此反应的酶是肽酰基转移酶。原核生物蛋白质生物合成时，肽链延伸需要的能量分子是 GTP。故选答案 B。

B1 型题

（7～8 题共用备选答案）
A. DNA 修饰　B. DNA 复性　C. DNA 变性
D. DNA 重组　E. DNA 损伤

7. 紫外线照射可能诱发皮肤癌，所涉及的 DNA 结构的改变是

［考点与答案］DNA 的修复　E
［解题分析］DNA 的损伤与修复方式：造成 DNA 损伤的原因可能是生物因素，如 DNA 的重组、病毒的整合；某些物理化学因子（如紫外线、电离辐射和化学诱变剂）也会造成 DNA 局部结构和功能的破坏，损伤的结果是引起生物突变，甚至导致死亡。故选答案 E。

8. 加热使 DNA 的紫外吸收值增加，所涉及的 DNA 结构的改变是

［考点与答案］核酸的变性　C
［解题分析］核酸的变性是指碱基对之间的氢键断裂，如 DNA 的双螺旋结构分开，成为两股单链的 DNA 分子。变性后的 DNA 生物学活性丧失，并且由于螺旋内部碱基的暴露使其在 260nm 处的紫外光吸收值升高，称为增色效应。故选答案 C。

二、练习题目

A1 型题

1. 关于 DNA 双螺旋结构模型的正确说法是

A. 是一个三链结构
B. DNA 双股链的走向是反向平行的
C. 碱基 A 和 G 配对
D. 互补碱基以共价键结合
E. 磷酸戊糖主链位于 DNA 螺旋内侧

2. DNA 的热变性是

A. 磷酸二酯键断裂
B. DNA 分子进一步形成超螺旋
C. DNA 分子碱基丢失，数目减少
D. DNA 双螺旋解链
E. DNA 双链形成左手螺旋

3. DNA 以半保留方式进行复制，若一完全被标记的 DNA 分子，置于无放射标记的溶液中复制两代，所产生的 4 个 DNA 分子的放射性状况如何

A. 两个分子有放射性，两个分子无放射性
B. 均有放射性
C. 两条链中的半条具有放射性
D. 两条链中的一条具有放射性
E. 均无放射性

4. 下列关于原核和真核生物 DNA 复制的描述中哪一项是正确的

A. 以复制叉定点复制，通常为单向等速复制
B. 复制方向为 3′→5′
C. 前导链和随从链都是不连续复制
D. 只有前导链有冈崎片段，必须切去引物
E. 最后由 DNA 连接酶连接

5. 对于 RNA 聚合酶的叙述，正确的是

A. 由核心酶和 β 因子构成
B. 核心酶由 $\alpha 2\sigma\beta$ 组成
C. 全酶与核心酶的差别在于 β 亚单位的存在
D. 核心酶不包括 α 因子
E. σ 因子参与整个转录过程

6. 在 DNA 生物合成中，具有催化 RNA 指导的 DNA 聚合反应，RNA 水解及 DNA 指导的 DNA 聚合反应三种功能的酶是

A. DNA 聚合酶
B. RNA 聚合酶
C. 反转录酶
D. DNA 水解酶
E. 连接酶

7. DNA 复制和转录过程具有许多异同点，下列关于 DNA 复制和转录的描述中哪项是正确的

A. 转录时，只有一条 DNA 链被转录，而复制是两条 DNA 链都作模板
B. 在这两个过程中合成方向都为 3′→5′

C. 转录的产物在通常情况下大于复制的产物

D. 两过程均需 RNA 为引物

E. DNA 聚合酶Ⅰ不需要 Mg^{2+}

8. 将 DNA 分子一股链上受到损伤的部分切除，并以完整的另一股链为模板，合成切去的部分，这种修复是

A. 切除修复　　B. SOS 修复　　C. 光修复

D. 重组修复　　E. 物理修复

9. 在蛋白质合成过程中，下列哪一说法是正确的

A. 氨基酸随机地连接到 tRNA 上去

B. 新生肽链从 C 一端开始合成

C. UAA 是丙氨酸的密码子

D. 新的肽键是在连接酶的作用下形成

E. 氨基酸是在氨酰 tRNA 合成酶的作用下活化

10. 反密码子是指

A. DNA 中的遗传信息　　B. rRNA 中的某些部分

C. mRNA 中除了密码子的部分　　D. tRNA 中的某些部分

E. 密码子的相应氨基酸

B1 型题

（11～13 题共用备选答案）

A. A　　B. C　　C. G　　D. T　　E. U

11. 真核细胞 mRNA5′-端碱基是

12. 真核细胞 mRNA3′-端碱基是

13. tRNA3′-端碱基是

（14～16 题共用备选答案）

A. ATP　　B. CTP　　C. GTP　　D. UTP　　E. TTP

14. 细胞内合成氨基酰 tRNA 时消耗

15. 合成磷脂时，除了消耗 ATP 外，还消耗

16. 糖原合成时形成活化的葡萄糖时消耗

[练习题目答案] 1. B　2. D　3. A　4. E　5. D　6. C　7. A　8. A　9. E　10. D　11. C　12. A　13. A　14. A　15. B　16. D

核酸的功能与研究技术

第十单元 水、无机盐与酸碱平衡

一、例题解析

A1 型题

1. 维持细胞外液晶体渗透压的主要离子是

A. H^+　　B. K^+　　C. Na^+
D. Mg^{2+}　　E. Ca^{2+}

［考点与答案］体液渗透压　C
［解题分析］晶体渗透压是体液中小分子晶体物质产生的渗透压。晶体物质多为电解质，电离后其质点数较多，故渗透压作用也大。在细胞外液晶体物质中含量最多的阳离子是 Na^+，阴离子则以 Cl^- 和 HCO^{3-} 为主要成分。因此，细胞外液晶体渗透压的维持主要依赖 Na^+。故选答案 C。

2. 影响水在细胞内、外扩散的主要因素是

A. 缓冲力　　B. 扩散力　　C. 静水压
D. 晶体渗透压　　E. 胶体渗透压

［考点与答案］体液渗透压　D
［解题分析］体液中小分子晶体物质产生的渗透压称为晶体渗透压。由蛋白质等大分子胶态物质产生的渗透压称为胶体渗透压。水在细胞内、外的流通主要是受无机盐产生的晶体渗透压的影响。故选答案 D。

3. 骨盐主要是指沉积于骨中的是

A. 氯化钙　　B. 草酸钙　　C. 碳酸氢盐
D. 柠檬酸钙　　E. 羟磷灰石

［考点与答案］钙、磷的分布　E
［解题分析］体内 99％以上的钙及 80％～85％的磷以羟磷灰石的形式构成骨盐，分布在骨骼和牙齿中。故选答案 E。

4. 体液的渗透压决定于其溶质的有效粒子的

A. 大小　　B. 价数　　C. 数目
D. 质量　　E. 扩散系数

［考点与答案］体液渗透压　C
［解题分析］体液渗透压的大小是由体液内所含溶质有效粒子数目的多少决定的，而与溶质粒子的大小和价数等性质无关。故选答案 C。

二、练习题目

A1 型题

1. 下列不属于水的生理功能的是

A. 运输物质　B. 参与化学反应　C. 调节体温
D. 维持组织正常兴奋性　E. 维持渗透压

2. 组成细胞内液的主要阴离子是

A. HCO_3^-　B. Cl^-　C. HPO_4^{2-}　D. PO_4^{3-}　E. 蛋白质

3. 细胞间液与血浆的主要差异是

A. Na^+ 含量　B. K^+ 含量　C. HCO^{3-} 含量
D. 有机酸含量　E. 蛋白质含量

4. 有效胶体渗透压是指

A. 细胞间液胶体渗透压
B. 血浆胶体渗透压
C. 血浆小分子物质引起的渗透压
D. 细胞间液小分子物质引起的渗透压
E. 血浆胶体渗透压与细胞间液胶体渗透压之差

B1 型题

（5～7 题共用备选答案）

A. 肝　B. 小肠　C. 肾　D. 骨骼　E. 脾

5. 将维生素 D_3 转化为 25－OHD_3 的器官是
6. 排出磷的主要器官是
7. 钙磷分布最多的器官是

（8～10 题共用备选答案）

A. 盐皮质激素　B. Ca^{2+}　C. 糖皮质激素
D. 甲状腺素　E. 甲状旁腺素

8. 与水盐代谢有关的是
9. 与钙沉积和动员有关的是
10. 可以作为第二信使的是

（11～13 题共用备选答案）

A. 血浆 Na^+＞150mmol/L　B. 血浆 Na^+ 为 130～150mmol/L
C. 血浆 Na^+＜150mmol/L　D. 血浆 Cl^-＋HCO_3^-＞160mmol/L
E. 血浆 Cl^-＋HCO_3^-＜120mmol/L

11. 高渗性脱水
12. 低渗性脱水
13. 等渗性脱水

［练习题目答案］1. D　2. C　3. E　4. E　5. A　6. C　7. D　8. A　9. E　10. B

11. A 12. E 13. C

水、无机盐与酸碱平衡

第十一单元 器官和组织的生物化学

一、例题解析

A1 型题

1. 肝脏中与含羟基、羧基毒物结合并解毒的主要物质是

A. 硫酸　　B. 甘氨酸　　C. 谷氨酰胺
D. 乙酰 CoA　　E. 葡萄糖醛酸

[考点与答案] 肝的代谢 E

[解题分析] 肝的生物转化作用：结合反应，肝脏内最重要的解毒方式是结合解毒。参与结合解毒的物质有多种，如葡萄糖醛酸、硫酸、甘氨酸、乙酰 CoA 等。凡含有羟基、羧基的毒物或在体内氧化后含羟基、羧基的毒物，其中大部分是与葡萄糖醛酸结合而解毒的。许多药物如乙酰水杨酸（阿司匹林）、吗啡、樟脑，以及体内许多正常代谢产物，如胆红素、雌激素等大部分也都是通过与葡萄糖醛酸结合后排出体外。故选答案 E。

2. 具有细胞毒性的血红素代谢产物是

A. 胆素　　B. 胆绿素　　C. 胆素原
D. 游离胆红素　　E. 结合胆红素

[考点与答案] 红细胞的代谢 D

[解题分析] 胆红素的生成：衰老的红细胞在破裂后，血红蛋白的辅基血红素氧化分解为铁及胆绿素。脱下的铁几乎都变为铁蛋白而储存，可重新利用。胆绿素则被还原成胆红素。胆红素有毒性，特别对神经系统的毒性较大，且在水中溶解度很小，进入血液后，即与血浆清蛋白或 α 球蛋白结合成溶解度较大的复合体而运输。与蛋白质结合后，可限制胆红素自由地通过各种生物膜，减少游离胆红素进入组织细胞产生毒性作用。这种与蛋白质结合的胆红素在临诊上称间接胆红素（也称游离胆红素）。故选答案 D。

3. 胶原蛋白中含量最丰富的氨基酸是

A. 丙氨酸　　B. 亮氨酸　　C. 脯氨酸

D. 色氨酸　　E. 半胱氨酸

［考点与答案］结缔组织生化　C

［解题分析］纤维与胶原蛋白：胶原蛋白是结缔组织中主要的蛋白质，约占体内总蛋白质的1/3，体内的胶原蛋白都以胶原纤维的形式存在，含有大量甘氨酸、脯氨酸、羟脯氨酸及少量轻赖氨酸。后二者是胶原蛋白所特有。故选答案C。

4. 肝脏内最重要的解毒方式是

A. 结合解毒　　B. 氧化解毒　　C. 还原解毒

D. 水解解毒　　E. 氧和解毒

［考点与答案］肝的生物转化作用　A

［解题分析］肝脏内最重要的解毒方式是结合解毒。参与结合解毒的物质有多种，如葡萄糖醛酸、硫酸、甘氨酸、乙酰CoA等。故选答案A。

5. 对血糖浓度降低最敏感的器官是

A. 心脏　　B. 大脑　　C. 小脑

D. 肺脏　　E. 肝脏

［考点与答案］大脑供能　B

［解题分析］大脑主要是利用血液提供的葡萄糖供能，因此，大脑对血糖浓度的降低最敏感。故选答案B。

6. 能够缓解高铁血红蛋白症的维生素是

A. 维生素D　　B. 维生素K　　C. 维生素B_2

D. 维生素C　　E. 维生素A

［考点与答案］血红蛋白氧化及其恢复　D

［解题分析］血红蛋白可被氧化剂氧化为高铁血红蛋白（MHb）。在高铁血红蛋白中，铁从二价变为三价失了运输氧的能力。还原酶可还原高铁血红蛋白。维生素C及还原型谷胱甘肽也还原高铁血红蛋白。故选答案D。

7. 结缔组织基质中的主要成分是

A. 糖胺聚糖　　B. 壳多糖　　C. 葡萄糖

D. 乳糖　　E. 糖原

［考点与答案］基质的组成　A

［解题分析］基质是无定形的胶态物质，充满在结缔组织的细胞和纤维之间。基质的化学成分有水、非胶原蛋白、糖胺聚糖及无机盐等。非胶原蛋白通过其分子中丝氨酸或苏氨酸残基上的羟基与糖胺聚糖以糖苷键结合成蛋白聚糖。故选答案A。

8. 肌肉组织中细丝的主要成分是

A. 肌球蛋白　B. 肌动蛋白　C. 原肌球蛋白
D. 肌钙蛋白　E. 肌红蛋

［考点与答案］肌动蛋白和细丝　B
［解题分析］细丝的主要成分是肌动蛋白，此外，还含有原肌球蛋白和肌钙蛋白复合体。当细胞内 Ca^{2+} 浓度增高时，肌钙蛋白 C 与 Ca^{2+} 结合，最终导致肌纤维收缩。故选答案 B。

9. 在肝中，胆固醇可以转变为

A. 性激素　B. 视黄醇　C. 肾上腺素
D. 胆汁酸盐　E. 卵磷脂

［考点与答案］胆固醇的转变　D
［解题分析］在肝细胞中经羟化酶作用转化为胆酸和脱氧胆酸等，以胆酸盐的形式，促进脂类在水相中乳化和在消化道中的吸收。故选答案 D。

10. 肌肉中特有的能量贮存物质是

A. 腺苷三磷酸　B. 磷酸烯醇式丙酮酸　C. 肌酸
D. 磷酸肌酸　E. 肌酐

［考点与答案］肌肉收缩与 ATP 的需求　D
［解题分析］肌肉收缩时必须有 ATP 的充分供应。在哺乳动物肌肉中，能量储备物质是称为磷酸肌酸的高能磷酸化合物。当肌肉收缩时，在肌酸激酶的催化下，磷酸肌酸能把其磷酸基转给 ADP，产生 ATP。这是一个可逆反应，在肌肉休止时，ATP 可将其磷酸基转给肌酸，生成磷酸肌酸储备起来。故选答案 D。

B1 型题

（11～13 题共用备选答案）

A. 脂肪酸　B. 氨　C. 酮体
D. α-酮戊二酸　E. γ-氨基丁酸

11. 代谢物中，对大脑有毒性的，甚至可以引起功能障碍的是

［考点与答案］大脑中氨的代谢　B
［解题分析］氨是有毒的，其在大脑内的恒态浓度必须维持在 0.3mmol/L 左右，多余的氨则形成谷氨酰胺运出脑外，故选答案 B。

12. 代谢过程中，可被大脑直接利用的能源分子是

［考点与答案］大脑的能量需求　D
［解题分析］大脑主要是利用血液提供的葡萄糖供能，而葡萄糖通过三羧酸循环供能，α-酮戊二酸是三羧酸循环的中间产物。故选答案 D。

13. 在大脑代谢产物中可以作为神经递质的是

［考点与答案］氨基酸的脱羧基作用　E

［解题分析］氨基酸在脱羧酶的催化下，脱去羧基产生 CO_2 和相应的胺。大多数胺类具有特殊的生理作用。谷氨酸脱羧形成的 γ-氨基丁酸是神经递质。故选答案 E。

（14～16 题共用备选答案）

A. 肌酸激酶　　B. 肌动蛋白　　C. 肌钙蛋白
D. 肌球蛋白　　E. 磷酸化酶

14. 肌肉中具有 ATP 酶活性的是

［考点与答案］肌球蛋白和粗丝　D

［解题分析］粗丝的主要成分是肌球蛋白。具有 ATP 酶活性。故选答案 D。

15. 与肌肉能量储备有关的是

［考点与答案］肌肉收缩与 ATP 的需求　A

［解题分析］肌肉收缩时必须有 ATP 的充分供应。在哺乳动物肌肉中，能量储备物质是称为磷酸肌酸的高能磷酸化合物。当肌肉收缩时，在肌酸激酶的催化下，磷酸肌酸能把其磷酸基转给 ADP，产生 ATP。这是一个可逆反应，在肌肉休止时，ATP 可将其磷酸基转给肌酸，生成磷酸肌酸储备起来。故选答案 A。

16. 当肌细胞内 Ca^{2+} 浓度增高时，分子构象改变的首先是

［考点与答案］肌动蛋白和细丝　C。

［解题分析］细丝的主要成分是肌动蛋白，此外，还含有原肌球蛋白和肌钙蛋白。肌钙蛋白是含有三个亚单位的复合体。肌钙蛋白 C（TnC）又称钙结合亚基，当细胞内 Ca^{2+} 浓度增高时，肌钙蛋白 C 与 Ca^{2+} 结合，最终导致肌纤维收缩。故选答案 C。

二、练习题目

A1 型题

1. 肝内胆红素的代谢产物最多的是

A. 葡萄糖醛酸胆红素酯　　B. 乙酰基葡萄糖醛酸胆红素
C. 胆红素硫酸酯　　D. 甘氨酸结合物
E. 甲基结合物

2. 构成结缔组织蛋白多糖的主要是

A. 蛋白质　　B. 糖蛋白　　C. 糖胺聚糖

D. 透明质酸 E. 以上都不对

3. 胆红素是下列哪种物质的分解产物

A. 胆固醇 B. 胆汁酸 C. 胆素原

D. 胆素 E. 血红素

4. 脑中氨的主要去路是

A. 合成尿素 B. 扩散入血

C. 合成谷氨酰胺 D. 合成氨基酸

E. 合成嘌呤

5. 临床应用可见光照射治疗婴儿高胆红素血症的依据是

A. 使未结合胆红素转变为结合胆红素

B. 增加未结合胆红素与清蛋白的结合能力

C. 使胆红素Ⅸ的ＺＺ构型转变成ＥＥ构型，有利于排泄

D. 使胆红素（脂溶性）转变成胆绿素（水溶性）

E. 促使胆红素由肾脏排泄

B1 型题

（6～8 题共用备选答案）

A. 储存的糖原 B. 血糖 C. 酮体

D. 氨基酸 E. 脂肪

6. 仅可为大脑提供几分钟正常活动所需要能量的是

7. 正常情况下为大脑活动提供能量的是

8. 饥饿情况下为大脑活动提供能量的是

（9～11 题共用备选答案）

A. ATP B. 磷酸肌酸 C. 糖原

D. 氨基酸 E. Ca^{2+}

9. 在哺乳动物中可以储备能量的高能磷酸化合物是

10. 储存在肌浆网中，增加后和肌钙蛋白结合导致肌肉收缩的是

11. 为肌肉收缩提供能量的是

（12～14 题共用备选答案）

A. 糖胺聚糖 B. 半乳糖羟赖氨酸 C. 羟脯氨酸

D. 糖化半乳糖羟赖氨酸 E. 粗丝和细丝

12. 存在于基质的是

13. 存在于胶原纤维的是

14. 存在于肌肉组织的是

（15～17 题共用备选答案）

A. 胆色素、胆固醇、碱性磷酸酶及钙、铁等

B. 葡萄糖醛酸结合的物质

C. 纤维素

D. 汞、砷等毒物

E. 氨气

15. 随胆汁很快排出体外是
16. 随血液运至肾脏经尿排出的是
17. 保留在肝脏内，以防止向全身扩散，然后缓慢地随胆汁排出的是

[练习题目答案] 1. A 2. C 3. E 4. C 5. C 6. A 7. B 8. C 9. B 10. E 11. A 12. A 13. C 14. E 15. A 16. B 17. D

器官和组织的生物化学

第四篇

动物病理学

第一单元　动物疾病概论

一、例题解析

A1 型题

1. 动物疾病发展不同时期中最具有临床诊断价值的是

A. 潜伏期　　B. 前驱期　　C. 临床经过期　D. 转归期　　E. 终结期

［考点与答案］动物疾病的四个分期概念及其特点　C

［解题分析］动物疾病的发展经过潜伏期（隐蔽期）、前驱期（先兆期）、临诊经过期（症状明显期）和终结期（转归期）四个时期。其中，临诊经过期是疾病的主要或典型症状已充分表现出来的阶段，致病因素所造成的损伤也表现得相当明显，对诊断该病很有价值。故选答案 C。

2. 动物疾病发展过程中，从疾病出现最初症状到主要症状开始暴露的时期称为

A. 潜伏期　　B. 前驱期　　C. 临床经过期

D. 转归期　　E. 濒危期

［考点与答案］动物疾病的四个分期概念及其特点　B

［解题分析］从疾病出现最初症状，到主要症状开始暴露这一期间称为前驱期。在这一阶段中，机体的功能活动和反应性均有所改变，一般只出现某些非特异性症状，称为前驱期症状。故选答案 B。

3. 不属于化学性致病因素的是

A. 强酸、强碱　　B. 蛇毒　　C. 芥子气

D. 紫外线　　E. 有机磷农药

［考点与答案］疾病发生的外因　D

［解题分析］疾病发生的外因之一为物理性因素，包括高温、低温、电流、辐射、紫外线等。强酸、强碱、蛇毒、芥子气、有机磷都属于化学性因素。故选答案 D。

4. 患病动物的主要症状虽然消除，但受损的组织结构尚未恢复，而是通过代偿维持其相应的功能活动的一种病理状态，属于

A. 完全康复　B. 完全痊愈　C. 不完全康复
D. 机化　E. 再发

［考点与答案］疾病转归的分类　C
［解题分析］疾病转归的分类可分为完全康复、不完全康复和死亡三种形式。不完全康复指患病动物的主要症状虽然消除，但受损器官的机能和形态结构未完全恢复，通过其他器官的代偿来维持生命活动。故选答案 C。

5. 属于化学性致病因素的是

A. 高温　B. 紫外线　C. 大气压
D. 芥子气　E. 电离辐射

［考点与答案］疾病发生的外因的种类　D
［解题分析］疾病发生的外因的种类之一为化学性致病因素，包括强酸、强碱等可引起接触性损伤的化学物质。故选答案 D。

6. 下列属于疾病发生一般机制的是

A. 损伤与抗损伤的斗争　B. 因果转化　C. 局部与整体
D. 神经体液机制　E. 病程

［考点与答案］疾病的基本特点　A
［解题分析］疾病的基本特点之一即任何疾病都包括损伤与抗损伤的斗争与转化。故选答案 A。

7. 维生素 E 缺乏引起雏鸡脑软化的病因属于

A. 物理性因素　B. 环境因素　C. 化学性因素
D. 血液循环障碍　E. 生物性因素

［考点与答案］病因学概论　B
［解题分析］疾病发生的原因分为内因和外因。内因包括生物性因素、化学性因素、物理性因素和营养性因素。其中营养性因素指营养物质缺乏可引起营养缺乏症，为本题相关。故选答案 B。

二、练习题目

A1 型题

1. 死亡是
A. 生命运动的终止
B. 个体死亡时体内细胞同时死亡

C. 生理性死亡
D. 个体死亡时体内细胞的坏死
E. 动物机体的死亡过程可分为濒死期、临诊死亡期 2 个阶段

2. 能够促进疾病或病理过程发生的因素为
A. 疾病的原因　　B. 疾病的条件
C. 疾病的内因　　D. 疾病的诱因
E. 疾病的外因

3. 疾病发生的内因是
A. 生物性因素　　B. 化学性因素　　C. 物理性因素
D. 营养性因素　　E. 免疫性因素

4. 疾病的转归形式是
A. 痊愈、不完全康复和死亡　　B. 炎症　　C. 发热
D. 创伤愈合　　E. 休克

5. 生物学死亡期的主要症状是
A. 心跳停止　　B. 呼吸停止
C. 心跳、呼吸停止　　D. 出现尸冷、尸僵、尸斑
E. 反射消失

6. 属于外因引发的疾病是
A. 饲料中缺乏矿物质导致的营养缺乏症
B. 遗传因素引起的家禽痛风
C. 基因突变所致的遗传病
D. 免疫缺陷因素导致的免疫缺陷病
E. 染色体畸变引起的遗传病

7. 属于内因引发的疾病是
A. 禽流感病毒导致的蛋鸡禽流感
B. 有机磷农药导致的家禽中毒
C. 天气过热引起的奶牛中暑
D. 饲料中缺乏维生素导致的营养缺乏
E. 遗传因素引起的家禽痛风

8. 一般疾病过程中，决定着疾病发展方向的是
A. 损伤与抗损伤的对比关系　　B. 外界致病因素
C. 机体内部因素　　D. 外界致病因素强度
E. 机体易感性

9. 不属于对临床症状明显期的描述是
A. 发生在前驱期之后
B. 疾病的典型症状已充分表现出来
C. 只是暴露出一些非特异性症状
D. 对诊断疾病很有价值
E. 致病因素造成的损伤表现得相当明显

10. 不属于完全康复的描述是
   A. 机体的损伤修补康复
   B. 受损器官的机能有可能未完全恢复
   C. 畜禽生产能力恢复
   D. 疾病症状完全消除
   E. 病理性调节为生理性调节所取代

A2 型题

11. 仔猪呼吸道疾病严重危害养猪业发展，常常在冬春季节发生，仔猪通过实验室检测，可分离到多种病原，其发病原因最可能为：
   A. 生物性因素　B. 化学性因素　C. 物理性因素
   D. 营养性因素　E. 遗传性因素

12. 某牛场的牛在冬季突然消瘦，发生群发疫病，经病理学诊断和细菌分离，确诊该群牛感染结核杆菌。引起该牛群发病的原因是：
   A. 天气寒冷　B. 消瘦　C. 感染结核菌
   D. 多方因素　E. 牛群拥挤

[练习题目答案] 1. A　2. D　3. E　4. A　5. D　6. A　7. E　8. A　9. C　10. B　11. A　12. C

动物疾病概论

第二单元　组织与细胞损伤

一、例题解析

A1 型题

1. “槟榔肝”的发生是由于
   A. 肝瘀血伴随肝细胞坏死　B. 肝瘀血伴随胆色素沉着
   C. 肝瘀血伴随淀粉样物质沉着　D. 慢性肝瘀血伴随肝细胞脂肪变性
   E. 慢性肝瘀血伴随肝细胞颗粒变性

[考点与答案] 肝发生脂肪变性时的大体病变　D
[解题分析] 如果肝脂肪变性同时伴有慢性肝瘀血，则肝切面由暗红色瘀血部和黄褐色脂肪变性部相互交织，形成类似槟榔的花纹，称为“槟榔肝”。故选答案 D。

2. 心脏发生脂肪浸润时，脂肪细胞出现于

A. 心内膜内　　B. 心肌原纤维内　　C. 心肌细胞内

D. 心肌细胞间　　E. 心脏血管内

［考点与答案］脂肪浸润的概念和病理变化　D

［解题分析］脂肪浸润是指在实质细胞之间脂肪组织增多超过正常程度，又称间质脂肪浸润。心肌发生脂肪浸润时，镜检心肌纤维间出现脂肪组织，可见脂肪细胞排列于心肌细胞之间，成片或条状分布，心肌纤维可因受压迫而发生萎缩。故选答案 D。

3. 细胞坏死是

A. 能形成凋亡小体的病理过程

B. 有基因决定的细胞自我死亡

C. 不可逆的过程

D. 可逆的过程

E. 细胞器萎缩的过程

［考点与答案］细胞坏死的概念　C

［解题分析］坏死是活体内局部组织、细胞的病理性死亡。坏死组织、细胞的物质代谢停止，功能丧失，出现一系列形态学改变，是一种不可逆的过程。故选答案 C。

4. 细胞内水分增多，胞体增大，胞浆内出现微细颗粒或大小不等的水泡称为

A. 脂肪变性　　B. 黏液样变性　　C. 淀粉样变

D. 透明变性　　E. 细胞肿胀

［考点与答案］细胞肿胀的概念　E

［解题分析］细胞肿胀是指细胞内水分增多，胞体增大，胞浆内出现微细颗粒或大小不等的水泡。故选答案 E。

5. 属于液化性坏死的是

A. 肺干酪样坏死　　B. 子宫气性坏疽

C. 肾贫血性梗死　　D. 脑软化

E. 心肌蜡样坏死

［考点与答案］细胞坏死的类型及其特点　D

［解题分析］细胞坏死分为凝固性坏死、液化性坏死和坏疽。液化性坏死多发生于含磷脂和水分多而蛋白质少的脑组织。脑液化性坏死也称脑软化。故选答案 D。

B1 型题

（6～7 题共用备选答案）

A. 气球样变　　B. 水泡变性　　C. 颗粒变性

D. 脂肪变性　　E. 透明变性

6. 病死犬，死前出现蛋白尿，HE 染色后，肾脏组织病理学观察可见肾小管上皮细胞内有大小不一均质红染的滴状物，此病变为

［考点与答案］玻璃样变性的概念，脂肪变性的形态和特殊染色特点　E

［解题分析］玻璃样变为细胞内出现均质、无结构的嗜伊红蛋白物质。脂肪变性在镜下可见细胞内出现脂滴空泡，特殊染色可用油红染色冰冻切片，呈橘红色。透明变性即玻璃样变。故选答案 E。

7. 病死犬，肾脏组织病理学观察可见肾小管上皮细胞内有大小不一的空泡，油红染色呈橘红色，此病变为

［考点与答案］玻璃样变性的概念，脂肪变性的形态和特殊染色特点　D

［解题分析］参考第 6 题。

A3/A4 型题

（8～10 题共用题干）

一奶牛长期患病，临床表现咳嗽、呼吸困难、消瘦和贫血等。死后剖检可见其多种器官组织，尤其是肺、淋巴结和乳房等处有散在大小不等的结节性病变，切面有似豆腐渣样、质地松软的灰白色或黄白色物。

8. 似豆渣样病理变化属于

A. 蜡样坏死　　B. 湿性坏死

C. 干酪样坏死　　D. 液化性坏死

E. 贫血性梗死

［考点与答案］干酪样坏死的大体病变　C

［解题分析］坏死的类型可分为：①凝固性坏死（干性坏死），包括贫血性梗死、干酪样坏死、蜡样坏死；②液化性坏死（湿性坏死）；③坏疽，包括干性、湿性、气性坏疽。干酪样坏死灶局部除了凝固的蛋白质之外，还含有多量的由结核杆菌产生的脂类物质，使坏死灶外观呈灰白色或黄白色，松软无结构，似干酪（奶酪）样或豆腐渣样，故称为干酪样坏死。故选答案 C。

9. 该奶牛所患的病最可能是

A. 牛结核病　　B. 牛放线菌病　　C. 牛巴氏杆菌病

D. 牛传染性鼻气管炎　　E. 牛传染性胸膜肺炎

［考点与答案］参考第 8 题　A

［解题分析］干酪样坏死属于凝固性坏死的一种，见于结核杆菌和鼻疽杆菌等引起的感染性炎症。故选答案 A。

10. 进行病理组织学检查，似豆渣样物为

A. 肉芽组织　　B. 寄生虫结节

C. 中性粒细胞团块　　D. 嗜酸性粒细胞团块

E. 无定型结构的坏死物

[考点与答案] 干酪样坏死的显微病变 E

[解题分析] 干酪样坏死组织病理学观察可见，坏死组织的固有结构完全被破坏而消失，融合成均质、红染的无定型结构，病程较长时，坏死灶内可见有蓝染的颗粒状的钙盐沉着。故选答案 E。

（11～13 题共用题干）

某肉鸡场病死鸡，剖检见营养状况良好，肝脏肿大，颜色淡黄、油亮，切面结构模糊，有油腻感，质脆如泥。

11. 该鸡肝脏的病变为

A. 脂肪变性 B. 颗粒变性 C. 淀粉样变 D. 脂肪浸润 E. 玻璃样变

[考点与答案] 肝发生脂肪变性时的大体病变 A

[解题分析] 脂肪变性是指细胞内脂肪代谢障碍时的形态表现。其特点是细胞浆内出现了正常情况下在光镜下看不见的脂肪滴，或胞浆内脂肪滴增多。肝脂肪变性严重时，可见肝脏肿大，质地脆软，色泽淡黄至土黄，切面结构模糊，有油腻感，有的甚至质脆如泥。故选答案 A。

12. 将此肝脏作石蜡切片，HE 染色后，镜下可见肝细胞内有

A. 红染团块 B. 红染条索 C. 红染小颗粒
D. 均质红染圆滴 E. 大小不一的空泡

[考点与答案] 肝发生脂肪变性时的显微病变 E

[解题分析] HE 染色后，在光镜下，发生脂变的肝细胞的胞浆内出现大小不等的脂肪空泡，空泡形态圆润，未着色。故选答案 E。

13. 若将肝脏作冰冻切片，证明该病变应采用

A. PAS 染色 B. 苏丹Ⅲ染色 C. 刚果红染色
D. 普鲁蓝染色 E. 甲苯胺蓝染色

[考点与答案] 脂肪变性的特殊染色特点 B

[解题分析] 苏丹Ⅲ染色将脂肪染成橘红色，苏丹Ⅳ染色将脂肪染成红色，苏丹黑 B 及锇酸将脂肪染成黑色。故选答案 B。

二、练习题目

A1 型题

1. 心外膜增生的脂肪组织沿间质伸入心肌细胞间的现象，称为

A. 心肌脂肪变性 B. 心肌脂肪浸润 C. 心肌坏死
D. 心肌炎 E. 心肌病

2. 纤维结缔组织玻璃样变可见
   A. 肉眼呈红色透明
   B. 光镜下可见富有血管和纤维细胞
   C. 细胞增生
   D. 均质，无结构红染的梁状、带状或片状，失去纤维的结构
   E. 遇碘变蓝
3. 易发生湿性坏疽的器官是
   A. 肝脏　B. 子宫　C. 表皮　D. 四肢　E. 尾尖
4. 细胞坏死的主要形态学标志是
   A. 细胞浆的变化　B. 细胞间质的变化
   C. 细胞膜的变化　D. 细胞核的变化
   E. 线粒体的变化
5. 细胞坏死是
   A. 细胞的程序性死亡
   B. 间质基质、胶原纤维不受影响
   C. 坏死细胞自溶，但不引起局部急性炎症反应
   D. 不用肉芽组织增生和细胞再生来完成修复
   E. 细胞的病理性死亡，其代谢停止，功能丧失、形态结构明显破坏
6. 下列说法正确的是
   A. 肝细胞水肿，如果原因持续存在，可转化为肝细胞脂肪变性
   B. 肝细胞脂肪变性在通常情况下必定引起肝功能障碍
   C. 有肝细胞脂肪变性的肝脏即可称为脂肪肝
   D. 重度肝脂肪变性可继发肝癌而非肝硬化
   E. 若原因消除，肝脂肪变性也不可能消除
7. 下列说法错误的是
   A. 肝细胞水肿，如果原因持续存在，可转化为肝细胞脂肪变性
   B. 肝细胞脂肪变性通常情况下不引起肝功能障碍
   C. 有肝细胞脂肪变性的肝脏即可称为脂肪肝
   D. 重度肝脂肪变性可继发肝硬化
   E. 脂肪变性的同时伴有肝瘀血可形成“槟榔肝”
8. 图 4-1 为病变肝脏制作切片进行 HE 染色，其组织病理变化为
   A. 细胞肿胀　B. 坏死　C. 淀粉样变
   D. 脂肪变性　E. 玻璃样变
9. 图 4-2 中猪的表皮所示组织病理变化为
   A. 玻璃样变　B. 坏死　C. 气球样变
   D. 脂肪变性　E. 颗粒变性
10. 图 4-3 中的肝脏形成的特殊病理变化称为
   A. 槟榔肝　B. 虎斑肝　C. 肉芽组织
   D. 西米脾　E. 火腿脾

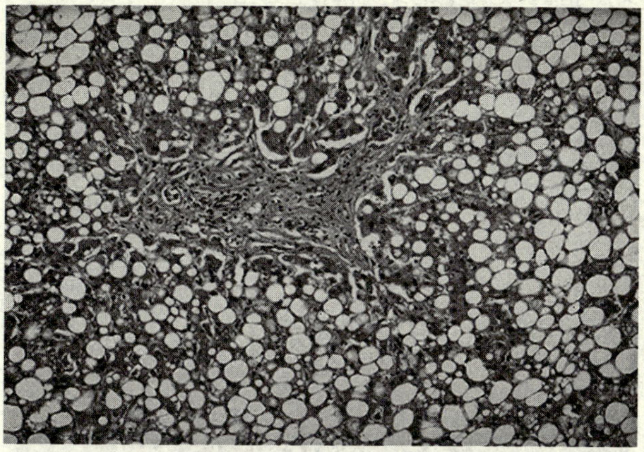
图 4-1 病变肝脏切片

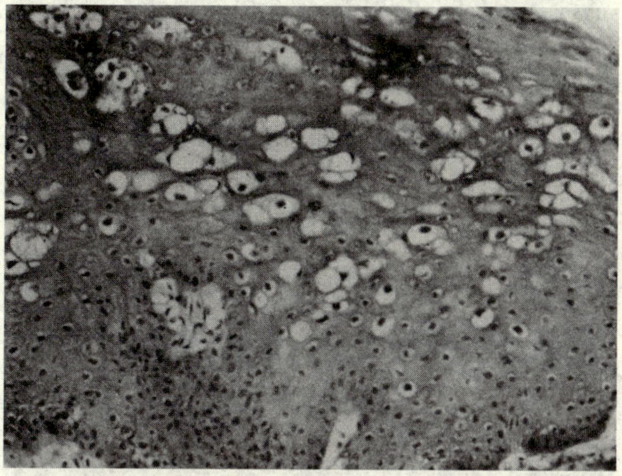
图 4-2 猪的病变表皮切片

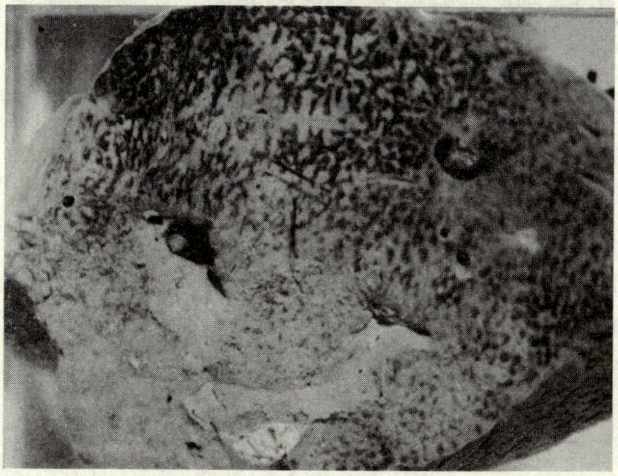
图 4-3 病变肝脏

11. 图 4-4 中箭头所指区域发生的组织病理变化为

A. 梗死　　B. 干酪样坏死　　C. 液化性坏死

D. 蜡样坏死　　E. 淀粉样变

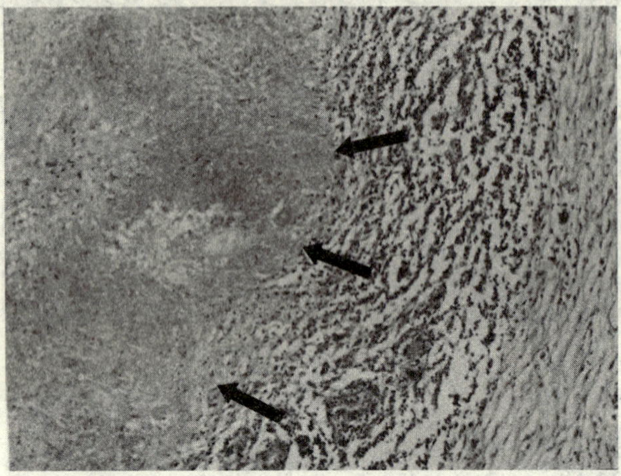

图 4-4　组织病变

12. 图 4-5 中箭头所指部位，患病猪背部皮肤的病理变化为

A. 坏疽　　B. 液化性坏死　　C. 凝固性坏死

D. 梗死　　E. 出血

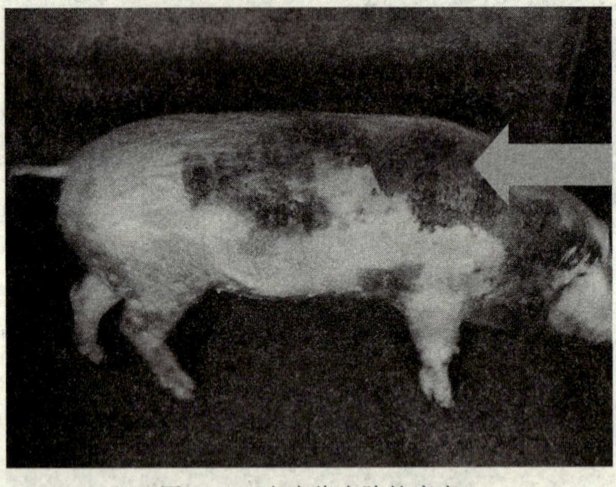

图 4-5　患病猪皮肤的病变

A2 型题

13. 某年冬季特别寒冷，牛场内若干成年牛耳壳、尾根出现干燥、皱缩，质地变硬现象，颜色为黑色，与正常组织有分界，有的已脱落，这种病理学变化称为

A. 变性　　B. 液化性坏死　　C. 凝固性坏死

D. 湿性坏疽　　E. 干性坏疽

A3/A4 型题

（14～16 题共用题干）

某鸡场 30 日龄仔鸡群发病，病鸡消瘦、无力，运动失调，剖检可见胸、腿肌肉及心肌

有灰白色条纹状变性坏死。

14. 该鸡群的肌肉特征性病理变化为

A. 细胞肿胀　　B. 脂肪变性　　C. 蜡样坏死

D. 干酪样坏死　　E. 干性坏疽

15. 引起该疾病的主要原因是

A. 铅中毒　　B. 维生素 E 缺乏

C. 维生素 D 缺乏　　D. 维生素 A 缺乏

E. 铜中毒

16. 以上病变在显微镜下表现为

A. 肌纤维肿胀、断裂、横纹消失，严重的为无结构的透明样物质

B. 细胞和崩解的间质融合成一片颗粒状、无结构的红染物质

C. 脂滴呈串珠状排列于肌原纤维之间，胞核有程度不等的退行性变化

D. 胞浆中可出现不规则的红色玻璃样物

E. 肌纤维内有褐色沉着物

（17～19 题共用题干）

某蛋鸡场的笼养蛋鸡群体况良好，突然死亡。死亡鸡腹腔和皮下大量蓄积脂肪，肝颜色发黄，被膜下有血凝块。公鸡极少发生此病。

17. 肝脏颜色发黄属于

A. 蜡样坏死　　B. 脂肪变性　　C. 淀粉样变

D. 颗粒变性　　E. 褐色变性

18. 该鸡群最可能患的是

A. 中毒　　B. 脂肪肝综合征　　C. 贫血

D. 缺氧　　E. 消化不良

19. 采取一小块肝脏，进行组织学检查，显微镜下最有可能见到

A. 肝细胞坏死　　B. 肝细胞内胆管增生

C. 肝细胞内出现圆润的大脂滴　　D. 肝间质增生

E. 肝窦增宽，含大量絮状物

（20～22 题共用题干）

某高龄患犬，常年以牛肉、鸡蛋等高蛋白高脂肪食品为主食，近半月食欲渐差，甚至拒食躲藏，主人带至宠物医院就诊，临床检查其腹围膨大，B 超可检测出肝轻度肿大。就诊后当天死亡并做尸检。

20. 该犬最可能的肝脏病变为

A. 水泡变性　　B. 脂肪变性　　C. 细胞肿胀　　D. 淀粉样变　　E. 颗粒变性

21. 尸检时肝脏最可能呈现

A. 颜色灰白　　B. 颜色深红

C. 颜色发黄，有油腻感　　D. 肝硬化

E. 肝坏死

22. 切取一小块肝脏作组织学诊断，有可能观察到

A. 肝细胞内出现大的脂肪滴　　B. 肝细胞萎缩

C. 肝间质中有云雾状的物质　　D. 肝内含寄生虫
E. 肝水肿

[练习题目答案] 1. B　2. D　3. B　4. D　5. E　6. A　7. C　8. D　9. C　10. A　11. B　12. A　13. E　14. C　15. B　16. A　17. B　18. B　19. C　20. B　21. C　22. A

组织与细胞损伤

第三单元　病理性物质沉着

一、例题解析

A1 型题

1. 动物心力衰竭细胞中的色素颗粒是

A. 脂褐素　　B. 黑色素　　C. 胆红素
D. 细胞色素　　E. 含铁血黄素

[考点与答案] 心力衰竭细胞的概念和形成原因　E

[解题分析] 在心力衰竭时，因肺发生瘀血，可有红细胞漏出于肺泡中，被肺巨噬细胞吞噬后形成含铁血黄素，从而使肺及支气管的分泌物呈淡棕色或铁锈色，这种出现在心力衰竭者肺内和痰内的含有含铁血黄素的巨噬细胞称为心衰竭细胞或心衰细胞。故选答案 E。

2. 动物发生转移性钙化时可以出现

A. 血磷不变　　B. 血钙不变　　C. 血钙升高
D. 血钙降低　　E. 血磷降低

[考点与答案] 转移性钙化　C

[解题分析] 在骨和牙齿以外的组织内出现固态钙盐沉积称病理性钙化，沉积的钙盐主要为磷酸钙，其次为碳酸钙。病理性钙化可分为两种形式。营养不良性钙化是由于局部组织发生变性或坏死造成局部组织理化环境发生改变而促使钙在局部组织析出和沉积。转移性钙化是发生在高血钙的基础上，当血液中钙离子浓度升高时，钙盐可沉着在多处健康的器官与组织中。故选答案 C。

3. 局部含铁血黄素沉着表示该处曾发生过

A. 瘀血　　B. 出血　　C. 充血
D. 坏死　　E. 弥漫性血管内瘀血

［考点与答案］含铁血黄素沉着的发病机制　B
［解题分析］组织内出血时，红细胞被巨噬细胞摄入并由其溶酶体降解，使血红蛋白的 Fe^{3+} 与蛋白质结合成、聚集成光镜下可见的棕黄色、较粗大的含铁血黄素。故选答案 B。

4. 转移性钙化病灶常见于

A. 心脏　　B. 肝脏　　C. 大脑　　D. 脾脏　　E. 肺脏

［考点与答案］转移性钙化的概念和病理变化　E
［解题分析］转移性钙化常常沉积在某些健康器官尤其是肺泡壁等弹力纤维上。故选答案 E。

5. 在普鲁士蓝染色的组织切片中，含铁血黄素颗粒呈

A. 黄色　　B. 红色　　C. 蓝色
D. 绿色　　E. 紫色

［考点与答案］含铁血黄素沉着的病理变化　C
［解题分析］普鲁士蓝是进行含铁血黄素特殊染色的燃料，含铁血黄素颗粒呈蓝色。故选答案 C。

6. 在下列疾病中，鸡痛风常见于

A. 鸡肾型传染性支气管炎　　B. 鸡新城疫
C. 鸡流感　　D. 雏鸡脑软化
E. 鸡传染性脑脊髓炎

［考点与答案］痛风的概念，引起痛风的原因　A
［解题分析］痛风就是尿酸盐沉着，禽类发生更多，鸡肾型传染性支气管炎一些传染病会引起。故选答案 A。

7. H&E 染色切片中，痛风结节呈

A. 灰白色　　B. 蓝色　　C. 黄色　　D. 棕色　　E. 粉红色

［考点与答案］痛风的病理组织学变化　E
［解题分析］在 HE 染色的组织切片，可见均质、粉红色、大小不等的痛风结石。故选答案 E。

8. 黄疸时，造成皮肤和黏膜黄染的色素是

A. 含铁血黄素　　B. 黑色素　　C. 胆红素

D. 血红素　　E. 脂褐素

［考点与答案］黄疸的概念　C

［解题分析］黄疸是由于胆色素代谢异常，血浆中胆红素含量增高，并在皮肤、黏膜、巩膜以及其他组织沉着，使其黄染的一种病理变化。故选答案 C。

9. “心力衰竭细胞”出现在

A. 心脏　　B. 肝脏　　C. 脾脏

D. 肺脏　　E. 肾脏

［考点与答案］心力衰竭细胞的概念　D

［解题分析］出现在心衰竭者肺内和痰内的含有含铁血黄素的巨噬细胞称为心力衰竭细胞。故选答案 D。

10. 转移性钙化

A. 对机体不利　　B. 钙化的组织功能无变化

C. 对机体有利有弊　　D. 对机体有利

E. 钙盐沉着在病理产物中

［考点与答案］钙化的类型、原因及病理变化　A

［解题分析］转移性钙化发生时，全身性钙盐代谢障碍，血钙和（或）血磷升高，常沉积在某些健康器官尤其是肺泡壁、肾小管、胃黏膜上，严重的引起钙化病。故选答案 A。

A2 型题

11. 病鸡行动迟缓，剖检见心包膜、肝和肾被膜及输尿管浆膜上有大量石灰样物质沉积，该沉积物是

A. 磷酸盐　　B. 碳酸盐　　C. 尿酸盐

D. 草酸盐　　E. 硫酸盐

［考点与答案］尿酸盐沉着的病理变化　C

［解题分析］尿酸盐沉着在内脏，严重时会引起浆膜等表面出现灰白色粉末状尿酸盐沉着。故选答案 C。

12. 在动物肺门淋巴结中常见的外源性色素沉着是

A. 脂褐素　　B. 含铁血黄素　　C. 卟啉色素

D. 炭末　　E. 黑色素

［考点与答案］炭末沉着的病理变化特点　D

［解题分析］空气中的炭末或尘埃通过呼吸进入肺中，被肺泡巨噬细胞所吞噬，并沉积在肺间质，同时经淋巴被运送到肺门淋巴结内。故选答案 D。

13. 鸡，行动迟缓，腿关节肿大。死后剖检见肾、肝被膜和心包上有大量石灰样物质沉积。该病最可能的诊断是

A. 病毒性关节炎 B. 痛风
C. 维生素 E 缺乏 D. 维生素 B 缺乏
E. 大肠杆菌病

［考点与答案］痛风的病理变化 B
［解题分析］痛风可分为内脏型和关节型，可同时存在。内脏型痛风沉积在肾、心肝浆膜面，呈大量石灰样物沉积；关节型痛风可使关节肿胀变形。故选答案 B。

二、练习题目

A1 型题

1. 下列关于钙化的描述，正确的是
A. 多为转移性钙化
B. HE 染色呈红色团块状
C. 钙化区 HE 染色，光镜下呈颗粒性、片块状蓝色物质
D. 营养不良性钙化发生时血钙会升高
E. 钙化范围较大时机体亦会完全吸收钙化区

2. 核黄疸是指
A. 细胞核内有酯性胆红素 B. 细胞核内有非酯性胆红素
C. 脑神经核内有酯性胆红素 D. 脑神经核内有非酯性胆红素
E. 细胞质内有酯性胆红素

3. 营养不良性钙化容易沉积的部位是
A. 健康的肾脏 B. 全身多个组织器官
C. 新生的毛细血管 D. 肉芽组织
E. 寄生虫寄生部位

4. 对痛风描述正确的是
A. 饲喂鱼粉过少，动物易患痛风
B. 一些恶性疾病发生时，不易患痛风
C. 肝脏功能受损不易患痛风
D. 是机体体内嘌呤代谢障碍，血液中尿酸增高
E. 痛风的发生与饲料配合关系不大

5. 肺瘀血时，痰中出现胞浆中含有棕褐色颗粒的巨噬细胞称为
A. 脂褐素细胞 B. 含铁血黄素细胞
C. 心力衰竭细胞 D. 异物巨噬细胞
E. 炎性细胞

6. 下列哪个选项不能引起肝后性黄疸
A. 胆管内寄生虫 B. 胆囊炎 C. 胆管肿瘤

D. 胆结石　　E. 恶性贫血

7. 下列哪个选项属于对营养不良性钙化的描述

A. 全身性钙盐代谢障碍　　B. 全身血钙浓度升高

C. 钙盐沉着在坏死组织中　　D. 血磷浓度升高

E. 相对比较少见

8. 图 4－6 所示最主要的组织病理变化是

A. 肉芽肿　　B. 钙化　　C. 血栓　　D. 化脓　　E. 梗死

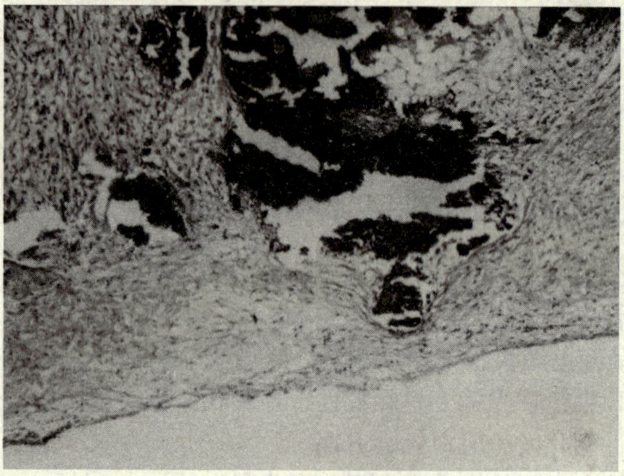

图 4－6　组织切片

9. 图 4－7 中箭头所指部位，老龄猪心肌细胞内的病理性物质为

A. 含铁血黄素　　B. 卟啉　　C. 脂褐素

D. 胆红素　　E. 糖原

图 4－7　老龄猪心肌切片

10. 图 4－8 所示为猪慢性肺瘀血病变，肺泡中的病理性色素为

A. 含铁血黄素　　B. 卟啉

C. 含铁血红素　　D. 胆红素

E. 脂褐素

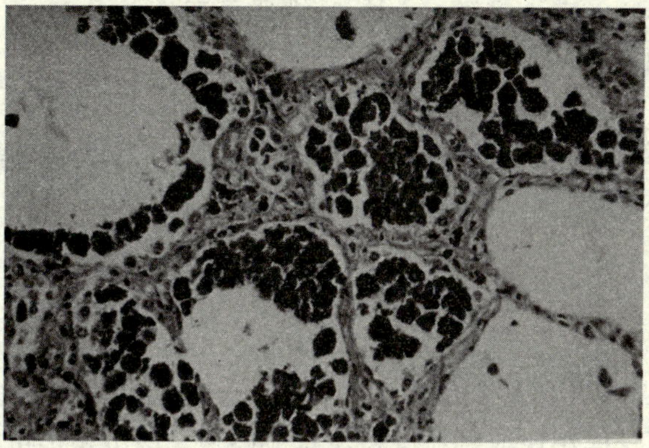

图 4-8 猪慢性肺瘀血切片

11. 图 4-9 所示发病肉鸡内脏表面有粉末状结晶，严重部位形成一层白色薄膜，此物质为

A. 钙盐
B. 尿酸盐
C. 纤维素
D. 干酪样坏死物质
E. 肉芽组织

图 4-9 发病肉鸡剖检

12. 图 4-10 所示肺组织内的黑色沉积物最可能是

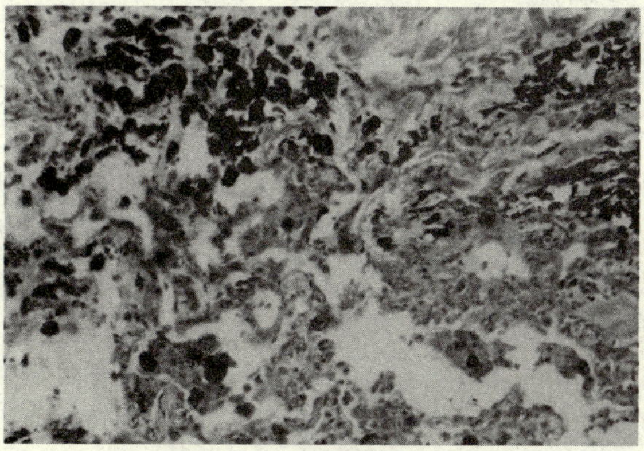

图 4-10 病变肺组织切片

A. 黑色素瘤　　B. 含铁血黄素　　C. 炭末
D. 福尔马林色素　　E. 钙化

A2 型题

13. 6 月中旬，某养殖场先后发生猪精神不振，嗜睡，食欲减退或废绝，发热，全身黄染等症状。送疾控中心检验，结果表明发病猪血液中均有附红细胞体。通过上述描述，该病例含有的病理变化为

A. 黄疸　　B. 含铁血黄素沉着　　C. 脂褐素沉着
D. 出血　　E. 坏死

14. 某奶牛场一消瘦奶牛因疑似结核病而扑杀。剖检可见肾脏内多个大结核结节，切开结节，中间可见白色石灰样小块或颗粒沉积，质地略硬。该沉积很可能是

A. 尿酸盐沉积　　B. 钙化　　C. 痛风
D. 肾结石　　E. 肾坏死

A3/A4 型题

（15～17 题共用题干）

某猪场育肥猪发病，体温达 40℃以上，皮肤发黄，生长缓慢，出栏延迟。剖检病变有贫血；全身皮肤、黏膜、脂肪和脏器显著黄染；肝脏肿大、质脆，呈土黄色；胆囊肿大，含有浓稠的胶冻样胆汁。从病猪耳静脉采血后进行鲜血压片镜检，显微镜下可见红细胞的形态发生了变化，呈菠萝状、锯齿状、星状等不规则形态。

15. 该猪群的特征性病理变化可能为

A. 黄疸　　B. 含铁血黄素沉着　　C. 钙盐沉着
D. 尿酸盐沉着　　E. 脂肪变性

16. 该病例诱因是

A. 痛风　　B. 维生素 A 缺乏
C. 附红细胞体感染　　D. 病毒感染
E. 大肠杆菌感染

17. 将发病猪肝脏制作病理切片，HE 染色后镜检可见

A. 胞浆内有大量含铁血黄素颗粒沉着
B. 胞浆中颗粒呈黑色，大小不一的非结晶性颗粒状结构
C. 针形或菱形的结晶
D. 肝内小胆管和毛细胆管扩张，充满黄棕色的颗粒
E. 胞浆中沉着有蓝色颗粒状或片块结晶

（18～20 题共用题干）

某奶牛场送诊一老龄黑白花奶牛至动物医院。主诉入冬后日渐消瘦，不安心吃草。患牛体瘦毛焦，眼黄，卧地不起。采用对症治疗无效，于第二天死亡。尸检时从胆管内取出一颗坚硬的结石。

18. 该牛最有可能的病理变化是

A. 内脏钙化　　B. 肝脏内有含铁血黄素沉着
C. 阻塞性黄疸　　D. 溶血性黄疸
E. 尿酸盐沉着

19. 与该牛的病理变化关系最密切的色素是
A. 胆红素　B. 含铁血黄素　C. 血红素　D. 胆绿素　E. 黑色素

20. 该牛不大可能出现的病理变化是
A. 肝硬化　B. 肝脏黄染
C. 腹腔脂肪黄染　D. 脾脏坏死
E. 胆结石

［练习题目答案］1. C　2. D　3. E　4. D　5. C　6. E　7. C　8. B　9. C　10. A
11. B　12. C　13. A　14. B　15. A　16. C　17. D　18. C　19. A
20. D

病理性物质沉着

第四单元　血液循环障碍

一、例题解析

A1 型题

1. 局部皮肤动脉性充血的外观表现是
A. 色泽暗红，温度升高　B. 色泽暗红，温度降低
C. 色泽鲜红，温度降低　D. 色泽鲜红，温度升高
E. 色泽鲜红，温度不变

［考点与答案］动脉性充血的大体病变　D
［解题分析］动脉性充血的大体病变是组织器官体积轻度肿大，色泽鲜红，代谢旺盛，温度升高，功能增强。故选答案 D。

2. 动物易发生出血性梗死的器官是
A. 心　B. 肝　C. 脾　D. 肾　E. 胃

［考点与答案］出血性梗死的多发器官，大体病变和显微病变　C
［解题分析］出血性梗死，因梗死灶的颜色呈暗红色，又称为红色梗死。此种梗死多见于肺、脾、肠管等组织结构疏松、血管吻合支较丰富的器官。在发生梗死之前这些器官已处于高度瘀血状态，梗死发生后，大量红细胞进入梗死区，使梗死区呈现暗红色或紫色。故选答案 C。

3. 不常发生白色梗死的器官是

A. 肝脏　B. 心脏　C. 肾脏　D. 大脑　E. 脾脏

［考点与答案］贫血性梗死的多发器官，大体病变和显微病变　E

［解题分析］贫血性梗死，因梗死灶的颜色呈灰白色，故又称为白色梗死。此种梗死常发生于心、脑、肾等组织结构较致密、侧支循环不丰富的器官组织。其梗死灶呈黄白色，形状与阻塞动脉的分布区域相一致。故选答案 E。

4. 来自门静脉的栓子主要栓塞在

A. 心　B. 肝　C. 脾　D. 肺　E. 肾

［考点与答案］栓子的运行途径　D

［解题分析］来自右心及静脉系统的栓子一般经右心室进入肺动脉，随血流运行而阻塞肺动脉的大小分支（小循环性栓塞）。故选答案 D。

5. 从静脉注入空气所形成的空气性栓子主要栓塞的器官是

A. 大脑　B. 肺脏　C. 肾脏　D. 肝脏　E. 脾脏

［考点与答案］栓子运行途径　B

［解题分析］来自不同部位的栓子运行途径不同。来自右心及静脉系统的栓子，一般经右心室进入肺动脉，随血流运行而阻塞肺动脉的大小分支。故选答案 B。

6. 休克早期机体微循环变化的特征是

A. 缺血　B. 瘀血　C. 凝血　D. 出血　E. 充血

［考点与答案］休克的分期及特点　A

［解题分析］休克分成 3 期，第一期为微循环缺血期。故选答案 A。

7. 血液弥漫性分布于组织间隙，使出血组织呈现大片暗红色的病变称为

A. 出血性素质　B. 溢血　C. 点状出血
D. 出血性浸润　E. 斑状出血

［考点与答案］出血的病理变化　D

［解题分析］出血分为破裂性出血和渗出性出血，渗出性出血包括出血点、出血斑、出血性浸润。故选答案 D。

8. 在休克发展的微循环凝血期，其微循环的特点是

A. 灌而少流　B. 灌而不流　C. 灌大于流　D. 灌少于流　E. 不灌不流

［考点与答案］休克的分期及特点　E

［解题分析］休克分为微循环缺血期、微循环瘀血期、微循环瘀血期三期。微循环凝血期发生 DIC，特点是不灌不流。故选答案 E。

9. 少量出血可能危及生命的器官是

A. 肠　B. 肾　C. 肺　D. 胃　E. 脑

［考点与答案］出血对机体的影响　E

［解题分析］少量出血发生在脑或心脏，会导致严重后果，甚至死亡。故选答案 E。

二、练习题目

A1 型题

1. 透明血栓最常见于

A. 小静脉　B. 颈静脉　C. 小动脉
D. 毛细血管　E. 大动脉

2. 左心衰竭时发生瘀血的脏器是

A. 肝　B. 肺　C. 肾　D. 脑　E. 脾

3. 股骨粉碎性骨折病畜可发生

A. 脂肪栓塞　B. 羊水栓塞　C. 空气栓塞
D. 血栓栓塞　E. 寄生虫性栓塞

4. 病理性充血可见于

A. 运动充血　B. 妊娠后充血　C. 肉芽组织
D. 化学药品灼伤充血　E. 进食后胃肠道充血

5. 左心功能不全导致

A. 肝瘀血　B. 肾瘀血　C. 肺瘀血
D. 后腔静脉栓塞　E. 肝硬化

6. 下述哪些因素与血栓形成无关

A. 血管内膜受损　B. 血流缓慢　C. 涡流形成
D. 血小板数量增多或黏性增加　E. 纤维蛋白溶酶增加

7. 梗死是指

A. 由于血流阻断而引起的坏死
B. 生理性程序性死亡
C. 由于厌氧细菌感染而引起的坏死
D. 由结核杆菌感染引起的坏死
E. 由于胰酶外溢而引起的坏死

8. 易发生贫血性梗死的器官是

A. 心、脑、肠　B. 肾、肠、脑　C. 肾、心、肺
D. 脾、心、肺　E. 脑、心、肾

9. 血栓形成过程的顺序哪项是正确的

A. 混合血栓、红血栓、白血栓　B. 红血栓、白血栓、混合血栓
C. 红血栓、混合血栓、白血栓　D. 混合血栓、白血栓、红血栓
E. 白血栓、混合血栓、红血栓

10. 图 4－11 所示，心外膜毛细血管主要发生了

A. 充血　　B. 出血　　C. 梗死　　D. 血栓　　E. 水肿

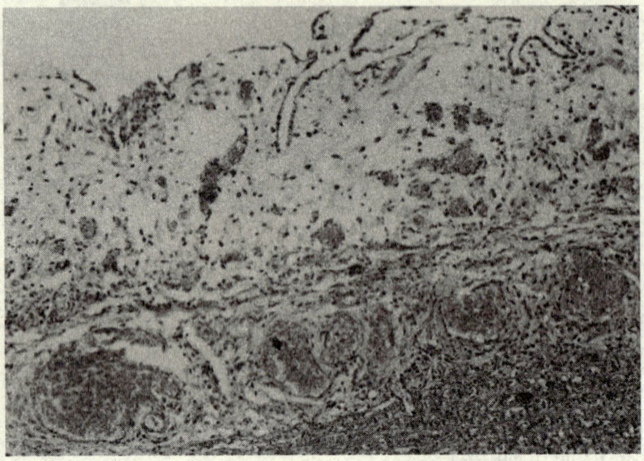

图 4－11　心外膜切片

11. 图 4－12 所示，肺切面可挤压流出泡沫状红色液体，该病变为典型的

A. 肺出血　　B. 肺瘀血水肿　　C. 肺红色梗死

D. 肺坏疽　　E. 肺充血

图 4－12　病变肺切面

12. 对图 4－13 所示，对该肺部病变描述错误的是

A. 肺泡内含有淡红色浆液　　B. 肺间质增宽

C. 肺间质出血　　D. 肺部发生了水肿

E. 该病变为急性肺瘀血引起

13. 图 4－14 所示，病死鸡发生了严重的

A. 瘀血　　B. 瘀斑　　C. 出血性浸润

D. 坏死　　E. 瘀点

14. 图 4－15 所示，对该肾脏梗死的描述中错误的是

A. 组织轮廓上保存　　B. 梗死区呈锥形

C. 梗死区镜下呈凝固性坏死　　D. 梗死区周围无炎性反应

E. 梗死灶呈灰白色

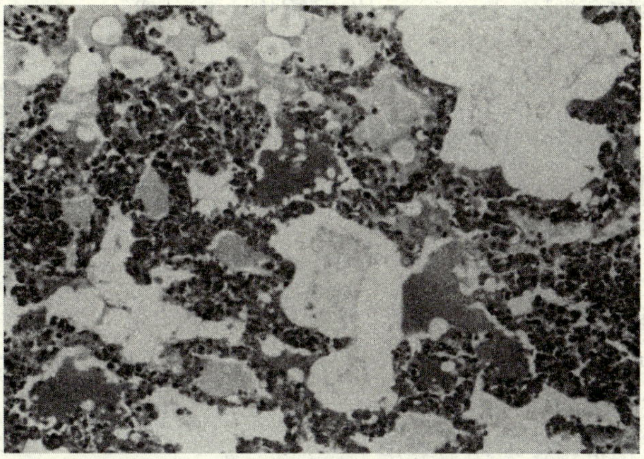

图 4-13　病变肺切片

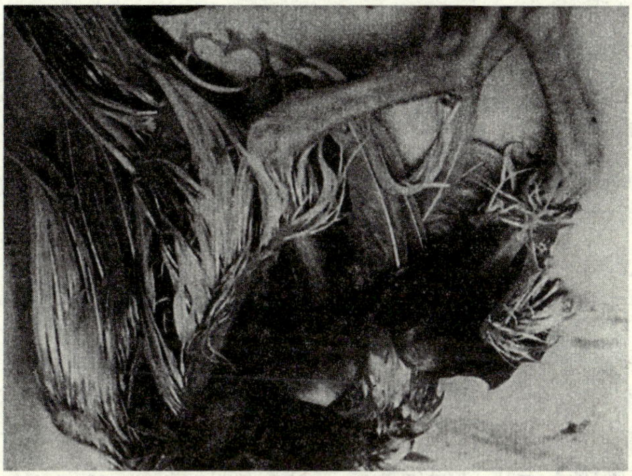

图 4-14　病死鸡

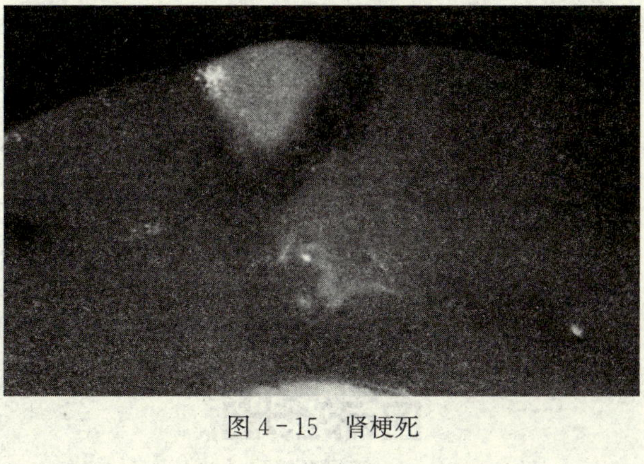

图 4-15　肾梗死

A2 型题

15. 春天放牧时牛羊因青饲料摄入过多，发生急性的瘤胃臌气，治疗时放气过快引起急

性脑缺血而昏迷。分析该病例的病理

A. 瘤胃减压后充血　　B. 瘤胃侧支性充血　　C. 摩擦充血

D. 瘤胃炎性充血　　E. 瘤胃生理性充血

16. 养鸡场鸡群鸡冠苍白，消瘦，虚弱，生长发育不良，剖检可见骨髓发黄，内脏苍白，偶见出血点，采集病料可分离到鸡传染性贫血病毒。可能不符合的病理变化是

A. 脾脏萎缩变小　　B. 脾脏颜色变浅

C. 胸腺萎缩或仅留残迹　　D. 胸腺有少量出血点

E. 肝脏有坏死点

17. 某非免疫的猪场诊断出一例猪瘟。下列描述错误的是

A. 出血性梗死　　B. 可能有多个梗死灶

C. 梗死灶在脾脏的边缘　　D. 脾脏中央梗死

E. 梗死区与正常组织有明显界限

A3/A4 型题

（18～19 题共用题干）

未免疫病猪体温升高至 40～42℃，精神沉郁、怕冷、嗜睡，皮肤多处出血，有的融合成豆大的出血斑。剖检后进行病原分离和病理变化观察，可分离到猪瘟病毒。

18. 剖检观察内脏很可能出现

A. 淋巴结肿大，切面呈大理石样花纹

B. 肾脏散布坏死点

C. 淋巴结无典型病变

D. 脾脏边缘为白色梗死灶

E. 各内脏器官肿胀，无明显出血

19. 取淋巴器官制作组织切片，很可能不符合的是

A. 淋巴结内充满大量红细胞

B. 淋巴小结周围含有大量红细胞，可见含铁血黄素

C. 脾脏红白髓中充满大量的红细胞

D. 脾实质和支持组织遭受严重损伤，脾实质成分明显减少

E. 脾脏内未见梗死灶

[练习题目答案] 1. D　2. B　3. A　4. D　5. C　6. E　7. A　8. E　9. E　10. A
11. B　12. C　13. C　14. D　15. A　16. E　17. D　18. A　19. E

血液循环障碍

第五单元　细胞、组织的适应与修复

一、例题解析

A1 型题

1. 球虫寄生肠道导致肠黏膜上皮细胞数量增多的病变是

A. 化生　B. 再生　C. 增生
D. 真性肥大　E. 假性肥大

［考点与答案］病理性增生　C

［解题分析］病理性增生是指由于某些致病因子作用所引起的组织器官的增生。此种增生常见于慢性刺激引起的过度再生、激素刺激以及营养物质缺乏等情况下。如消化道、呼吸道寄生虫寄生时，黏膜上皮细胞长期受到刺激而增生。故选答案 C。

2. 创伤愈合时，不属于肉芽组织固有成分的是

A. 胶原纤维　B. 成纤维细胞　C. 中性粒细胞
D. 平滑肌细胞　E. 新生毛细血管

［考点与答案］肉芽组织的形态结构和功能　D

［解题分析］肉芽组织是由幼稚纤维细胞、新生毛细血管、少量的胶原纤维和多量炎性细胞等有形成分所组成。因其富含血管，触之易出血，但因尚无神经长入，故触之不痛。故选答案 D。

3. 构成肉芽组织的主要成分除毛细血管外，还有

A. 肌细胞　B. 上皮细胞　C. 纤维细胞
D. 成纤维细胞　E. 多核巨细胞

［考点与答案］肉芽组织的形态结构和功能　D

［解题分析］由毛细血管内皮细胞和成纤维细胞分裂增殖所形成的富含毛细血管的幼稚的结缔组织称为肉芽组织。因此，构成肉芽组织的主要成分除毛细血管外，还有成纤维细胞。故选答案 D。

4. 动物发生全身性萎缩时，最早萎缩的组织或器官是

A. 心脏　B. 肝脏　C. 肾脏
D. 脂肪　E. 垂体

［考点与答案］萎缩的分类，全身性萎缩的先后顺序　D

［解题分析］全身性萎缩的发生有先后顺序，脂肪组织最早发生，其次是肌肉、脾脏、肝脏、肾脏等器官，心肌和脑的萎缩发生最晚。故选答案 D。

5. 坏死组织由新生肉芽组织吸收、取代的过程称为

A. 疤痕　　B. 机化　　C. 包囊形成

D. 钙化　　E. 吸收

［考点与答案］肉芽组织的功能　B

［解题分析］肉芽组织的功能之一为机化坏死组织。故选答案 B。

6. 肉芽组织是指新生幼稚的

A. 上皮组织　　B. 网状组织

C. 纤维结缔组织　　D. 肌组织

E. 软骨组织

［考点与答案］肉芽组织的概念　C

［解题分析］肉芽组织是由幼稚纤维细胞、新生毛细血管、少量的胶原纤维和多量炎性细胞等有形成分所组成。故选答案 C。

7. 再生能力较弱的细胞是

A. 肠黏膜上皮细胞　　B. 肾小管上皮细胞　　C. 肝细胞

D. 成纤维细胞　　E. 心肌细胞

［考点与答案］各种组织的再生　E

［解题分析］各种组织的再生能力不同。表皮、黏膜、肝细胞、纤维组织、毛细血管等有较强的再生能力，而肌肉、软骨组织等则再生能力较弱。心肌属于肌肉。故选 E。

8. 肉芽组织是一种幼稚结缔组织，其中富含

A. 炎性细胞和胶原纤维　　B. 新生毛细血管和成纤维细胞

C. 网状纤维和胶原纤维　　D. 胶原纤维和纤维细胞

E. 成纤维细胞和纤维细胞

［考点与答案］肉芽组织的形态结构　B

［解题分析］肉芽组织由幼稚纤维细胞、新生毛细血管、少量的胶原纤维和多量炎性细胞组成。故选 B。

9. 发生萎缩的细胞

A. 功能无变化　　B. 形态不可恢复　　C. 功能丧失

D. 功能降低　　E. 代谢停止

［考点与答案］萎缩的概念、分类及结局　D

［解题分析］萎缩的概念是已经发育正常的组织、器官，在病因的作用下，体积缩小、功能减退的过程。故选 D。

二、练习题目

A1 型题

1. 关于肉芽组织的描述，正确的是
   A. 肉眼观为光滑的疤痕
   B. 含有大量胶原纤维和纤维细胞
   C. 是幼稚的纤维结缔组织
   D. 有痛感
   E. 无血管
2. 再生能力最强的细胞是
   A. 血细胞
   B. 心肌细胞
   C. 平滑肌细胞
   D. 肝细胞
   E. 软骨细胞
3. 支气管黏膜上皮由原来的纤毛柱状上皮转化为鳞状上皮，属于
   A. 增生 B. 再生 C. 化生 D. 萎缩 E. 肥大
4. 再生能力从强到弱依次为
   A. 上皮组织 软骨组织 成熟神经组织
   B. 上皮组织 成熟神经组织 软骨组织
   C. 成熟神经组织 上皮组织 软骨组织
   D. 软骨组织 上皮组织 成熟神经组织
   E. 上皮组织 成熟神经组织 骨骼肌
5. 肉芽组织可以
   A. 为细菌感染提供条件
   B. 形成坚硬的疤痕，使器官功能恢复如初
   C. 保护创面、填补伤口
   D. 恢复原有组织的功能
   E. 无任何有利于机体的作用
6. 关于化生正确的是
   A. 化生是分化成熟的细胞直接转变为另一种分化成熟细胞的过程
   B. 化生对机体有害无益
   C. 通常上皮细胞只能化生为上皮细胞，间叶细胞只能化生为间叶细胞
   D. 化生可直接导致肿瘤的发生
   E. 化生均为直接化生
7. 以下说法正确的是
   A. 肉芽组织将坏死组织包裹称为机化
   B. 肉芽组织长入取代坏死组织称为包囊形成
   C. 坏死是不可逆性改变，变性是可逆性改变
   D. 陈旧的坏死灶与机化组织可发生转移性钙化
   E. 肉芽组织成熟后仍含有多量的炎性细胞
8. 肉芽组织具有抗感染作用主要是由于
   A. 成纤维细胞

B. 毛细血管

C. 炎性细胞，主要包括巨噬细胞和中性粒细胞等

D. 能刺激抗体产生免疫反应

E. 以上都不对

9. 下列损伤不能完全再生的是

A. 慢性肾小球肾炎

B. 胃黏膜糜烂

C. 神经细胞存活，外周神经离断，离断两断端相隔 2cm

D. 表皮伤口直径 5cm

E. 口腔上皮表面破损

10. 图 4－16 所示是典型的何种病理组织学结构

A. 肉芽肿　B. 肉芽组织　C. 脓肿　D. 梗死　E. 肿瘤

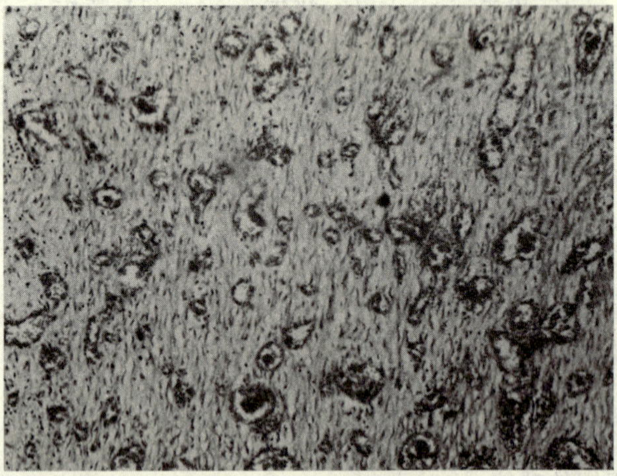

图 4－16　病变组织切片

11. 图 4－17 所示为肉芽组织结构，箭头所指部位为

A. 疤痕　B. 弹性纤维　C. 毛细血管　D. 胶原纤维　E. 纤维细胞

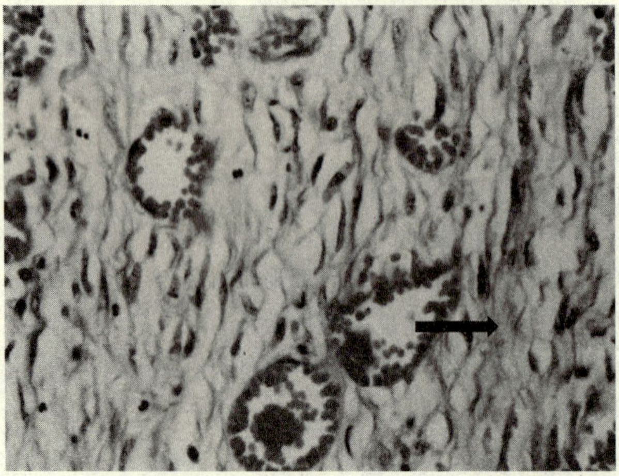

图 4－17　肉芽组织切片

A2 型题

12. 蛋鸡发生马立克氏病，常发生瘫痪和肌肉萎缩，是下列哪种性质的萎缩

A. 废用性萎缩　　B. 内分泌性萎缩

C. 神经性萎缩　　D. 压迫性萎缩

E. 生理性萎缩

13. 一赛马发生左心瓣膜病时，由于瓣膜不能随血流运动而关闭，从而心肌工作负担增加，可引起

A. 心脏肥大　　B. 心脏萎缩　　C. 心肌增生

D. 心肌化生　　E. 心肌再生

14. 一奶牛突然消瘦，经诊断患了结核病，剖检后最有可能涉及的病理变化是

A. 肝脏肥大　　B. 脂肪肝

C. 肾肉芽组织增生　　D. 肺瘀血

E. 心脏肥大

[练习题目答案] 1. C　2. A　3. C　4. A　5. C　6. C　7. C　8. C　9. A　10. B　11. D　12. C　13. A　14. C

细胞、组织的适应与修复

第六单元　水盐代谢及酸碱平衡紊乱

一、例题解析

A1 型题

1. 左心功能不全常引起

A. 肾水肿　　B. 肺水肿　　C. 脑水肿　　D. 肝水肿　　E. 脾水肿

[考点与答案] 不同类型水肿的特点　B

[解题分析] 左心功能不全时，肺静脉血回流入左心房受阻，使肺毛细血管流体静压增高；另外心输出量降低，反射性地引起交感神经兴奋，使血液转移到肺内，肺血容量增多，引起肺水肿。故选答案 B。

2. 动物某些原发性疾病导致体 $NaHCO_3$ 含量降低，主要引起

A. 代谢性碱中毒　　B. 呼吸性碱中毒

C. 代谢性酸中毒　　D. 呼吸性酸中毒

E. 呼吸性酸中毒合并代谢性碱中毒

［考点与答案］代谢性酸中毒的概念　C
［解题分析］代谢性酸中毒是以血浆 HCO_3^- 浓度原发性减少为特征的病理过程，故选答案C。

3. 在炎热的夏天某马匹长时间奔跑又无水喝，最易发生的水、电解质代谢紊乱的类型是

A. 低渗性脱水　B. 等渗性脱水　C. 高渗性脱水
D. 水肿　E. 水中毒

［考点与答案］高渗性脱水的概念　C
［解题分析］高渗性脱水是指失水多于失钠，细胞外液容量减少、渗透压升高的脱水类型。本题中马匹在高温环境中长时间奔跑，会通过皮肤、呼吸丧失大量的低渗液，且未进水，失水多于失钠。故选答案C。

4. 下列不可能出现的混合性酸碱平衡紊乱类型是

A. 代谢性酸中毒合并代谢性碱中毒
B. 呼吸性酸中毒合并呼吸性碱中毒
C. 代谢性酸中毒合并呼吸性碱中毒
D. 代谢性酸中毒合并呼吸性酸中毒
E. 代谢性碱中毒合并呼吸性碱中毒

［考点与答案］混合性酸碱平衡紊乱的类型　B
［解题分析］呼吸性酸中毒的基本机制是 CO_2 排出障碍，而呼吸性碱中毒的基本机制是通气过度，CO_2 排出障碍和通气过度不会同时发生。故选答案B。

5. 高渗性脱水的特点是

A. 细胞外液容量减少，渗透压降低
B. 细胞外液容量增加，渗透压降低
C. 细胞外液容量减少，渗透压升高
D. 细胞外液容量增加，渗透压升高
E. 细胞外液容量减少，细胞内液容量增加

［考点与答案］高渗性脱水的概念　C
［解题分析］高渗性脱水是指失水多于失钠，细胞外液容量减少、渗透压升高的脱水类型。故选答案C。

6. 呼吸性酸中毒的主要特点是血浆

A. HCO_3^- 浓度原发性升高　B. HCO_3^- 浓度原发性降低
C. H_2CO_3 浓度原发性升高　D. H_2CO_3 浓度原发性降低

E. H_2CO_3与HCO_3^-浓度均降低

[考点与答案] 呼吸性酸中毒的概念　C

[解题分析] 呼吸性酸中毒是以血浆H_2CO_3浓度原发性升高为特征的病理过程，故选答案C。

7. 失水多于失钠可引起

A. 等渗性脱水　B. 低渗性脱水　C. 高渗性脱水

D. 水中毒　E. 水肿

[考点与答案] 高渗性脱水的概念　C

[解题分析] 高渗性脱水是指失水多于失钠，细胞外液容量减少、渗透压升高的脱水类型。故选答案C。

8. 水中毒又称为

A. 稀释性高钠血症　B. 低容量性高钠血症

C. 高容量性低钠血症　D. 低容量性低钠血症

E. 高容量性高钠血症

[考点与答案] 水中毒的概念　C

[解题分析] 由水过量引起的低钠血症称为稀释性低钠血症，又称为水中毒。故选答案C。

二、练习题目

A1 型题

1. 水肿时，钠、水潴留的基本机制是

A. 毛细血管流体静压增高　B. 有效胶体渗透降低

C. 淋巴回流障碍　D. 球管失衡

E. 组织胶体渗透压增高

2. 某动物发生全身性水肿，但以腹水形成为主要特征，该动物最有可能发生了

A. 心性水肿　B. 肝性水肿　C. 肾性水肿

D. 恶病质性水肿　E. 中毒性水肿

3. 高钾血症时可发生

A. 细胞外H^+内移，K^+-Na^+交换增强

B. 细胞外H^+内移，K^+-Na^+交换减弱

C. 细胞内H^+外移，K^+-Na^+交换增强

D. 细胞内H^+外移，K^+-Na^+交换减弱

E. 以上都不对

4. 低钾血症患者可出现

A. 反常性酸性尿　B. 反常性碱性尿　C. 中性尿

D. 正常性酸性尿　　E. 正常性碱性尿

5. 急性呼吸性酸中毒机体主要的代偿机制是

A. 呼吸功能增强　　B. 肾远曲小管泌氢活动增强

C. 细胞内、外离子交换　　D. 血浆碳酸氢盐缓冲作用

E. 呼吸功能减弱

6. 哪一种混合性酸碱平衡紊乱不可能出现

A. 代谢性酸中毒合并代谢性碱中毒

B. 呼吸性酸中毒合并呼吸性碱中毒

C. 代谢性酸中毒合并呼吸性碱中毒

D. 代谢性酸中毒合并呼吸性酸中毒

E. 代谢性酸中毒合并代谢性碱中毒以及呼吸性酸中毒

B1 型题

（7～9 题共用备选答案）

A. 细胞外液减少，细胞内液增多

B. 细胞外液减少，细胞内液减少

C. 细胞外液增多，细胞内液增多

D. 细胞外液增多，细胞内液减少

E. 细胞外液增多，细胞内液正常

7. 出现在低渗性脱水时

8. 出现在水肿时

9. 出现在高渗性脱水时

（10～14 题共用备选答案）

A. 代谢性酸中毒　　B. 代谢性碱中毒

C. 呼吸性酸中毒　　D. 呼吸性碱中毒

E. 酸碱平衡正常

10. HCO_3^-原发性减少可见于

11. HCO_3^-原发性增加可见于

12. HCO_3^-继发性增加可见于

13. $PaCO_2$原发性增加可见于

14. $PaCO_2$继发性减少可见于

A2 型题

15. 贵宾犬，2.5 月龄，雌性，2.4kg，未免疫，呕吐 2d，无食欲，精神差，体温 39.8℃，没有治疗用过药，此犬可能发生

A. 高渗性脱水　　B. 等渗性脱水

C. 低渗性脱水　　D. 水肿

E. 水中毒

16. 贵宾犬，2 月龄，雄性，1.2kg，呕吐，腹泻，无食欲，精神萎靡，体温呼吸正常，发病 2 日，未用过药，此犬可能发生

A. 呼吸性酸中毒　　B. 呼吸性碱中毒

C. 代谢性酸中毒　　D. 代谢性碱中毒

E. 代谢性酸中毒合并代谢性碱中毒

A3/A4 型题

（17～19 题共用题干）

京巴杂种犬，雌性，9 岁，5d 前出现呕吐、废食，曾服用止吐药，未见效果。临床检查体温 38.5℃，脉搏 120 次/min，体重 6.3 kg，被毛散乱，皮肤松弛。

17. 该犬最可能发生的水盐代谢障碍类型是

A. 低渗性脱水　　B. 高渗性脱水　　C. 等渗性脱水

D. 水肿　　E. 水中毒

18. 该犬最可能发生的酸碱平衡紊乱的类型是

A. 代谢性酸中毒　　B. 代谢性碱中毒

C. 呼吸性酸中毒　　D. 呼吸性碱中毒

E. 以上都不对

19. 该犬血浆中［HCO_3^-］的变化为

A. 原发性增高　　B. 继发性增高　　C. 原发性降低

D. 继发性降低　　E. 保持不变

［练习题目答案］1. D　2. B　3. C　4. A　5. C　6. B　7. A　8. E　9. B　10. A 11. B　12. C　13. C　14. A　15. A　16. E　17. B　18. B　19. A

水盐代谢及酸碱平衡紊乱

第七单元　缺　氧

一、例题解析

A1 型题

1. 动物一氧化碳中毒时，血液呈

A. 黑色　　B. 咖啡色　　C. 紫红色

D. 暗红色　　E. 樱桃红色

［考点与答案］不同类型缺氧的特点　E

［解题分析］CO 中毒时，血中碳氧血红蛋白增多，皮肤、黏膜呈樱桃红色。因此本题的答案为樱桃红色。故选答案 E。

2. 家畜（特别是猪）大量食入堆放过久的幼嫩青饲料，饲喂 1h 左右后就开始出现症状，患畜呼吸困难，口吐白沫，倒地挣扎，可视黏膜发暗，末梢血液呈酱油色，此动物最可能发生了

A. CO 中毒　　B. 亚硝酸盐中毒　　C. 氰化物中毒
D. B 族维生素缺乏　　E. 上呼吸道阻塞

［考点与答案］不同类型缺氧的特点　B
［解题分析］在生产实践中，幼嫩青饲料堆放过久，特别是经过雨淋或烈日暴晒者，极易产生亚硝酸盐。亚硝酸盐是一种强氧化剂，它夺取血红蛋白中 Fe^{2+} 的外层的 1 个电子，使 Fe^{2+} 变为 Fe^{3+}，血红蛋白则变成高铁血红蛋白，高铁血红蛋白丧失运 O_2 能力。高铁血红蛋白血大量生成时，皮肤、黏膜呈咖啡色，末梢血液呈酱油色。故选答案 B。

3. 下列会引起动物发生低张性缺氧的情况是

A. 从平原到高原地区　　B. 心力衰竭　　C. 煤气中毒
D. 氰化物中毒　　E. 亚硝酸盐中毒

［考点与答案］不同类型缺氧的原因　A
［解题分析］大气中氧分压过低，如高山、高空空气稀薄处，空气中氧含量少，氧分压低时，使肺泡气氧分压及 PaO_2 下降，造成毛细血管血液与细胞间氧分压梯度差缩小，引起低张性缺氧。故选答案 A。

4. 动静脉氧含量差增大常见于

A. 心力衰竭　　B. 一氧化碳中毒　　C. 严重贫血
D. 呼吸道阻塞　　E. 氰化物中毒

［考点与答案］不同类型缺氧的原因及特点　A
［解题分析］循环性缺氧时机体血流缓慢，血液通过毛细血管的时间延长，组织、细胞从单位血液中摄取的氧量相对较多，同时由于血流瘀滞，二氧化碳含量增加，促使氧离曲线右移，释氧增加，致使静脉血氧分压和氧含量降低，因而动静脉氧含量差增大。故选答案 A。

5. 上呼吸道狭窄可引起

A. 血液性缺氧　　B. 低张性缺氧
C. 缺血性缺氧　　D. 瘀血性缺氧
E. 组织性缺氧

［考点与答案］低张性缺氧的原因　B
［解题分析］大气中氧分压过低，外呼吸功能障碍，通气/血流比例不一致，静脉血分流入动脉可导致低张性缺氧。故选答案 B。

6. 下列引起血液性缺氧的病因是

A. 呼吸道狭窄　B. 心力衰竭　C. 氰化物中毒
D. 肺动脉栓塞　E. 亚硝酸盐中毒

［考点与答案］血液性缺氧的原因　E
［解题分析］血液性缺氧的原因包括血红蛋白含量减少，血红蛋白性质改变，血红蛋白与氧的亲和力异常增高。亚硝酸盐中毒时，血红蛋白变成高铁血红蛋白，丧失运送 O_2 的能力。故选答案 E。

7. CO 中毒性缺氧时，动物的黏膜呈现

A. 苍白色　B. 暗红色　C. 樱桃红色
D. 咖啡色　E. 青紫色

［考点与答案］不同类型缺氧的特点　C
［解题分析］CO 中毒时，血中碳氧血红蛋白增多，皮肤、黏膜呈樱桃红色。故选答案 C。

8. 对缺氧反应最敏感的器官是

A. 心脏　B. 肝脏　C. 脾脏　D. 肾脏　E. 大脑

［考点与答案］缺氧时中枢神经系统的变化　E
［解题分析］脑是机体对氧依赖性最大的器官之一，其耗氧量占机体总耗氧量的 20%～30%。脑组织的能量主要来源于葡萄糖的有氧氧化，因此脑对缺氧极为敏感。故选答案 E。

9. 可引起组织性缺氧的原因是

A. 呼吸机能不全　B. 贫血
C. 一氧化碳中毒　D. 氰化物中毒
E. 缺血

［考点与答案］引起组织性缺氧的原因　D
［解题分析］各种氰化物如 HCN、KCN、NaCN、NH_4CN 等都可经消化道、呼吸道或皮肤进入机体内，氰离子（CN^-）迅速与氧化型细胞色素氧化酶中的 Fe^{3+} 结合生成氰化高铁细胞色素氧化酶，使之不能还原生成 Fe^{2+}，从而失去传递电子的功能，造成呼吸链中断，从而导致氧的利用障碍。故选答案 D。

10. 由血流量减少所引起的缺氧属于

A. 低动力性缺氧
B. 血液性缺氧
C. 低张性缺氧
D. 组织性缺氧
E. 组织中毒性缺氧

［考点与答案］循环性缺氧的概念　A

［解题分析］循环性缺氧是指由于组织血流量减少所引起的缺氧，又称低动力性缺氧。故选答案 A。

二、练习题目

A1 型题

1. 缺氧是

A. 低氧血症　B. 血液的氧分压降低　C. 血液的氧含量降低　D. 组织供氧不足或利用氧障碍　E. 血液的氧容量降低

2. 氰化物中毒时，血液颜色呈

A. 鲜红色　B. 暗红色　C. 樱桃红　D. 酱油色　E. 煤焦油状

3. 引起低张性缺氧的原因不包括

A. CO 中毒　B. 吸入气氧分压过低　C. 外呼吸功能障碍　D. 静脉血向动脉分流　E. 通气/血流比不一致

4. 对于贫血动物来说，下列变化正确的是

A. 动脉血氧分压降低　B. 动脉血氧含量降低　C. 动脉血氧饱和度降低　D. 动脉血氧容量正常　E. 动静脉氧含量差增大

5. 下面对缺氧耐受能力最差的器官是

A. 心　B. 肾　C. 肝　D. 脑　E. 肺

6. 缺氧时机体的血流分布的改变为

A. 心、脑血流量增加，而皮肤及腹腔内脏的血流量减少

B. 皮肤、腹腔内脏血流量增加，而心及脑的血流量减少

C. 心、脑、腹腔内脏血流量增加，而皮肤血流量减少

D. 皮肤、腹腔内脏血流量增加，而心及脑的血流量减少

E. 腹腔内脏、脑血流量增加，而皮肤及心的血流量减少

7. 下列可以发生紫绀的缺氧类型是

A. 循环性缺氧　B. 贫血　C. 组织中毒性缺氧　D. 休克早期引起的缺氧　E. CO 中毒

8. 组织中毒性缺氧的特点是

A. 血氧容量降低　B. 血氧含量降低　C. 血氧饱和度降低　D. 动-静脉氧差缩小

E. PaO_2降低

9. 紫绀的出现主要是由于

A. PaO_2降低

B. $PaCO_2$升高

C. 血氧饱和度增加

D. 毛细血管内还原血红蛋白明显增加

E. 血红蛋白变性

10. 血氧容量减少，动脉血氧含量降低，动脉血氧饱和度正常，见于

A. 失血性休克　　B. 乏氧性缺氧　　C. 静脉血掺杂

D. 贫血性缺氧　　E. 循环性缺氧

B1 型题

（11～15 题共用备选答案）

A. 取决于 PaO_2 和 $CO_{2\,max}$

B. 取决于 P_AO_2（肺泡气氧分压）和肺换气功能

C. 取决于血中 Hb 的质和量

D. 取决于 PaO_2 和 Hb 与 O_2 的亲和力

E. 取决于 CaO_2 和血流量

11. 组织供氧量

12. 血氧容量（$CO_{2\,max}$）

13. 动脉血氧含量（CaO_2）

14. 动脉血氧分压（PaO_2）

15. 动脉血氧饱和度（SaO_2）

（16～19 题共用备选答案）

A. PaO_2 降低　　B. 动静脉氧含量差降低

C. $CO_{2\,max}$降低　　D. CaO_2 正常

E. 动静脉氧含量差增大

16. 最能反映外呼吸功能障碍的指标是

17. 贫血时血氧指标的特殊变化是

18. 最能反映组织中毒性缺氧的指标是

19. 最能反映循环性缺氧的指标是

A2 型题

20. 某养殖户饲养黄羽肉鸡 7 000 只，73 日龄，该鸡群每日死 20 只左右，近日采食量有所下降，少数鸡十分消瘦，整群鸡临床表现精神沉郁，呼吸困难，且有喘气、甩头、咳嗽症状，料槽、墙壁上有血痰。解剖病鸡可见喉头、气管有明显的出血、充血和血色黏液，有少量黄色的干酪样渗出物附着，发病鸡最有可能发生

A. 血液性缺氧　　B. 组织性缺氧　　C. 循环性缺氧

D. 低张性缺氧　　E. 组织性缺氧合并循环性缺氧

21. 1 只 3 岁的雌性西施杂种犬，体重 7.5kg，前一天主人曾在家给吃洋葱炒肉，次日该犬无食欲、无精神，排了 2 次红棕色血腥味尿液。临床检查黏膜轻度黄染，腹部触诊紧张，

排咖啡色尿，粪便基本正常。在血常规检查中，红细胞、血红蛋白、血细胞比容均下降。此犬可能发生了哪种类型的缺氧

A. 低张性缺氧　　B. 血液性缺氧
C. 循环性缺氧　　D. 组织性缺氧
E. 组织性缺氧合并循环性缺氧

A3/A4 型题

（22～23 题共用题干）

某个体养猪场饲养长白猪 50 头，在饲喂蒸煮后加盖过夜（16h）的白菜叶后立即全部发病，经检测排除了传染病，有机磷和重金属中毒。

22. 则此猪群可能发生了

A. CO 中毒　　B. 亚硝酸盐中毒　　C. 氰化物中毒
D. 贫血　　E. 急性肺水肿

23. 解剖死亡猪只，其血液的颜色为

A. 鲜红色　　B. 暗红色　　C. 樱桃红　　D. 酱油色　　E. 煤焦油状

（24～26 题共用题干）

长春动植物公园 1997 年 7 月 2 日 1 只年龄为 45d 雄性幼虎发病死亡，经生后的病史、临床症状、病理剖检、综合分析，诊断为先天性心脏房间隔缺损性疾病。幼虎出生后身体虚弱，呼吸急快，无力吸奶，四肢软弱，很少运动，生长发育迟缓，病理剖检可见心脏右心室肥大，房间隔卵圆孔开放，心肌颜色变淡，质地脆弱，心包积液 10mL 左右，呈白色透明状。

24. 该幼虎的可视黏膜颜色最有可能是

A. 青紫色　　B. 苍白　　C. 鲜红色　　D. 樱桃红　　E. 咖啡色

25. 该幼虎发生了

A. 贫血性缺氧　　B. 低张性缺氧　　C. CO 中毒
D. 亚硝酸盐中毒　　E. 组织性缺氧

26. 为对于此幼虎而言，下列哪项变化是正确的

A. 动脉血氧饱和度正常　　B. 动脉血氧含量正常
C. 动脉血氧分压降低　　D. 动脉血氧容量降低
E. 动静脉氧差增加

[练习题目答案] 1. D　2. A　3. A　4. B　5. D　6. A　7. A　8. D　9. D　10. D
11. E　12. C　13. A　14. B　15. D　16. A　17. C　18. B　19. E
20. D　21. B　22. B　23. D　24. A　25. B　26. C

缺氧

第八单元 发 热

一、例题解析

A1 型题

1. 能引起恒温动物体温升高的物质是

A. 钙离子
B. 白细胞介素-1
C. 精氨酸加压素
D. 脂皮脂蛋白-1
E. α-黑素细胞刺激素

［考点与答案］致热原的分类 B

［解题分析］现已明确 EP（内生性致热原）都属于细胞因子，包括白细胞介素 1（IL-1）、白细胞介素-6（IL-6）、干扰素和肿瘤坏死因子等。因此本题答案为白细胞介素-1。故选答案 B。

2. 下列情况中属于发热的体温升高是

A. 传染性胸膜肺炎
B. 饮大量热开水
C. 动物妊娠期
D. 中暑
E. 马匹奔跑

［考点与答案］发热的概念 A

［解题分析］发热是指恒温动物在内生性致热原的作用下，使体温调节中枢的调定点上移，引起调节性体温升高（高于正常体温的 0.5℃）。胸膜性肺炎常因病原微生物感染引起，伴有体温调节中枢的调定点上移。故选答案 A。

3. 牛恶性卡他热、急性猪瘟、犬瘟热、流行性感冒和马传染性胸膜肺炎等临床上表现的热型为

A. 稽留热 B. 弛张热 C. 间歇热 D. 回归热 E. 波状热

［考点与答案］热型 A

［解题分析］稽留热特点是，体温升高到一定程度后，高热可较稳定地持续数天，而且每天温差在 1℃以内，通常为烈性传染病，如牛恶性卡他热、急性猪瘟、犬瘟热、流行性感冒和马传染性胸膜肺炎等。故选答案 A。

4. 牛结核病引起的发热类型是

A. 稽留热
B. 弛张热
C. 回归热
D. 不规则热
E. 波状热

［考点与答案］热型 D

［解题分析］不规则热的特点是发热曲线无一定规律，可见于牛结核、支气管肺炎、仔猪副伤寒。故选答案 D。

5. 发热期与无热期间隙时间较长，而且发热和无热期的出现时间大致相等。此热型为

A. 回归热　B. 间歇热　C. 弛张热　D. 稽留热　E. 双向热

［考点与答案］回归热的概念　A

［解题分析］回归热的特点是发热期和无热期间隔的时间较长，并且发热期与无热期的出现时间大致相同。故选答案 A。

6. 持续高热，但昼夜温差超过 1℃ 以上的热型，称为

A. 弛张热　B. 消耗热　C. 稽留热　D. 间隙热　E. 回归热

［考点与答案］弛张热的概念　A

［解题分析］弛张热的特点是体温升高后一昼夜内变动范围较大，常超过 1℃ 以上，但又不降常温。故选答案 A。

二、练习题目

A1 型题

1. 某马匹患有慢性马传染性贫血，发生发热症状，其特点是发热期和无热期较有规律地相互交替，间歇时间较短而且重复出现，则此热型为

A. 稽留热　B. 弛张热　C. 间歇热

D. 回归热　E. 不规则热

2. 下列属于内生性致热原的物质是

A. 内毒素　B. 钙离子

C. 白细胞介素-1　D. α-黑素细胞刺激素

E. 精氨酸加压素

3. 正确的发热概念是

A. 散热障碍

B. 体温调节中枢调节功能障碍

C. 由体温调节中枢调定点上移引起

D. 产热异常

E. 散热障碍和产热异常

4. 某患病动物呈现兴奋不安，食欲减退，脉搏加快，皮温降低，畏寒战栗，被毛竖立，则此动物可能

A. 处于发热的体温上升期　B. 处于发热的高温持续期

C. 处于发热的体温下降期　D. 不发热

E. 发生了中暑

5. 临诊上输液或输血引起的发热反应的原因常常为

A. 过敏反应　B. 毒性反应

C. 病毒污染　D. 内毒素污染

E. 以上都不对

6. 下列属于发热激活物的物质是

A. 外毒素
B. 白细胞介素-2
C. 白细胞介素-6
D. 巨噬细胞炎症蛋白-1
E. 干扰素

7. 下列情况中属于发热的体温升高是

A. 流行性感冒
B. 饮大量热开水
C. 动物妊娠期
D. 中暑
E. 剧烈运动

8. 高温持续期的热代谢特点是

A. 产热大于散热
B. 散热大于产热
C. 产热与散热在高水平上保持相对平衡
D. 产热障碍
E. 散热障碍

9. 热辐射所致的体温升高称

A. 过热
B. 脱水热
C. 生理性发热
D. 病理性发热
E. 从外界环境得热过多

10. 致热源性发热的主要发生机理是

A. 直接损伤体温调节中枢
B. 散热障碍
C. 基础代谢增高，使产热增加
D. 内生性致热源使下丘脑体温调节中枢调定点上移
E. 以上都不对

B1 题型

（11～14 题共用备选答案）

A. 血液温度高于体温调定点，体温不断上升
B. 血液温度低于体温调定点，体温不断上升
C. 血液温度等于体温调定点，体温相对不变
D. 血液温度和体温调定点均增高且相等，体温相对不变
E. 血液温度高于体温调定点，体温开始下降

11. 正常体温
12. 体温上升期
13. 高温持续期
14. 体温下降期

（15～19 题共用备选答案）

A. 发热期和无热期间隔的时间较长，并且发热期与无热期的出现时间大致相同
B. 体温升高到一定程度后，高热可较稳定地持续数天，而且每天温差在1℃以内

C. 体温升高后一昼夜内变动范围较大，常超过 1℃以上，但又不降至常温
D. 发热期和无热期较有规律地相互交替，间歇时间较短而且重复出现
E. 动物体温上升到一定高度，数天后又逐渐下降到正常水平，持续数天后又逐渐升高，如此反复发作

15. 弛张热
16. 间歇热
17. 回归热
18. 稽留热
19. 波状热

A2 型题

20. 某 5 月龄猎犬，发病 3d，食欲废绝，呕吐，腹泻，大便带有血液，体温 40.2℃，上眼睑、鼻镜干燥、龟裂，足枕增厚，CPV 快速诊断试剂盒，检查结果为阳性，结合临床症状及流行特点，初步诊断为犬瘟热病，针对发热这一症状，以下措施错误的是

A. 补充能量合剂　　B. 补充维生素
C. 补充维生素 B_6　　D. 静脉滴注生理盐水
E. 给予高蛋白饮食

21. 将家兔置于 40℃热环境中 1h，其直肠温度由 38.7℃上升到 40.6℃，耳皮温由 32℃上升到 35.2℃，在此过程中此兔最有可能发生了

A. 应激引起的生理性体温升高　　B. 过热
C. 发热，处于体温上升期　　D. 发热，处于高温持续期
E. 发热，处于体温下降期

A3/A4 型题

（22～23 题共用题干）

一金毛猎犬经诊断患有犬瘟热，表现为精神沉郁，食欲废绝，咳嗽频繁，听诊呼吸音增强，肺部湿啰音，呼吸 48 次/min，心跳 155 次/min，体温 40.5℃，血常规检查该病犬淋巴细胞相对减少，单核细胞、粒细胞增多，白细胞大量增多。

22. 该犬发热的热型最可能是

A. 弛张热　B. 间歇热　C. 回归热　D. 稽留热　E. 波状热

23. 该犬体温升高，可能的机制是

A. 体温调节中枢受损
B. 体温调节中枢调定点上移
C. 外界环境温度过高导致散热障碍
D. 产热减少，散热增加
E. 产热减少，散热减少

[练习题目答案] 1. C　2. C　3. C　4. A　5. D　6. A　7. A　8. C　9. A　10. D　11. C　12. B　13. D　14. E　15. C　16. D　17. A　18. B　19. E　20. E　21. B　22. D　23. B

发热

第九单元　应激与疾病

一、例题解析

A1 型题

1. 应激是指机体在受到各种因子强烈刺激时出现的一种

A. 非特异性全身反应　　B. 特异性全身反应
C. 代偿性全身反应　　D. 防御性全身反应
E. 损伤性全身反应

［考点与答案］应激的概念　A

［解题分析］应激是指机体在受到各种因子强烈刺激时，出现的一种非特异性全身性反应。应激的神经内分泌反应主要以交感肾上腺髓质系统和下丘脑垂体肾上腺皮质系统兴奋为主。应激在本质上是一种生理反应，目的在于维持正常的生命活动，是机体整个适应和保护机制的重要组成部分。故选答案 A。

2. 能作为应激原的是

A. 剧痛　　B. 长途运输　　C. 烧伤　　D. 感染　　E. 以上都是

［考点与答案］应激原的种类　E

［解题分析］能使机体出现应激反应的刺激因子，称为应激原。应激原可分为非损伤性和损伤性两大类。非损伤性应激原包括突然的恐惧刺激，剧痛、过劳、饥渴、噪音、断奶和预防注射、环境温度过冷或过热、地理位置的较大改变、密集饲养和长途运输等，其中，恐惧、拥挤、环境突变等又属于心理性应激；损伤性应激原包括创伤、去角、去势、烧伤、冻伤、电离辐射、中毒和感染等。故选答案 E。

3. 在应激原作用下，细胞表达明显增加的蛋白是

A. 角蛋白　　B. 热休克蛋白　　C. 纤维蛋白
D. 白蛋白　　E. 胶原蛋白

［考点与答案］应激反应的基本表现　B

［解题分析］在所有应激原作用下，都可诱导热休克蛋白的产生。故选答案 B。

4. 应激时，动物发生的特征性病变是

A. 坏死性肝炎　　B. 胆囊炎　　C. 心肌炎

D. 胃溃疡　　E. 脑炎

［考点与答案］应激时消化系统结构及功能改变　D

［解题分析］应激时消化系统特征性变化是胃黏膜的出血、水肿、糜烂和溃疡形成，这类病变是应激引起的非特异性损伤，常称为应激性胃黏膜病变或称应激性溃疡。故选答案 D。

二、练习题目

A1 型题

1. 应激反应时，物质代谢的变化表现为

A. 代谢率下降　　B. 血糖降低　　C. 血糖增高

D. 脂肪酸降低　　E. 负氮不平衡

2. 下列属于应激性疾病的是

A. 应激性溃疡　　B. 大叶性肺炎　　C. 心肌梗死

D. 肿瘤　　E. 病毒性肝炎

3. 因长途运输等应激因素引起的 PSE 猪肉的眼观病变特点是

A. 肌肉呈黄色、变硬　　B. 肌肉因充血、出血而色暗

C. 肌肉因强直或痉挛而僵硬　　D. 肌肉呈白色、柔软、有液汁渗出

E. 肌肉系水性强，腌制时易出现色斑

4. 某动物发生应激反应，体内以交感肾上腺髓质系统的兴奋为主，伴有肾上腺皮质激素的增多，此时此动物

A. 处于应激反应的警觉期　　B. 处于应激反应的抵抗期

C. 处于应激反应的衰竭期　　D. 进入恢复期

E. 以上都不对

5. 应激是指机体在受到刺激时所产生的

A. 特异性全身反应　　B. 非特异性全身反应

C. 代偿性全身反应　　D. 损伤性全身反应

E. 防御性全身反应

6. 能作为应激原的是

A. 生物性因素　　B. 理化因素

C. 社会环境因素　　D. 精神心理因素

E. 以上都是

7. 应激时交感肾上腺髓质系统兴奋所产生的防御反应是

A. 心率加快　　B. 促进糖原分解、升高血糖

C. 使组织的血液供应更充分、合理　　D. 心肌收缩力增强

E. 以上都对

8. 应激时心率加快，心肌收缩力加强是因为

A. 儿茶酚胺增多　　B. 糖皮质激素增多

C. 促肾上腺皮质激素释放素增多　　D. 胰岛素增多

E. 甲状腺增多

9. 关于热休克蛋白的错误说法是

A. 广泛存在于各种生物体

B. 可与折叠结构破坏的蛋白质肽链结合

C. 帮助受损蛋白质的修复和移除

D. 在生物进化过程中保守性很小

E. 主要在细胞内发挥作用

10. 应激性溃疡形成的最基本的条件是

A. 胃黏膜缺血　　B. H^+ 向黏膜内的反向弥散

C. 酸中毒　　D. 胆汁反流

E. 胃黏膜屏障遭到破坏

B1 型题

（11～13 题共用备选答案）

A. 对各种刺激的抵抗力下降，肾上腺皮质功能降低

B. 以交感—肾上腺髓质系统的兴奋为主，伴有肾上腺皮质激素的增多

C. 以交感—肾上腺髓质为主的反应逐渐消退，代之以肾上腺皮质激素分泌增多为主

D. 交感—肾上腺髓质系统的兴奋性正常

E. 肾上腺皮质功能正常

11. 应激衰竭期

12. 应激警觉期

13. 应激抵抗期

A2 型题

14. 河南省某农户从吉林购进 44 头杂交肉牛。牛只购进第 2 天大部分体温升高，高达 41～42℃，精神沉郁，食欲减退，被毛粗乱，咳嗽，气喘，流黏性或脓性鼻液。随着病情发展，逐渐出现腹泻，甚至血便，严重者血便中混有肠黏膜；部分牛则继发关节炎，出现跛行、关节脓肿等。后期肺部听诊呈湿啰音或哨音，病牛极度消瘦，甚至衰竭死亡。根据临床症状、病理变化、病原分离与鉴定等，初步诊断为运输应激综合征，该牛群第 2 天即出现食欲减退的原因是由于

A. 儿茶酚胺增多　　B. 糖皮质激素增多

C. 促肾上腺皮质激素释放增多　　D. 胰岛素增多

E. 甲状腺素增多

A3/A4 型题

（15～16 题共用题干）

3 月龄博美犬，受到惊吓后表现为精神沉郁，呼吸急促，呻吟，临床检查发现可视黏膜发绀，呼吸急促浅表，体温 37.2℃，心跳快速无力，心率 210 次/min，颤抖。结合实验室检验和治疗性诊断结果判断为犬应激综合征。

15. 该犬心率加快是因为

A. 儿茶酚胺增多　　B. 糖皮质激素增多

C. 促肾上腺皮质激素释放增多　　D. 胰岛素增多

E. 甲状腺素增多

16. 能作为犬应激原的是

A. 更换主人　　B. 跨区引种　　C. 受到惊吓

D. 环境炎热　　E. 以上都是

（17～18 题共用题干）

2019 年 8 月 1 日，某养猪场将猪群从 A 地运往 B 地，6h 后到达目的地后部分猪只突然死亡，经兽医诊断为猪应激性溃疡。

17. 剖检后死亡猪只最可能发生病变的部位是

A. 脑　　B. 皮肤　　C. 肾脏　　D. 胃肠道　　E. 肺

18. 此病例中可能的应激原是

A. 高温　　B. 长途运输　　C. 饥渴

D. 恐惧　　E. 以上都是

[练习题目答案] 1. C　2. A　3. D　4. A　5. B　6. E　7. E　8. A　9. D　10. A　11. A　12. B　13. C　14. A　15. A　16. E　17. D　18. E

应激与疾病

第十单元　炎　症

一、例题解析

A1 型题

1. 红、肿、热、痛和机能障碍是指

A. 炎症的本质　　B. 炎症的基本经过

C. 炎症局部的主要表现　　D. 炎症时机体的全身反应

E. 炎症局部的基本病理变化

[考点与答案] 炎症局部的主要表现　C

[解题分析] 炎症局部在临床上常表现为红、肿、热、痛和功能障碍，体表的急性炎症时较明显。故选答案 C。

2. 寄生虫性炎症病灶内特征性的炎性细胞是

A. 单核细胞　　B. 淋巴细胞　　C. 中性粒细胞
D. 嗜酸性粒细胞　　E. 嗜碱性粒细胞

［考点与答案］炎性细胞的种类及其主要功能　D
［解题分析］嗜酸性粒细胞常见于寄生虫感染和过敏反应性炎症。故选答案 D。

3. 引起炎症局部疼痛的炎症介质是

A. P 物质　　B. 组织胺　　C. 缓激肽　　D. 一氧化氮　　E. 溶酶体酶

［考点与答案］炎症介质的种类及其功能作用　C
［解题分析］缓激肽能增强痛觉感受器的兴奋性，具有致痛作用，是已知的最强的致痛物，刺激感觉神经末梢。故选答案 C。

4. 一氧化氮参与炎症过程时，主要作用是

A. 激活肥大细胞　　B. 促进微生物增殖
C. 激活血小板黏着和聚集　　D. 扩张血管
E. 保护组织细胞免于损伤

［考点与答案］炎症介质的种类及其功能作用　D
［解题分析］一氧化氮参与炎症过程时，主要是作用于血管平滑肌，使血管扩张。故选答案 D。

5. 渗出性炎症时，炎灶局部最先渗出的蛋白成分是

A. 血红蛋白　　B. 白蛋白　　C. α-球蛋白
D. β-球蛋白　　E. γ-球蛋白

［考点与答案］渗出　B
［解题分析］炎性渗出液的成分可因致炎因子、炎症部位和血管壁受损伤程度的不同而有所差异。液体成分的渗出首先渗出的是水分子、无机盐，随着血管壁的通透性升高，血浆中各种成分相继渗出，依次为白蛋白→血红蛋白→β-球蛋白→γ-球蛋白→α-球蛋白→β-脂蛋白→纤维蛋白原。故选答案 B。

6. 炎性渗出物中的纤维素是指

A. 纤维组织　　B. 纤维蛋白　　C. 纤维细胞
D. 纤维蛋白原　　E. 纤维蛋白酶

［考点与答案］渗出　B
［解题分析］炎性渗出液的成分可因致炎因子、炎症部位和血管壁受损伤程度的不同而有所差异。血管壁受损严重时，分子较大的球蛋白甚至纤维蛋白原也能渗出。渗出的纤维蛋白原在坏死组织释放的组织因子等作用下，形成纤维蛋白。故选答案 B。

7. 结核性肉芽肿病灶内的上皮样细胞来源于

A. 淋巴细胞　　B. 浆细胞　　C. 巨噬细胞
D. 中性粒细胞　　E. 嗜酸性粒细胞

［考点与答案］炎性细胞的种类及其主要功能　C
［解题分析］单核巨噬细胞可形成上皮样细胞和多核巨细胞。故选答案 C。

8. 卡他性炎常发生在

A. 肌肉　　B. 皮肤　　C. 黏膜　　D. 浆膜　　E. 实质器官

［考点与答案］炎症的类型　C
［解题分析］按炎症过程的基本病理变化，把炎症分为变质性炎、渗出性炎及增生性炎三大类。而卡他性炎尤指渗出性炎症中发生在黏膜的炎症。故选答案 C。

9. 脓液中的脓球是指变性坏死的

A. 浆细胞　　B. 淋巴细胞
C. 嗜酸性粒细胞　　D. 单核细胞
E. 中性粒细胞

［考点与答案］炎症的类型　E
［解题分析］脓球是指变性坏死的中性粒细胞。故选答案 E。

10. 被称为“绒毛心”炎症是心外膜的

A. 化脓性炎　　B. 出血性炎
C. 浆液性炎　　D. 卡他性炎
E. 纤维素性炎

［考点与答案］渗出性炎　E
［解题分析］发生于心外膜上的纤维蛋白性炎，如牛创伤性网胃心包炎、鸡沙门氏菌病、大肠杆菌病时，纤维蛋白被覆于心外膜上，由于心脏活动时不停地搏动、摩擦，使心外膜上的纤维蛋白形成无数绒毛状物，覆盖于心脏的表面，所以称为绒毛心。故选答案 E。

11. 疏松结缔组织内的弥漫性化脓性炎称为

A. 纤维素性炎　　B. 蜂窝织炎　　C. 浆液性炎
D. 出血性炎　　E. 变质性炎

［考点与答案］渗出性炎　B
［解题分析］疏松结缔组织内发生的弥漫性化脓性炎，称为蜂窝织炎。故选答案 B。

12. 在结核肉芽肿性炎症灶内的特异性细胞成分是

A. 肥大细胞

B. 多核巨细胞
C. 淋巴细胞
D. 中性粒细胞
E. 嗜酸性粒细胞

［考点与答案］增生性炎 B
［解题分析］在感染性肉芽肿中，上皮样细胞之间散在多核巨细胞。故选答案 B。

13. 下列由细胞释放的炎症介质是
A. 激肽系统
B. 补体系统
C. 单核因子
D. 凝血系统
E. 纤溶系统

［考点与答案］炎症介质的种类及其功能作用 C
［解题分析］细胞释放的炎症介质：由细胞释放的炎症介质有血管活性胺、花生四烯酸代谢产物、细胞因子、白细胞产物和血小板凝血因子等。故选答案 C。

14. 卡他性炎发生在
A. 黏膜 B. 腱膜 C. 肌膜 D. 筋膜 E. 滑膜

［考点与答案］炎症的类型 A
［解题分析］按炎症过程的基本病理变化，把炎症分为变质性炎、渗出性炎及增生性炎三大类。而卡他性炎尤指渗出性炎症中发生在黏膜的炎症。故选答案 A。

B1 型题
（15～16 题共用备选答案）
A. 淋巴细胞 B. 单核细胞
C. 中性粒细胞 D. 嗜酸性粒细胞
E. 嗜碱性粒细胞
15. 在病毒性脑炎时渗出的炎性细胞主要是
16. 在寄生虫性炎症或变态反应性炎症时，引起渗出的白细胞主要是

［考点与答案］炎性细胞的种类和功能 15 题为 A，16 题为 D
［解题分析］病毒性炎症的炎性细胞主要是淋巴细胞；而嗜酸性粒细胞常见于寄生虫感染和过敏反应性炎症。因此，15 题答案为 A；16 题答案为 D。

（17～18 题共用备选答案）
A. 淋巴细胞 B. 中性粒细胞
C. 嗜酸性粒细胞 D. 嗜碱性粒细胞
E. 单核细胞

17. 鸡感染了新城疫病毒，临床见有观星姿势，组织病理学观察见有非化脓性脑炎，脑血管周围有大量炎性细胞浸润。该病灶中渗出的主要炎性细胞种类为

18. 犊牛感染了化脓性棒状杆菌，剖检见肾脏有明显的化脓灶，组织病理学观察见病灶局部有大量的炎性细胞浸润。该病灶中渗出的主要炎性细胞种类为

［考点与答案］炎症细胞的种类及其主要功能　17 题为 A，18 题为 B

［解题分析］①在慢性炎症、急性炎症的恢复期及病毒性炎症和迟发性变态反应过程中，淋巴细胞为主要的炎性细胞。②中性粒细胞常在炎症早期出现，且数量多，是机体清除和杀灭病原微生物的主要成分。因此，17 题答案为 A；18 题答案为 B。

（19～20 题共用备选答案）

A. 蓄脓　B. 脓性卡他　C. 脓肿

D. 蜂窝织炎　E. 坏疽

19. 发生在组织内的局限性化脓性炎是

20. 发生在黏膜表面的化脓性炎是

［考点与答案］炎症的类型　19 题为 C，20 题为 B

［解题分析］脓肿组织内局限性化脓性炎，主要特征为组织发生坏死溶解，形成充满脓液的腔，称为脓肿；脓性卡他指黏膜表面的化脓性炎。因此，19 题答案为 C；20 题答案为 B。

（21～22 题共用备选答案）

A. 局部蔓延　B. 血道扩散　C. 完全愈合

D. 不完全愈合　E. 淋巴道扩散

21. 动物机体抵抗力较强，且经适当治疗，多数急性炎症局部的结构和功能均可恢复正常，此情形炎症结局最可能是

22. 动物机体抵抗力低下，或病原微生物侵入机体的数量多、毒力强时，炎症局部的病原微生物可通过自然通道或组织间隙向周围扩散，此情形炎症结局最可能是

［考点与答案］炎症的结局　21 题为 C，22 题为 A

［解题分析］完全愈合：由于机体抵抗力较强或经过适当的治疗，病原微生物被消灭，炎症灶内坏死组织及渗出物被溶解吸收，通过周围健康细胞的再生修复，最后完全恢复其正常的结构和功能。局部蔓延：炎症局部的病原微生物可经组织间隙或器官的自然通道向周围组织、器官扩散。因此 21 题为 C，22 题为 A。

（23～25 题共用备选答案）

A. 中性粒细胞

B. 淋巴细胞

C. 嗜酸性粒细胞

D. 嗜碱性粒细胞

E. 单核细胞

23. 食盐中毒病猪，脑组织病灶渗出主要炎性细胞是

24. 乙型脑炎病猪，脑组织病灶渗出主要炎性细胞是

25. 链球菌病猪，脑组织病灶渗出主要炎性细胞是

[考点与答案] 炎性细胞的种类和功能　23 题为 C，24 题为 B，25 题为 A

[解题分析] 由食盐中毒引起的以嗜酸性粒细胞渗出为主的脑炎称为嗜酸性粒细胞脑炎，其在脑膜血管壁及其周围有不同程度的幼稚型嗜酸性粒细胞浸润；由多种病毒性感染引起的脑脊髓的亚急性炎症中，血管反应的表现是中枢神经系统出现不同程度的充血和围管性细胞浸润，蛀牙成分是淋巴细胞；链球菌性脑膜炎时，主要在脑脊髓膜出现化脓性炎，镜检见在血管内外周围有大量中性粒细胞浸润。因此，23 题答案为 C；24 题答案为 B；25 题答案为 A。

A2 型题

26. 一病死猪，剖检见肺表面有大小不一的灰白色隆起，切开病灶见灰黄色混浊的凝乳状物流出。该病灶属于

A. 变质性炎　B. 浆液性炎　C. 出血性炎　D. 化脓性炎　E. 增生性炎

[考点与答案] 炎症的类型　D

[解题分析] 化脓性炎时，脓性渗出物是一种混浊凝乳状液体，呈黄色或黄绿色。故选答案 D。

27. 雏鸡，排白色稀便；剖检见心肌和肝脏有散在的黄白色针尖大小坏死点；镜下见有多量网状细胞浸润。其炎症类型是

A. 出血性炎　B. 化脓性炎　C. 增生性炎　D. 浆液性炎　E. 纤维素性炎

[考点与答案] 以坏死为主的细菌性炎的病理变化　C

[解题分析] 坏死为主的细菌性炎的病理变化：眼观肝脏、心肌肿胀，表面和切面可见许多形态不一的黄白色凝固性坏死灶，坏死灶极其细密，多呈密集分布；镜检见单核细胞增生，多量网状细胞浸润。故选答案 C。

二、练习题目

A1 型题

1. 炎症的全身反应包括

A. 红、肿、热、痛和机能障碍

B. 红、肿、热和白细胞增多

C. 红、肿、热和实质器官变性

D. 红、发热、白细胞增多、网状内皮细胞增生

E. 发热、白细胞增多、网状内皮细胞增生和机能亢进

2. 动物感染寄生虫时，常见

A. 中性粒细胞增多　　B. 嗜酸性粒细胞增多

C. 嗜碱性粒细胞增多　　D. 巨噬细胞增多

E. 淋巴细胞增多

3. 以下炎症介质均属于细胞源性的是

A. 组胺、5-羟色胺、激肽、集落刺激因子

B. 组胺、前列腺素、氧自由基、白细胞介素

C. 组胺、白细胞三烯、溶酶体成分、C_{3a}

D. 组胺、白细胞三烯、白细胞介素、补体系统

E. 组胺、脂毒素、纤溶系统、白细胞介素

4. 属于化脓性肾炎的是

A. 间质性肾炎　　B. 慢性肾小球肾炎　　C. 肾盂肾炎

D. 急性肾小球肾炎　　E. 皱缩肾

5. 慢性炎症和病毒感染时主要增多的炎性细胞是

A. 中性粒细胞　　B. 嗜酸性粒细胞

C. 嗜碱性粒细胞　　D. 巨噬细胞

E. 淋巴细胞

6. 炎性细胞渗出后能到达炎区的机理主要是

A. 血管通透性升高　　B. 血流速度加快

C. 血浆渗透降低　　D. 血液状态改变

E. 趋化作用

7. 图 4－18 中箭头所指的病理变化是

A. 核浓缩　　B. 核碎裂　　C. 核溶解

D. 结缔组织增生　　E. 单核细胞

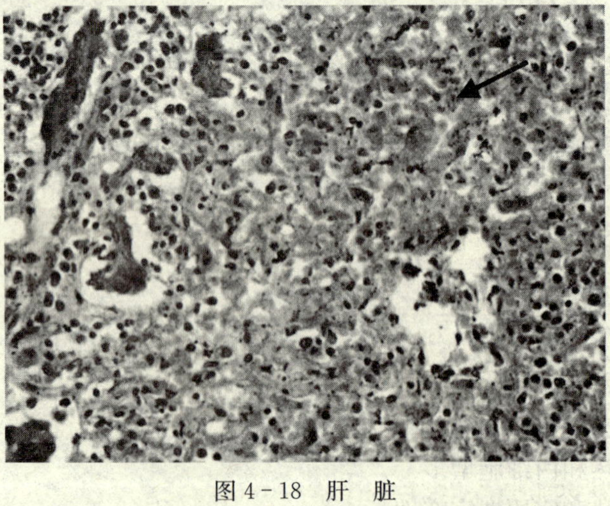

图 4－18　肝　脏

8. 图 4－19 中箭头所指的病理变化是

A. 多核巨噬细胞　　B. 干酪样坏死　　C. 纤维蛋白

D. 结缔组织增生　　E. 单核细胞

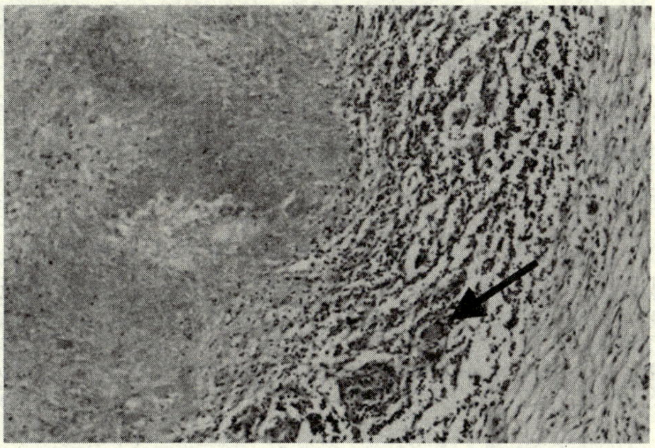

图 4-19　肉芽肿

9. 图 4-20 中箭头所指的病理变化属于炎症基本病理变化的类型是

A. 变质　　B. 渗出　　C. 增生　　D. 红　　E. 肿

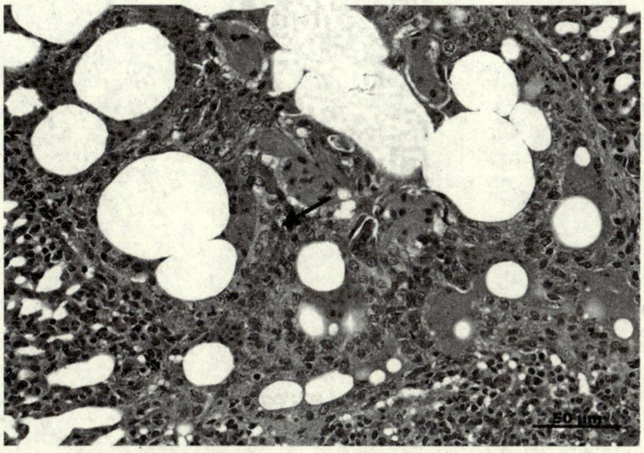

图 4-20　肺的炎症图

B1 型题

（10～12 题共用备选答案）

A. 脓性卡他　　B. 脓性浸润　　C. 积脓

D. 脓肿　　E. 蜂窝织炎

10. 疏松结缔组织内发生的弥漫性化脓性炎，见于皮下、肌肉及肠壁等处，范围常较大，与健康组织无明显界限，称为

11. 浆膜发生化脓性炎时，脓性渗出物大量蓄积于体腔内，称为

12. 深部组织化脓时，脓性渗出物能使局部组织溶解，细胞分离，脓液弥漫渗透在组织间隙中，称为

（13～15 题共用备选答案）

A. 急性增生性炎　　B. 感染性肉芽肿　　C. 炎性假瘤

D. 炎性息肉　　E. 急性变质性炎

13. 病毒、寄生虫和食盐中毒引起的非化脓性脑炎属于

14. 在脾脏、淋巴结，表现为淋巴细胞、网状细胞和淋巴窦内皮细胞增生，如仔猪副伤寒引起的肝脏网状内皮细胞和单核巨噬细胞增生形成的“副伤寒结节”，属于

15. 在致炎因子的长期刺激下，局部黏膜上皮细胞和腺体及肉芽组织过度增生而突出黏膜表面的带蒂的炎性肿块。属于

（16～18 题共用备选答案）

A. 窦道　　B. 溃疡　　C. 积脓　　D. 脓肿　　E. 瘘管

16. 脓液穿破组织流至体外所经过的通道即只有一个开口的病理性盲管称为

17. 脓肿一端向身体表面突破，另一端穿入体腔或某一脏器的腔内，称为

18. 在皮肤或黏膜的化脓性炎时，由于皮肤或黏膜坏死、崩解脱落，可形成局部缺损称为

［练习题目答案］1. E　2. B　3. B　4. C　5. E　6. E　7. B　8. A　9. C　10. E　11. C　12. B　13. A　14. A　15. D　16. A　17. E　18. B

炎症

第十一单元　败血症

一、例题解析

A1 型题

1. 败血症是

A. 病畜血液内存在原虫

B. 病畜血液内存在病原菌

C. 病畜血液内存在病毒

D. 病畜血液内存在毒素

E. 病原体侵入血液增殖、产生毒素引起的全身严重病变

［考点与答案］败血症的定义　E

［解题分析］动物机体感染各种病原微生物后，因不能抵御微生物的侵袭，导致其迅速突破机体的防御系统，大量侵入血液，并在血液内繁殖或复制。病原微生物及其毒性产物造成机体广泛的组织损伤，临床上出现严重全身性反应的病理过程。故选 E。

2. 关于败血症对机体的影响，表述错误的是

A. 心功能无异常　B. 凝血功能异常　C. 休克
D. 全身组织出血　E. 尸僵不全

［考点与答案］败血症的全身病变 A
［解题分析］不同病原微生物引起的败血症病理变化的共同特点：①尸僵不全；②全身出血；③免疫器官发生急性炎症变化；④内脏器官肿胀变质；⑤神经内分泌系统水肿变性。故选答案 A。

3. 脓毒败血症的主要特点是

A. 体液内出现化脓菌　B. 体表有多发性脓肿
C. 血液中白细胞增多　D. 畜禽不断从鼻孔流出带血脓汁
E. 血液中出现大量的化脓菌及其毒素

［考点与答案］败血症的基本概念 E
［解题分析］由化脓菌引起的败血症，并继发引起全身性，多发性小脓肿灶，则称为脓毒败血症。故选答案 E。

4. 动物发生急性传染病导致死亡的主要原因是

A. 菌血症　B. 毒血症　C. 败血症　D. 虫血症　E. 病毒血症

［考点与答案］败血症的结局 C
［解题分析］败血症是动物机体受到病原微生物感染的一种全身性反应。故选答案 C。

二、练习题目

A1 型题

1. 血液中有病原微生物存在是败血症的主要标志之一，包括以下症状
A. 毒血症、虫血症、病毒血症　B. 毒血症、菌血症、病毒血症
C. 毒血症、虫血症、脓毒血症　D. 虫血症、菌血症、病毒血症
E. 热毒血症、虫血症、脓毒血症

2. 败血症时机体除有毒血症的症状和体征外，常出现
A. 皮肤黏膜多发性出血斑点　B. 皮肤黏膜苍白　C. 脾萎缩
D. 全身淋巴结正常　E. 巨噬细胞数量减少

3. 败血症的结局是
A. 不完全痊愈　B. 肯定死亡　C. 完全痊愈
D. 治愈或死亡　E. 机化

4. 病原体侵入机体的部位称为
A. 感染灶　B. 感染门户　C. 血管扩散
D. 淋巴道扩散　E. 组织扩散

B1 型题

（5～9 题共用备选答案）

A. 尸僵不全　B. 血液凝固不良　C. 溶血现象

D. 全身黏膜、浆膜出血　E. 内脏器官肿胀变质

5. 死于败血症的动物体，由于细菌毒素的作用，红细胞被破坏，发生

6. 死于败血症的动物体，器官（心、肝、肾）外观明显瘀血肿大，实质细胞发生不同程度的颗粒变性、空泡变性、透明变性或脂肪变性等退行性变化，称为

7. 死于败血症的动物体内存在大量病原微生物和毒素，引起尸体自溶和腐败，肌肉组织发生退行性变化，导致动物机体发生

8. 死于败血症的动物体，由于全身出血在病原微生物和毒素的作用下，全身小血管和毛细血管发生严重的损伤，结构被破坏，引起动物机体发生

9. 动物死后，从内眦、阴道及肛门等天然孔流出黑红色凝固不良的浓稠血液，称为

[练习题目答案] 1. D　2. A　3. D　4. B　5. C　6. E　7. A　8. D　9. B

败血症

第十二单元　肿　瘤

一、例题解析

A1 型题

1. 良性肿瘤的特点之一是

A. 易转移　B. 异型性小　C. 异型性大

D. 生长速度极快　E. 常见核分裂象

[考点与答案] 肿瘤的异型性　B

[解题分析] 肿瘤组织在细胞形态和结构上都与其来源的正常组织有不同差异，称为异型性。良性肿瘤组织与正常组织相似，因此其异型性小。故选答案 B。

2. 良性肿瘤常见的生长方式是

A. 浸润性生长/外生性生长　B. 弥漫性生长/内生性生长

C. 膨胀性生长/弥漫性生长　D. 外生性生长/膨胀性生长

E. 内生性生长/弥漫性生长

[考点与答案] 肿瘤的生长 D

[解题分析] 良性肿瘤的生长方式多为膨胀性生长和外生性生长。故选答案 D。

3. 恶性肿瘤对机体的危害主要体现在

A. 膨胀性生长　　B. 侵袭性生长

C. 产生过量激素　　D. 压迫邻近器官

E. 阻塞中空器官

[考点与答案] 肿瘤的生长方式 B

[解题分析] 恶性肿瘤的瘤细胞像树根浸润一样生长，破坏周围组织，并发生转移，引起机体的功能障碍。故选答案 B。

4. 鳞状细胞癌的癌细胞来源于

A. 上皮组织　　B. 神经组织

C. 脂肪组织　　D. 纤维组织

E. 肌肉组织

[考点与答案] 肿瘤的分类 A

[解题分析] 鳞状细胞癌属于上皮组织的恶性肿瘤。故选答案 A。

5. 复层扁平上皮发生的恶性肿瘤称

A. 纤维肉瘤　　B. 纤维瘤

C. 乳头状瘤　　D. 鳞状细胞癌

E. 癌肉瘤

[考点与答案] 畜禽常见肿瘤举例 D

[解题分析] 鳞状上皮细胞癌，最常发生于皮肤的鳞状上皮以及有这种上皮的黏膜。故选答案 D。

6. 下列最易发生转移的肿瘤是

A. 乳头状瘤　　B. 腺瘤　　C. 平滑肌瘤

D. 纤维肉瘤　　E. 血管瘤

[考点与答案] 畜禽常见肿瘤举例，良性肿瘤与恶性肿瘤的区别 D

[解题分析] 纤维肉瘤是恶性间叶组织肿瘤中最常见的一种。恶性肿瘤容易发生转移。故选答案 D。

B1 型题

（7～8 题共用备选答案）

A. 乳头状瘤　　B. 腺瘤　　C. 腺癌

D. 鳞状细胞癌　　E. 纤维肉瘤

7. 病犬口腔黏膜局部增厚；镜检见瘤组织已侵入至黏膜下，但分化程度较高，细胞排列呈团块状，偶然见有角化珠。该增厚部位可能是

8. 病犬肠道有一分叶状肿块，与周围界限清晰；镜检见肿块组织结构与生长部位组织相似，瘤细胞排列成管状，该肿块可能是

［考点与答案］畜禽常见肿瘤的病理特点和宠物常见肿瘤的病理特点（血管周细胞瘤）。题7答案D；题8答案B

［解题分析］鳞状细胞癌的特点是在癌巢中心可见类似表皮的层状角化物，称为角化珠或癌珠。因此题7答案是D；腺瘤的瘤细胞与原有细胞的形态和大小差异不大，有腺瘤管腔的排列、大小和形态不整齐，小叶构造不明显，大小不均。因此题8答案是B。

二、练习题目

A1 型题

1. 肿瘤的生长方式最正确的是
   A. 外突性生长、膨胀性生长
   B. 分裂生长、浸润性生长
   C. 膨胀性生长、浸润性生长
   D. 外突性生长、膨胀性生长、浸润性生长
   E. 结节性生长、扩大生长、浸润性生长

2. 间变是指已经分化成熟的细胞和组织的
   A. 成熟　B. 继续分化
   C. 返回原始幼稚　D. 坏死
   E. 变性

3. 肿瘤的分裂繁殖是
   A. 间质　B. 血管
   C. 血管和瘤细胞　D. 因子
   E. 瘤细胞

4. 肿瘤的转移途径是
   A. 血管、淋巴管　B. 血管　C. 淋巴管
   D. 间质　E. 神经

5. 肿瘤的生长越快、恶性程度越高，其细胞分化
   A. 也越成熟　B. 也越不成熟　C. 停止
   D. 增加　E. 化生

6. 乳头状瘤是
   A. 血管的肿瘤　B. 皮肤或黏膜的被覆的肿瘤
   C. 肝脏的肿瘤　D. 肾脏的肿瘤
   E. 心脏的肿瘤

7. 腺瘤是

A. 上皮组织的恶性肿瘤　　B. 上皮组织的良性肿瘤

C. 间叶组织的恶性肿瘤　　D. 间叶组织的良性肿瘤

E. 神经组织的肿瘤

8. 纤维肉瘤是

A. 上皮组织的恶性肿瘤　　B. 上皮组织的良性肿瘤

C. 间叶组织的恶性肿瘤　　D. 间叶组织的良性肿瘤

E. 神经组织的肿瘤

9. 图 4-21 中肿瘤的病理变化诊断结论是

A. 纤维瘤　　B. 纤维肉瘤　　C. 腺瘤

D. 腺癌　　E. 鳞状上皮癌

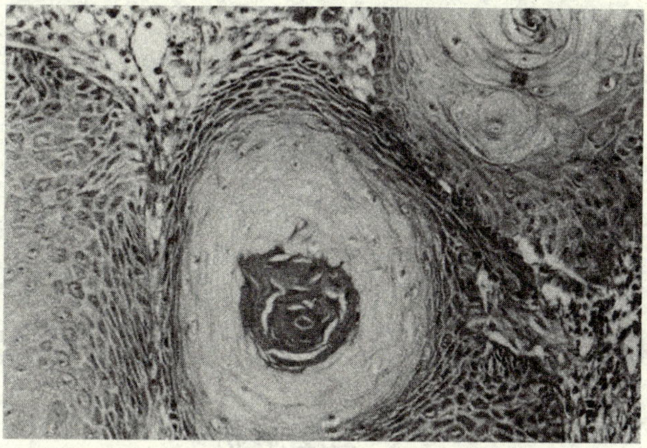

图 4-21　肿　瘤

10. 图 4-22 中肿瘤的病理变化诊断结论是

A. 纤维瘤　　B. 纤维肉瘤

C. 腺瘤　　D. 腺癌

E. 鳞状上皮癌

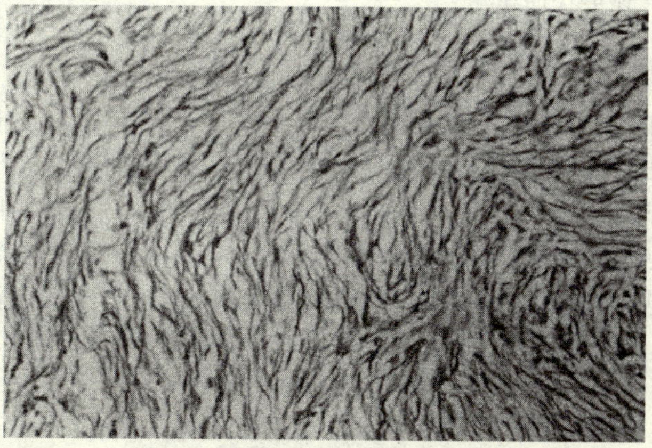

图 4-22　肿　瘤

B1 型题

（11～14 题共用备选答案）

A. 恶性　　B. 结缔组织　　C. 良性

D. 间质　　E. 息肉

11. 纤维瘤是由纤维结缔组织产生的肿瘤是
12. 来源于平滑肌的肉瘤是
13. 由腺上皮发生的肿瘤是
14. 来自淋巴管的淋巴管瘤是

［练习题目答案］ 1. D　2. C　3. E　4. A　5. B　6. B　7. B　8. C　9. E　10. A　11. C　12. A　13. C　14. C

肿瘤

第十三单元　器官系统病理学概论

一、例题解析

A1 型题

1. 肝硬化的后期组织学的病变特点是

A. 肝水肿　　B. 肝窦扩张、瘀血

C. 肝细胞大量坏死　　D. 假小叶生成和纤维化

E. 胆管上皮呈乳头状增生

［考点与答案］ 病理变化，肝硬化　D

［解题分析］ 肝硬化的发病机理及病变特点：肝组织间质明显增宽，结缔组织明显增多，伴有淋巴细胞和单核细胞浸润。增生的纤维束将肝细胞分割成大小和形状不一的岛屿状，即假小叶。假小叶内肝细胞变性，一般无中央静脉，有时有偏位的中央静脉或有两个中央静脉。假小叶边缘有成堆的新生毛细胆管细胞，而很少见胆管腔。病程久长的病例，肝组织可能全部由结缔组织取代。故选答案 D。

2. 发生急性猪丹毒时，脾脏的病变是

A. 急性脾炎　　B. 慢性脾炎　　C. 化脓性脾炎

D. 坏死性脾炎　　E. 出血性梗死

［考点与答案］病理变化，脾炎　A

［解题分析］①急性脾炎：伴有脾脏明显肿大的急性炎症，多见于炭疽、急性猪丹毒、急性副伤寒等急性败血性传染病，故称为败血脾；②坏死性脾炎：脾脏实质坏死明显而体积不肿大或轻度肿大的急性脾炎，多见于巴氏杆菌病、弓形虫病、猪瘟、鸡新城疫和鸡传染性法氏囊病等急性传染病，猪瘟时可在脾脏的边缘见有出血性梗死灶；③化脓性脾炎：伴有组织脓性溶解的脾炎，主要由机体其他部位化脓灶内的化脓菌经血源性播散所致，在脾脏形成大小不等的化脓灶；④慢性脾炎：伴有脾脏肿大的慢性增生性脾炎，多见于亚急性或慢性马传染性贫血、结核、牛传染性胸膜肺炎和布鲁氏菌病等病程较长的传染病。故选答案 A。

3. 支气管肺炎的始发病灶位于

A. 肺大叶　B. 肺泡壁　C. 肺小叶间质
D. 肺支气管周围　E. 细支气管或肺小叶

［考点与答案］病理变化，肺炎　E

［解题分析］小叶性肺炎（支气管肺炎）发病机制和病变特征：病变始发于支气管或细支气管，然后蔓延到邻近肺泡引起的肺炎，每个病灶大致在 1 个肺小叶范围内，所以称为小叶性肺炎。因病变起始于支气管，后波及肺组织，故又称为支气管肺炎。故选答案 E。

4. 原发性肾小球肾炎的发病机制是

A. 内源性毒物损伤　B. 外源性毒物损伤
C. 应激反应　D. 缺血损伤
E. 变态反应

［考点与答案］发病机制　E

［解题分析］肾小球肾炎是一组以肾小球损害为主的变态反应性疾病。大多数（90%以上）肾小球性肾炎的发生都与免疫反应有关，主要机制是由于抗原抗体免疫复合物在肾小球毛细血管上沉积所引起的变态反应。故选答案 E。

5. 李氏杆菌感染导致病兔的脑炎病灶中，形成血管套的主要炎性细胞是

A. 嗜酸性粒细胞　B. 中性粒细胞　C. 单核细胞
D. 淋巴细胞　E. 浆细胞

［考点与答案］病理变化　C

［解题分析］由李氏杆菌引起的化脓性脑炎病变特征为脑实质形成细小化脓灶和血管管套。病变部位主要存在于延脑、脑桥、丘脑、脊髓颈段。镜检可见神经组织局灶性坏死崩解，形成小化脓灶。胶质细胞增生，并可形成胶质小结。血管周围出现以单核细胞为主的围管性细胞浸润所形成的管套。故选答案 C。

A1 型题

6. 化脓性心肌炎时渗出的炎性细胞主要是

A. 嗜酸性粒细胞　　B. 中性粒细胞
C. 淋巴细胞　　D. 浆细胞
E. 单核细胞

［考点与答案］化脓性心肌炎的镜检病理变化　B
［解题分析］化脓性心肌炎是以大量中性粒细胞渗出和脓液形成为特征。

7. 维生素 E 或硒缺乏可引起鸡小脑发生

A. 非化脓性脑炎　　B. 化脓性脑炎　　C. 脑软化
D. 脑脊髓炎　　E. 脑膜脑炎

［考点与答案］脑软化的概念和病因　C
［解题分析］维生素 B_1、维生素 E 和硒缺乏，以及缺铜常引起动物发生脑软化。

8. 以非典型性间质性肺炎病变为特征的肺腺瘤病为

A. 猪弓形虫性肺炎　　B. 马气喘病肺炎
C. 猪支原体性肺炎　　D. 牛进行性肺炎
E. 绵羊慢性进行性肺炎

［考点与答案］肺炎的类型　D
［解题分析］牛进行性肺炎，也称非典型性间质性肺炎，由一种变应原如干草小多孢子菌或霉菌毒素中毒引起，当慢性感染时，肺泡上皮增生或化生为单层立方状，局部可见双层上皮，使得肺泡呈腺瘤样结构。

9. 3 月龄病死猪，剖检见肠黏膜潮红、肿胀，被覆有多量黏液。镜检见黏膜上皮细胞变性、坏死、脱落，杯状细胞数量增多且黏液分泌亢进，固有层充血，炎性细胞浸润。此病变为

A. 出血性肠炎　　B. 急性卡他性肠炎
C. 纤维素性坏死性肠炎　　D. 慢性增生性肠炎
E. 纤维素性肠炎

［考点与答案］肠炎的类型　B
［解题分析］急性卡他性肠炎是肠黏膜的一种急性炎症，其主要特征为黏膜充血伴浆液渗出以及杯状细胞分泌大量黏液。

B1 型题

（10～12 题共用备选答案）

A. 浆液性淋巴结炎　　B. 出血性淋巴结炎
C. 化脓性淋巴结炎　　D. 坏死性淋巴结炎
E. 增生性淋巴结炎

10. 牛放线菌病下颌淋巴结的病变是

11. 急性猪瘟患病猪淋巴结的主要病变是

12. 副结核病患牛淋巴结的主要病变为

［考点与答案］病理变化　10～12 答案分别为 C、B、E

［解题分析］牛放线菌病由放线菌引起的慢性传染病，病理变化以头、颈、颌下和舌出现放线菌肿为特征，即出现脓肿和肉芽肿。故 10 题答案为 C。急性猪瘟呈现以多发性出血为特征，尤其淋巴结表现为水肿、出血，呈大理石样花纹，切面呈周边出血。故 11 题答案为 B。副结核病是由副结核分支杆菌反复或持续作用引起的以细胞或结缔组织显著增生为主要特征，肠系膜淋巴结呈慢性增生性淋巴结炎，淋巴结的淋巴窦内可见上皮样细胞大量增生。故选答案 E。

（13～15 题共用备选答案）

A. 浆液性淋巴结炎　　B. 出血性淋巴结炎

C. 坏死性淋巴结炎　　D. 化脓性淋巴结炎

E. 增生性淋巴结炎

13. 剖检猪瘟病死猪，见淋巴结肿大，周边呈暗红色或黑红色，切面隆突，湿润，呈“大理石”样外观。此病变为

14. 剖检一副结核病死牛，见淋巴结肿大，呈灰白色髓样外观，质地稍硬实。此病变为

15. 马腺疫病马颌下淋巴结肿胀，有波动，局部皮肤变薄，后自行破溃，流出大量黄白色黏稠液体。此病变为

［考点与答案］淋巴结炎的病理变化　13～15 答案分别为 B、E、D

［解题分析］出血性淋巴结炎是指伴有严重出血的单纯性淋巴结炎。常见于出血败血性传染病，如炭疽、巴氏杆菌病、猪瘟、急性猪链球菌病等，也可见于某些急性原虫病，如牛泰勒虫病。化脓性淋巴结炎是指伴有组织脓性溶解的淋巴结炎。多见于马腺疫和猪链球菌病的下颌淋巴结，也发生于组织、器官化脓性炎症时累及的局部淋巴结。慢性淋巴结炎是由病原因素反复或持续作用所引起的以细胞或结缔组织显著增生为主要表现的淋巴结炎，故又称为增生性淋巴结炎。通常见于慢性经过的传染病（如布鲁氏菌病、副结核病、慢性马传染性贫血等）或组织器官发生慢性炎症时；也可以由急性淋巴结炎转变而来。

B1 型题

（16～18 题共用备选答案）

A. 心脏肥大　　B. 心肌缺血

C. 实质性心肌炎　　D. 化脓性心肌炎

E. 间质性心肌炎

16. 猪链球菌可引起

17. 猪肉孢子虫可引起

18. 犬细小病毒可引起

［考点与答案］心肌炎的病因及发病机制　16～18 题答案分别为 D、E、C

［解题分析］实质性心肌炎较为常见，通常伴发于犊牛和仔猪恶性口蹄疫、牛恶性卡他热、马传染性贫血、鸡白痢沙氏菌感染、猪（啮齿类动物、非人灵长类动物）脑心肌炎病毒感染、犬细小病毒感染以及猫传染性腹膜炎等病毒性疾病过程中。引起间质性心肌炎的主要原因有某些寄生虫感染及变态反应，如肉孢子虫、猪囊尾蚴、猪浆膜丝虫、旋毛虫以及弓形虫等。化脓性心肌炎常由化脓性细菌如葡萄球菌、链球菌等所引起。

（19～20 题共用备选答案）

A. 急性卡他性胃炎　　B. 出血性胃炎

C. 纤维素性胃炎　　D. 化脓性胃炎

E. 坏死性胃炎

19. 胃黏膜肿胀，表面有大量黏稠液体。镜检见黏膜上皮较完整，轻度变性，黏膜表面见多量脱落的上皮细胞碎片，固有层水肿，散在中性粒细胞。该胃的病变是

20. 胃黏膜表面被覆一层灰黄色假膜。镜检见黏膜上皮严重变性、坏死和脱落，表面附有粉色纤维蛋白样渗出物，其中混杂有多量炎性细胞。该胃病变为

［考点与答案］胃肠炎的类型及病理变化　19～20 题答案分别为 A、C

［解题分析］黏膜面有液体流出是卡他性炎的特征，纤维蛋白为不溶性物质，在黏膜表面大量渗出时可形成假膜。

（21～22 题共用备选答案）

A. 牛　B. 猪　C. 兔　D. 马　E. 鸡

21. 浆膜丝虫引起的心包炎见于

22. 创伤性网胃-心包炎见于

［考点与答案］心包的类型及病理变化　21～22 题答案分别为 B、A

［解题分析］猪浆膜丝虫病由蟠尾丝虫科的猪浆膜丝虫寄生于猪的心脏、肝、胆囊、膈肌、子宫及肺动脉基部的浆膜淋巴管内引起的寄生虫病。牛口腔黏膜角化乳头丰富，对硬性刺激物的感觉较迟钝，且采食时咀嚼粗放、吞咽迅速，故容易将铁钉、铁丝、玻璃碎片等尖锐物体混入食团而误咽入胃内。由于网胃的前部仅以薄层的膈与心包相连，故当网胃肌肉收缩时，往往使混入食物中的尖锐物体刺破网胃和膈进而穿入心包，此时胃内微生物也伴随侵入，引发创伤性心包炎。

二、练习题目

A1 型题

1. 有关支气管性肺炎的描述正确的是

A. 肺泡和支气管内有纤维素渗出

B. 炎症多发于心叶、尖叶和膈叶后下缘
C. 炎灶波及一个或一群肺小叶
D. 肺泡壁毛细血管出血
E. 间质结缔组织增生

2. 常发生纤维素性肺炎的疾病是
A. 结核病　B. 鼻疽　C. 牛肺疫
D. 猪喘气病　E. 猪瘟

3. 下列哪种疾病一般不发生出血性肠炎
A. 炭疽　B. 猪瘟　C. 鸡球虫病
D. 猪副伤寒　E. 霉败饲料中毒

4. 反刍动物常因摄食过程中吞入金属等锐物，穿过网胃和横膈刺入心包而引起
A. 创伤性心包炎　B. 心内膜炎　C. 心外膜炎
D. 细菌性心肌炎　E. 病毒性心肌炎

5. 心包膜炎是指
A. 心包的壁层的炎症　B. 心包的脏层的炎症
C. 心包的壁层和脏层的炎症　D. 心肌的炎症
E. 心内膜的炎症

6. 属于急性肾小球肾炎的镜检病变的是
A. 肾小囊上皮细胞增生，被覆于肾小囊壁的尿极呈新月体
B. 肾小球体积增大，肾小球细胞数目增多
C. 肾小球体积缩小，细胞数目减少
D. 肾小球数目减少
E. 环状体形成

7. 猪弓形虫病时主要引起
A. 出血性淋巴结炎　B. 坏死性淋巴结炎
C. 慢性淋巴结炎　D. 化脓性淋巴结炎
E. 浆液性淋巴结炎

8. 羔羊铜缺乏容易发生
A. 化脓性脑炎　B. 脑脊髓炎　C. 化脓性脑炎
D. 脑软化　E. 噬神经元现象

9. 急性脾炎常见于
A. 鸡新城疫　B. 禽霍乱　C. 结核
D. 急性猪丹毒　E. 慢性马传染性贫血

10. 以变质为主要病变的细菌性肝炎的镜检病变主要是
A. 肝组织内大量中性粒细胞浸润
B. 肝细胞广泛变性和坏死
C. 肝细胞广泛变性及大量嗜酸性粒细胞浸润
D. 肝细胞广泛变性及大量淋巴细胞、巨噬细胞浸润
E. 肝细胞广泛发生颗粒变性

11. 剖检成年患病鸡发现肝脏肿胀，表面及切面可见小点状、散在分布，密集的坏死灶。最可能发生的是

A. 禽霍乱　　B. 鸡白痢　　C. 禽流感

D. 球虫感染　　E. 鸡包含体肝炎

12. 疣状心内膜炎病变特征是心瓣膜上发生了

A. 感染性肉芽肿　　B. 瘀血　　C. 坏死

D. 梗死　　E. 疣状血栓

A1 型题

13. 蠕形螨病的特征病变之一是引起毛囊炎，其类型为

A. 毛囊周围炎　　B. 界面型壁性毛囊炎

C. 脓疱型壁性毛囊炎　　D. 毛球炎

E. 浸润型壁性毛囊炎

14. 反刍动物发生骨软症的主要原因是

A. 钙缺乏　　B. 钙磷比例不均衡

C. 维生素 E 缺乏　　D. 维生素 D 缺乏

E. 磷缺乏

B1 型题

（15～17 题共用备选答案）

A. 充血水肿期　　B. 红色肝变期　　C. 灰色肝变期

D. 消散期　　E. 恢复期

15. 镜检可见肺泡壁毛细血管因充血而扩张；肺泡腔内大量浆液性渗出物，夹有少量红细胞，中性粒细胞和脱落的肺泡上皮细胞。此变化为纤维素性肺炎的阶段是

16. 镜检可见肺泡壁毛细血管充血明显，肺泡腔内大量的网状纤维素和红细胞，以及一定数量的中性粒细胞和脱落的肺泡上皮细胞。此变化为纤维素性肺炎的阶段是

17. 镜检可见肺泡壁充血消退，毛细血管管腔变细小。肺泡内纤维素呈网状，许多中性粒细胞分布其间，红细胞几乎消失。此变化为纤维素性肺炎的阶段是

（18～20 题共用备选答案）

A. 急性卡他性肠炎　　B. 慢性卡他性肠炎　　C. 坏死性肠炎

D. 出血性肠炎　　E. 增生性肠炎

18. 剖检一例典型盲肠球虫患鸡，见两侧盲肠肿大为正常的 3 倍，肠壁增厚，呈弥漫性暗红色，肠黏膜肿胀，肠腔内容物表面沾染暗红色凝块物质。此病变为

19. 剖检小鹅瘟患鹅，见空肠肿胀，浆膜充血，失去光泽，肠腔内充满腐臭的污物，肠黏膜肿胀，有暗红色斑点。同时可见呈不同色泽如糠麸状，大小范围不一且表面粗糙的稍硬隆起的凝固病灶。此病变为

20. 副结核患牛，剖检见肠管粗细不均匀，肠壁增厚，弹性减退，肠黏膜肥厚出现脑回样皱襞，黏膜表面常覆盖多量黄白色黏稠物。此病变为

（21～23 题共用备选答案）

A. 细菌性肝炎　　B. 病毒性肝炎

C. 寄生虫性肝炎　　D. 肝硬化

E. 中毒性肝炎

21. 肝脏被膜增厚，体积缩小，质地变硬，表面粗糙，常见凹凸不平的颗粒状或结节状。切面肝小叶结构消失，见许多圆形或类圆形的岛屿状结节，大小和表面的一致。此变化为

22. 肝肿大，呈黄绿色，表面有多量圆形下陷的坏死灶（呈“火山口样”）。此变化为

23. 镜检可见肝细胞的胞浆和胞核内形成包含体。此变化为

A2 型题

24. 剖检病死猪，可见心包腔内蓄积多量混浊渗出物，心外膜表面覆盖一层黄白色丝绒状物质。该病灶的炎症属于

A. 卡他性炎　　B. 出血性炎
C. 坏死性炎　　D. 浆液性炎
E. 纤维素性炎

25. 某鸡群，剖检患病鸡，可见法氏囊肿大，严重出血呈紫葡萄样，切开法氏囊，囊腔内有凝血块及黄白色干酪样渗出物。该病的镜检病变最有可能的是

A. 法氏囊淋巴小结皮质部淋巴细胞数量增多
B. 法氏囊内小血管扩张充血
C. 法氏囊淋巴小结的皮质及髓质部淋巴细胞坏死，数量减少，髓质部出现空腔
D. 法氏囊淋巴小结的皮质及髓质部大量纤维结缔组织增生
E. 法氏囊淋巴小结的小血管内可见混合血栓

26. 临检一患犬，结果显示子宫腔显著扩张、子宫体积明显增大，触摸时有波动感。剖检可见子宫腔内有大量棕色浓稠状液体物质流出。此病变为

A. 急性卡他性子宫内膜炎　　B. 慢性卡他性子宫内膜炎
C. 纤维素性子宫内膜炎　　D. 坏死性子宫内膜炎
E. 化脓性子宫内膜炎

27. 图 4－23 中箭头所指肺脏内的炎性细胞为

A. 嗜酸性粒细胞　　B. 中性粒细胞
C. 淋巴细胞　　D. 多核巨细胞
E. 浆细胞

28. 图 4－24 所示大叶性肺炎的病变以哪个阶段为主

A. 充血水肿期　　B. 红色肝变期
C. 灰色肝变期　　D. 消散期
E. 恢复期

29. 图 4－25 中箭头所指心脏的病变为

A. 纤维素性炎　　B. 卡他性炎　　C. 坏死性炎
D. 出血性炎　　E. 增生

30. 图 4－26 中箭头所指鸡盲肠肝炎的病变为

A. 组织滴虫　　B. 肝细胞胞浆内包含体
C. 微血栓　　D. 肝细胞坏死
E. 肝细胞水泡变性

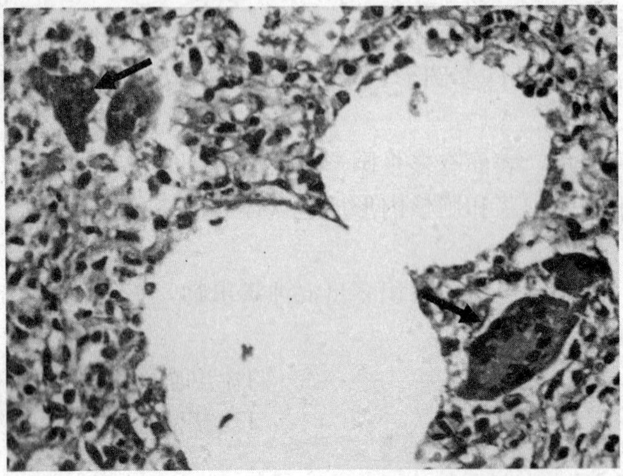

图 4-23　肺　炎

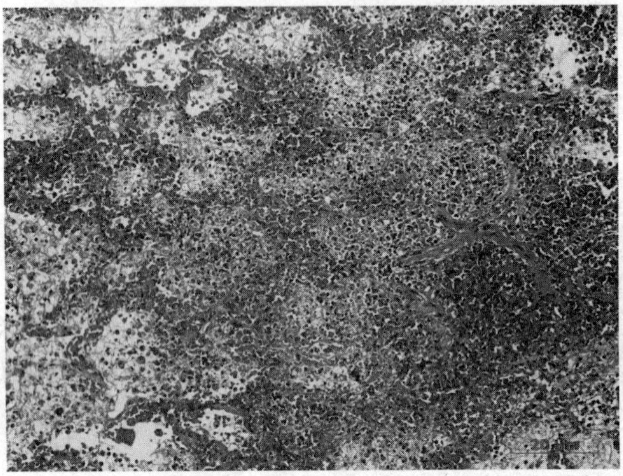

图 4-24　大叶性肺炎

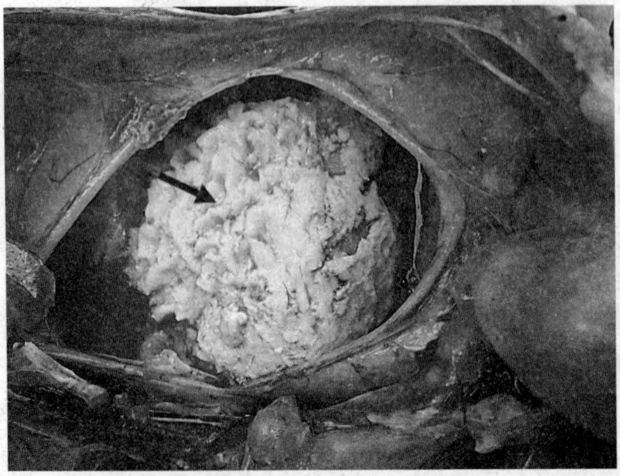

图 4-25　心包炎

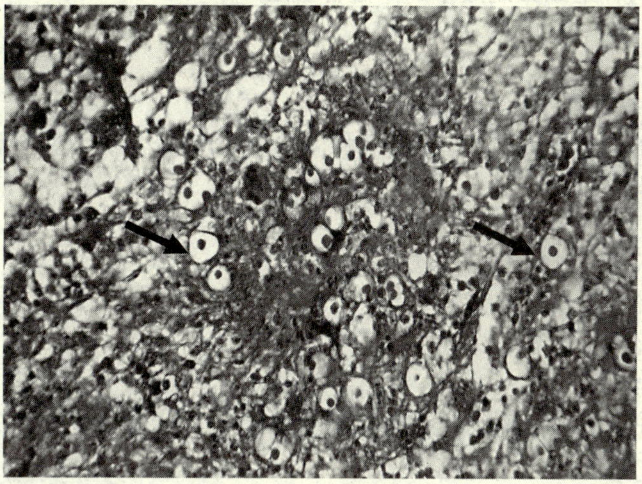

图 4-26　鸡盲肠肝炎

[练习题目答案] 1. C　2. C　3. D　4. A　5. C　6. B　7. B　8. D　9. D　10. B　11. A　12. E　13. B　14. E　15. A　16. B　17. C　18. D　19. C　20. E　21. D　22. C　23. B　24. E　25. C　26. E　27. D　28. B　29. A　30. A

器官系统病理学概论

第十四单元　动物病理剖检诊断技术

一、例题解析

A1 型题

1. 进行牛的尸体剖检时通常采用

A. 左侧卧位　B. 背卧位　C. 右侧卧位
D. 腹卧位　E. 吊挂式

[考点与答案] 牛的病理剖检方法　E

[解题分析] 牛有 4 个胃，占腹腔左侧的绝大部分及右侧中下部，前至 6～8 肋间，后达骨盆腔。因此，牛的尸体剖检，通常采取左侧卧位，这样便于检查腹腔内肠管等其他器官。

2. 10%的福尔马林组织固定液中的甲醛含量是

A. 36%　　B. 10%　　C. 7%　　D. 4%　　E. 1%

［考点与答案］动物病理剖检诊断技术　D

［解题分析］常用的固定液是10%福尔马林固定液（即4%的甲醛溶液），固定时间只需24～48h即可。

3. 猪的尸体剖检，摘出空肠和回肠时应先

A. 在贲门部做双重结扎

B. 在十二指肠起始部做双重结扎

C. 在空肠的末端

D. 在空肠起始部和回肠末端分别做双重结扎

E. 在盲肠起始部做双重结扎

［考点与答案］猪的病理剖检方法　D

［解题分析］将结肠盘向右侧牵引，盲肠拉向左侧，显露回盲韧带与回肠。在离盲肠约15cm处，将回肠做二重结扎切断。然后握住回肠断端，用刀切离回肠、空肠上附着的肠系膜，直至十二指肠空肠曲，在空肠起始部做二重结扎并切断。取出空肠和回肠。

B1 型题

（4～5题共用备选答案）

A. 10%福尔马林　　B. 20%酒精　　C. 50%酒精

D. 4%福尔马林　　E. 80%酒精

4. 最常用的组织固定液是

5. 在养殖场剖检取材时，如果无甲醛，可选用的固定液是

［考点与答案］病理组织学材料的摘取和固定　4、5题答案分别为A、E

［解题分析］常用的固定液是10%福尔马林固定液（即4%的甲醛溶液），固定时间只需24～48h即可。若条件受限，无甲醛固定液，可选用酒精进行固定，一般浓度是80%。

二、练习题目

A1 型题

1. 病理取材固定时固定液的用量是

A. 固定组织总体积的10～20倍

B. 固定组织总体积的1～2倍

C. 固定组织总体积的1～3倍

D. 固定组织总体积的5倍

E. 固定组织总体积的 3 倍

2. 病变描述时用词必须准确，不宜使用的是

A. 无肉眼可见病变　　B. 质地坚实　　C. 肿大

D. 针尖大小　　E. 失去光泽

3. 选取病理组织材料时组织块的厚度是

A. 0.5cm　　B. 1.5cm　　C. 1.8cm　　D. 2cm　　E. 5cm

4. 进行羊的尸体剖检时通常采用

A. 左侧卧位　　B. 背卧位　　C. 右侧卧位

D. 腹卧位　　E. 吊挂式

5. 病变描述时用词必须准确，可以使用的描述词语是

A. 正常　　B. 无变化　　C. 非常大

D. 针尖大小　　E. 颗粒变性

6. 对反刍动物胃进行剖检时，一般情况下先剪开的部位是

A. 网胃大弯　　B. 瓣胃大弯部

C. 皱胃小弯部　　D. 瘤胃上缘

E. 瘤胃下缘

7. 根据尸僵的发生和缓解情况，大致可以判定家畜死亡的时间。尸僵最明显的时间段是

A. 1～2h　　B. 3～6h　　C. 10～20h

D. 24～36h　　E. 36～48h

[练习题目答案] 1. A　2. C　3. A　4. B　5. D　6. C　7. C

动物病理剖检诊断技术

第五篇

兽医药理学

第一单元 总　　论

一、例题解析

A1 型题

1. 用治疗剂量时，出现与用药目的无关的不适反应是指药物的

A. 副作用　　B. 变态反应　　C. 毒性作用
D. 继发性反应　　E. 特异质反应

［考点与答案］药物的治疗作用与不良反应　A
［解题分析］不良反应包括副作用、毒性作用、变态（过敏）反应、继发性反应、后遗效应和特异质反应。其中，副作用是指药物在常用治疗剂量时产生的与治疗无关的作用或危害不大的不良反应。故选答案 A。

2. 不属于假兽药的是

A. 以非兽药冒充兽药的
B. 不标明有效期的
C. 以他种兽药冒充此种兽药的
D. 兽药所含成分的种类与兽药国家标准不符合的
E. 兽药所含成分的名称与兽药国家标准不符合的

［考点与答案］药物的治疗作用与不良反应　B
［解题分析］选项中只有“不标明有效期的”为劣兽药，其他情形均为假兽药。故选答案 B。

3. 反映药物进入全身循环的速度和程度的药动学参数是

A. 药时曲线下面积　　B. 表观分布容积
C. 生物利用度　　D. 峰浓度
E. 达峰时间

［考点与答案］主要药动学参数及其临床意义 C

［解题分析］药时曲线下面积反映到达全身循环的药物总量。表观分布容积指药物在体内的分布达到动态平衡时，药物总量按血浆药物浓度在体内分布时所需的总容积，反映药物在体内的分布情况。生物利用度指药物以一定的剂量从给药部位吸收进入全身循环的速度和程度。药时曲线的最高点叫峰浓度，达到峰浓度的时间叫达峰时间。故选答案 C。

4. 皮下注射是将药物注入

A. 表皮内　　B. 真皮乳头层内

C. 真皮网状层　　D. 表皮与真皮之间

E. 浅筋膜

［考点与答案］药物代动力学中药物的吸收 E

［解题分析］常用给药途径中只有皮下注射是将药液注入浅筋膜内，皮内注射是将药液注于表皮和真皮之间。故选答案 E。

5. 药物在畜禽组织中的浓度高于血浆浓度时显示

A. 药时曲线下面积　　B. 表现分布容积大

C. 峰浓度高　　D. 生物利用度大

E. 消除半衰期长

［考点与答案］主要药动学参数及其临床意义 B

［解题分析］药时曲线下面积反映到达全身循环的药物总量。表观分布容积指药物在体内的分布达到动态平衡时，药物总量按血浆药物浓度在体内分布时所需的总容积，反映药物在体内的分布情况。生物利用度指药物以一定的剂量从给药部位吸收进入全身循环的速度和程度。消除半衰期指体内血浆药物量或浓度消除一半所需的时间。故选答案 B。

6. 兽用处方药不包括

A. 替米考星预混剂　　B. 土霉素注射液

C. 盐酸林可霉素预混剂　　D. 地美硝唑预混剂

E. 阿美拉霉素预混剂

［考点与答案］处方药与非处方药 E

［解题分析］处方药是指凭兽医的处方才能购买和使用的兽药。非处方药是指由国务院兽医行政管理部门公布的、不需要凭兽医处方就可以自行购买并按照说明书使用的兽药。阿美拉霉素预混剂用作猪鸡的促生长添加剂，不需要凭兽医处方就可以自行购买并按照说明书使用。故选答案 E。

7. 给药方案不包括

A. 剂量　　B. 给药途径

C. 给药时间间隔　　D. 适用动物
E. 疗程

［考点与答案］合理用药的基本原则　D
［解题分析］要针对疾病的临诊症状和病原诊断制定给药方案。给药方案包括给药剂量、途径、频率（间隔时间）和疗程。故选答案 D。

8. 影响药物作用的主要因素不包括

A. 种属差异　　B. 给药方案　　C. 饲养人员
D. 病理因素　　E. 环境因素

［考点与答案］影响药物作用的因素　C
［解题分析］影响药物作用的主要因素包括种属差异、给药方案、病理因素、环境因素。故选答案 C。

B1 型题

（9～10 题共用备选答案）

A. 配伍禁忌　　B. 协同作用　　C. 相加作用
D. 颉颃作用　　E. 无关作用

9. 8 月龄，患大肠杆菌病，兽医采用肌内注射复方磺胺嘧啶钠注射液，剂量为每千克体重 20mg 磺胺嘧啶钠和 4mg 甲氧苄啶的用药方案，该联合用药最有可能发生的相互作用是

［考点与答案］药物的相互作用；磺胺药与抗菌增效剂合用的效应　B
［解题分析］细菌不能直接从生长环境中利用外源叶酸，而是利用对氨基苯甲酸（PA-BA）、二氢喋啶和谷氨酸，在二氢叶酸合成酶的催化下合成二氢叶酸，再经二氢叶酸还原酶催化还原为四氢叶酸。磺胺类药物结构与 PABA 的结构相似，能与 PA-BA 竞争二氢叶酸合成酶，抑制二氢叶酸的合成，而甲氧苄啶可抑制二氢叶酸还原酶，使二氢叶酸不能还原成四氢叶酸。二者可从两个不同环节同时阻断叶酸代谢而起双重阻断作用，临床常以 5∶1 比例合用，抗菌作用增强数倍至几十倍，具有协同作用。故选答案 B。

10. 猪，3 月龄，患链球菌病并继发肺炎支原体感染，兽医采用肌内注射青霉素钠治疗（每千克体重 3 万 U），并同时肌内注射盐酸土霉素（每千克体重 15mg）的治疗方案，该联合用药最有可能发生的相互作用是

［考点与答案］药物的相互作用；青霉素与土霉素合用的效应　D
［解题分析］青霉素类药物属于繁殖期杀菌剂，抗菌机制是抑制细菌细胞壁的合成。土霉素的作用机制是干扰细菌蛋白质的合成。在土霉素的作用下，细菌蛋白质合成迅速抑制，细菌停止生长繁殖，青霉素便不能发挥抑制细胞壁合成的作用，二者相互颉颃。故选答案 D。

二、练习题目

A1 型题

1. 副作用是

A. 一种治疗作用　B. 不可预见的作用　C. 可预见的作用　D. 与剂量无关的作用　E. 剂量过大产生的作用

2. 大部分药物在体内转运的方式为

A. 简单扩散　B. 主动转运　C. 胞饮　D. 易化扩散　E. 离子对转运

3. 能产生首过效应的给药途径是

A. 静脉注射　B. 肌内注射　C. 皮下注射　D. 内服给药　E. 气雾给药

4. 两种或两种以上药物联合应用在体内不可能产生

A. 颉颃作用　B. 相加作用　C. 配伍禁忌　D. 协同作用　E. 竞争作用

5. 药物在体内的代谢主要发生在

A. 血液　B. 肝脏　C. 肾脏　D. 小肠　E. 结肠

6. 兽用处方药是指

A. 凭执业兽医处方才能购买和使用的兽药
B. 可在柜台上买到的药物
C. 执业兽医处方中所列药物
D. 农业农村部公布的，在具备相关资质的药店中可以购买的兽药
E. GMP 兽药企业生产的药物

7. 简单扩散的特点不包括

A. 消耗能量　B. 无饱和性　C. 无竞争抑制现象　D. 顺浓度梯度　E. 不消耗能量

8. 无吸收过程的给药途径是

A. 肌内注射　B. 内服给药　C. 静脉注射　D. 呼吸道给药　E. 皮肤给药

9. 药物在体内发生的化学结构变化称之为

A. 吸收　B. 分布　C. 排泄　D. 生物转化　E. 转运

10. 进入体内的药物主要排泄途径是

A. 胆汁　B. 消化道　C. 肾脏　D. 呼吸道　E. 汗腺

11. 生物利用度是指药物以一定剂量从给药部位吸收进入全身循环的

A. 有效血药浓度　B. 速度　C. 程度

D. 速率和程度　　E. 容积

12. 药物作用的基本表现为
A. 局部作用与全身作用　　B. 兴奋作用与抑制作用
C. 直接作用与间接作用　　D. 治疗作用与不良反应
E. 原发作用与继发作用

13. 反映药物从体内消除快慢的药动学参数是
A. 药时曲线下面积　　B. 半衰期
C. 生物利用度　　D. 峰浓度
E. 达峰时间

14. 反映药物到达全身循环总量的药动学参数是
A. 药时曲线下面积　　B. 表观分布容积
C. 生物利用度　　D. 峰浓度
E. 达峰时间

[练习题目答案] 1. C　2. A　3. D　4. C　5. B　6. A　7. A　8. C　9. D　10. C
11. D　12. B　13. B　14. A

总论

第二单元　化学合成抗菌药

一、例题解析

A1 型题

1. 给犬类服用磺胺类药物时，同时使用 $NaHCO_3$ 的目的是
A. 增加抗菌作用　　B. 加快药物的吸收
C. 加快药物的代谢　　D. 防止结晶尿的形成
E. 防止药物排泄过快

[考点与答案] 磺胺类药物应用注意事项　D

[解题分析] 磺胺类药物用药期间应提供充足饮水，幼畜、杂食或食肉动物宜与等量的碳酸氢钠同服，以碱化尿液，加速排出，避免结晶尿损害肾脏。因此，给犬类服用磺胺类药物时，同时使用 $NaHCO_3$ 的目的是防止结晶尿的形成。故选答案 D。

2. 甲硝唑适用于治疗

A. 鸡球虫病　　B. 皮肤真菌病　　C. 厌氧菌感染
D. 猪支原体性肺炎　　E. 猪放线杆菌性胸膜肺炎

［考点与答案］硝基咪唑类的抗菌作用及应用　C
［解题分析］甲硝唑（灭滴灵）具有抗滴虫和阿米巴原虫的作用，对革兰氏阳性和阴性厌氧菌作用强。主要用于治疗牛和鸽毛滴虫病、犬贾第虫病、禽组织滴虫病等。此外，还可用于厌氧菌感染。故选答案C。

3. 鸡，5周龄，下痢，冠呈暗黑色，剖检病鸡见盲肠肿胀，有干酪样渗出；肝脏肿大，表面有中央凹陷边缘隆起的坏死灶；盲肠内容物检查发现直径约10μm、有一根鞭毛的虫体。该鸡群应选用的治疗药物是

A. 乙酰甲喹　　B. 地美硝唑　　C. 替米考星
D. 多西环素　　E. 磺胺喹噁啉

［考点与答案］硝基咪唑类的抗菌作用及应用　B
［解题分析］地美硝唑具有抗滴虫作用和广谱抗菌作用。主要有抗组织滴虫、纤毛虫、阿米巴原虫作用，对厌氧菌、大肠弧菌和密螺旋体亦有作用。主要用于禽组织滴虫病、猪密螺旋体性痢疾和厌氧菌感染。该病例为组织滴虫病，故选答案B。

B1 型题

（4～5题共用备选答案）

A. 耳毒性　　B. 结晶尿　　C. 致突变　　D. 免疫抑制　　E. 软骨变性

4. 犬，2月龄，为预防外科手术后的细菌感染，兽医在犬日粮中添加磺胺二甲嘧啶（每千克日粮500mg）10d，根据药物的使用剂量、时间，最有可能发生的不良反应是

［考点与答案］磺胺类药物的不良反应　B
［解题分析］磺胺类药物的慢性中毒常见于剂量偏大或连续用药超过1周以上的长期用药，主要症状为：出现结晶尿、血尿和蛋白尿等；消化系统障碍和食草动物的多发性肠炎等；家禽慢性中毒时，可见增重减慢、蛋鸡产蛋率下降、蛋破损率和软蛋率增加。故选答案B。

5. 犬，2月龄，患细菌性腹泻，兽医在犬日粮中添加恩诺沙星（每千克日粮200mg）10d，根据药物的使用剂量、时间，最有可能发生的不良反应是

［考点与答案］氟喹诺酮类药物的不良反应　E
［解题分析］氟喹诺酮类药物的不良反应包括：可使幼龄动物软骨发生变性，引起跛行及疼痛；消化系统反应，有呕吐、腹痛和腹胀；食肉动物高剂量用药偶尔可出现结晶尿，损伤尿道；皮肤反应有红斑、瘙痒、荨麻疹及光敏反应等。故选答案E。

（6～8 题共用备选答案）

A. 磺胺二甲嘧啶　B. 磺胺喹噁啉　C. 地美硝唑

D. 青霉素　E. 头孢噻呋

6. 常与甲氧苄啶合用治疗猪链球菌病的药物是

［考点与答案］化学合成抗菌药磺胺类及抗菌增效剂的应用　A

［解题分析］磺胺二甲嘧啶对猪链球菌具有较强的抗菌作用，而甲氧苄啶与磺胺类合用，可从两个不同环节同时阻断叶酸代谢而起双重阻断作用，合用的抗菌作用增强几倍至几十倍，甚至使抑菌作用变为杀菌作用，且可减少耐药菌株的产生。故选答案 A。

7. 常与二甲氧苄啶合用治疗兔球虫病的药物是

［考点与答案］化学合成抗菌药磺胺类及抗菌增效剂的应用　B

［解题分析］磺胺喹啉为广泛应用的专供防治球虫病的磺胺药。与二甲氧苄啶合用抗球虫效果更佳。故选答案 B。

8. 用于治疗禽组织滴虫病的药物是

［考点与答案］地美硝唑的应用　C

［解题分析］地美硝唑具抗组织滴虫、纤毛虫、阿米巴原虫作用，对厌氧菌、大肠弧菌和密螺旋体亦有作用。主要用于禽组织滴虫病、猪密螺旋体性痢疾和厌氧菌感染。故选答案 C。

二、练习题目

A1 型题

1. 预防细菌性脑炎、脑脊髓炎的首选药是

A. 磺胺间甲氧嘧啶（SMM）　B. 磺胺甲唑（SMZ）

C. 磺胺嘧啶（SD）　D. 磺胺二甲嘧啶（SM_2）

E. 磺胺喹啉（SQ）

2. 恩诺沙星的抗菌机制是

A. 影响细菌细胞壁合成　B. 干扰细菌细胞膜通透性

C. 抑制细菌 DNA 回旋酶活性　D. 抑制细菌蛋白质合成

E. 干扰细菌叶酸代谢

3. 可用于治疗鸡组织滴虫感染的药物是

A. 青霉素 G　B. 甲硝唑　C. 两性霉素 B

D. 磺胺嘧啶　E. 恩诺沙星

4. 对支原体感染无效的药物是

A. 红霉素　B. 泰乐菌素　C. 恩诺沙星　D. 青霉素 G　E. 林可霉素

5. 氟喹诺酮类抗菌药的主要不良反应是
A. 急性毒性　B. 影响软骨发育　C. 肾脏毒性
D. 二重感染　E. 过敏反应
6. 属于动物专用的氟喹诺酮类药物是
A. 环丙沙星　B. 沙拉沙星　C. 诺氟沙星
D. 氧氟沙星　E. 洛美沙星
7. 属于细菌对氟喹诺酮类药物耐药机制的是
A. RNA 酶基因突变　B. 细菌改变代谢途径
C. 细菌的外输泵系统将药物排出　D. 细菌产生能够灭活药物的酶
E. 细菌细胞壁通透性降低
8. 允许在猪使用的药物是
A. 杆菌肽　B. 氯霉素　C. 利巴韦林
D. 克伦特罗　E. 呋喃唑酮
9. 猪气喘病首选药物是
A. 磺胺二甲嘧啶　B. 磺胺喹噁啉　C. 恩诺沙星
D. 喹乙醇　E. 甲硝唑

B1 型题

（10～11 题共用备选答案）
A. 磺胺类　B. 二氨嘧啶类
C. 硝基呋喃类　D. 氟喹诺酮类
E. 硝基咪唑类
10. 家禽最敏感的抗菌药是
11. 可致幼畜软骨损害的抗菌药是
（12～13 题共用备选答案）
A. 青霉素 G　B. 链霉素
C. 磺胺间甲氧嘧啶　D. 甲硝唑
E. 恩诺沙星
12. 可用于治疗猪弓形虫感染的药物是
13. 可用于治疗鸡卡氏住白细胞虫病的药物是

A2 型题

14. 某猪场幼猪，3 月龄，先排软粪，渐变为黄色稀粪，内混黏液或带血，严重时所排粪便呈红色糊状，内有大量黏液、血块及脓性分泌物，有的排灰色、褐色甚至绿色糊状粪，有时带有很多小气泡，并混有黏液及纤维素伪膜。大部分病猪体温正常。用硫酸新霉素混饲 3d，疗效差，经实验室确诊为猪痢疾密螺旋体引起的感染，应改用的治疗药物是
A. 青霉素 G　B. 链霉素　C. 乙酰甲喹
D. 甲硝唑　E. 磺胺喹噁啉

A3/A4 型题

（15、16 题共用题干）
京巴犬，2 岁，身体多处被一松狮犬咬伤，伤口经清洗处理后缝合，每天一次肌内注射

氨苄西林，1周后，小创口愈合拆线，但颈部一较深伤口愈合不良，有脓性分泌物，分泌物具典型的腐臭，取脓性标本常规培养，无细菌生长。以头孢曲松静脉滴注3d，局部涂红霉素软膏，效果不佳。

15. 该犬可能发生的感染是
A. 金黄色葡萄球菌感染　B. 大肠杆菌感染　C. 链球菌感染
D. 厌氧菌感染　E. 真菌感染

16. 治疗该感染，除了采取清创排脓措施外，同时可选择用于治疗的药物是
A. 青霉素G　B. 链霉素
C. 磺胺间甲氧嘧啶　D. 甲硝唑
E. 恩诺沙星

[练习题目答案] 1. C　2. C　3. B　4. D　5. B　6. B　7. C　8. A　9. C　10. A　11. D　12. C　13. C　14. C　15. D　16. D

化学合成抗菌药

第三单元　抗生素与抗真菌药

一、例题解析

A1型题

1. 青霉素类抗生素的抗菌作用机制是抑制细菌
A. 叶酸的合成　B. 蛋白质的合成
C. 细胞壁的合成　D. 细胞膜的合成
E. DNA回旋酶的合成

[考点与答案] 青霉素类的作用机制　C
[解题分析] 青霉素类能与细菌细胞质膜上的青霉素结合蛋白结合，引起转肽酶、羧肽酶、内肽酶活性丢失，导致敏感菌黏肽的交叉联结受阻，细胞壁缺损，从而使细菌死亡。故选答案C。

2. 猪，3月龄，患链球菌病并继发肺炎支原体感染，兽医采用肌内注射青霉素钠治疗（每千克体重3万U），并同时肌内注射盐酸土霉素（每千克体重15mg）的治疗方案，该联合用药最有可能发生的相互作用是
A. 配伍禁忌　B. 协同作用　C. 相加作用

D. 颉颃作用　　E. 无关作用

［考点与答案］药物的相互作用；青霉素的作用　D
［解题分析］青霉素类药物属于繁殖期杀菌剂，抗菌机制是抑制细菌细胞壁的合成。土霉素属于四环素类药物，其作用机制是干扰细菌蛋白质的合成。在土霉素的作用下，细菌蛋白质合成迅速抑制，细菌停止生长繁殖，青霉素便不能发挥抑制细胞壁合成的作用，二者相互颉颃。故选答案 D。

3. 头孢噻呋适用于治疗

A. 鸡球虫病　　B. 皮肤真菌病　　C. 厌氧菌感染
D. 猪支原体性肺炎　　E. 猪放线杆菌性胸膜肺炎

［考点与答案］头孢噻呋的作用与应用　E
［解题分析］头孢噻呋具有广谱杀菌作用，对革兰氏阳性菌、革兰氏阴性菌均有效。敏感菌主要有多杀性巴氏杆菌、溶血性巴氏杆菌、胸膜肺炎放线杆菌、沙门氏菌、大肠杆菌、链球菌和葡萄球菌等。本品抗菌活性比氨苄西林强，对链球菌的活性比喹诺酮类强。用于革兰氏阳性菌和革兰氏阴性菌感染。如大肠杆菌、沙门氏菌感染，猪传染性胸膜肺炎，牛巴氏杆菌性肺炎、乳腺炎。故选答案 E。

4. 四环素类药物的抗菌作用机制是抑制

A. 细菌叶酸的合成　　B. 细菌蛋白质的合成
C. 细菌细胞壁的合成　　D. 细菌细胞膜的通透性
E. 细菌 DNA 回旋酶的合成

［考点与答案］四环素类药物的抗菌作用机制　B
［解题分析］四环素类抗菌作用机制，主要是抑制细菌蛋白质的合成。本类药物可与细菌核蛋白体 30S 亚单位氨酰基的 A 位结合，妨碍氨酰基 tRNA 连接，从而抑制蛋白质合成的延伸过程。此外，本类药物还能抑制核蛋白体与释放因子相结合，阻碍已合成的肽链的释放，从而抑制蛋白质合成的终止过程，抑制细菌的生长繁殖。故选答案 B。

5. 灰黄霉素适用于治疗

A. 鸡球虫病　　B. 皮肤真菌病　　C. 厌氧菌感染
D. 猪支原体性肺炎　　E. 猪放线杆菌性胸膜肺炎

［考点与答案］抗真菌药的作用与应用　B
［解题分析］灰黄霉素系内服的抑制真菌药，对各种皮肤真菌（小孢子菌、表皮癣菌和毛发癣菌）有强大的抑菌作用，对其他真菌无效。故选答案 B。

6. 农业部第 278 号公告规定，用于治疗鱼类疾病的氟苯尼考粉的休药期（停药期）为

A. 100 度日　　B. 200 度日　　C. 275 度日

D. 375 度日　　E. 500 度日

［考点与答案］氟苯尼考的临床应用　D

［解题分析］根据农业部第 278 号公告中兽药休药期规定，氟苯尼考粉在各种动物的休药期分别为，猪 20 日，鸡 5 日，鱼 375 度日。故选答案 D。

7. 属于食品动物禁用的药物是

A. 硫酸链霉素　　B. 硫酸卡那霉素　　C. 土霉素

D. 氯霉素　　E. 恩拉霉素

［考点与答案］酰胺醇类抗生素的应用　D

［解题分析］氯霉素属广谱抑菌性抗生素，其不良反应主要是抑制骨髓造血机能，其表现症状主要为可逆性的血细胞减少和不可逆的再生障碍性贫血。正由于上述原因，目前世界上大多数国家（包括中国）均禁止氯霉素用于所有食品源性动物。故选答案 D。

8. 黏菌素的抗菌谱主要是

A. 革兰氏阳性菌和阴性菌　　B. 革兰氏阳性菌

C. 革兰氏阴性菌　　D. 支原体

E. 衣原体

［考点与答案］抗生素黏菌素的作用　C

［解题分析］黏菌素又名黏杆菌素、多黏菌素 E、抗敌素，为窄谱杀菌剂，对革兰氏阴性杆菌的抗菌活性强。敏感菌有大肠杆菌、沙门氏菌、巴氏杆菌、布鲁氏菌、弧菌、痢疾杆菌和绿脓杆菌等，尤其对绿脓杆菌具有强大的杀菌作用。故选答案 C。

9. 鸡，6 周龄，咳嗽，流浆液鼻液，眼睑肿胀，频频摇头甩头。剖检气囊混浊变厚，有干酪样渗出物，渗出物接种马丁琼脂固体培养基，长出“荷包蛋状”菌落，治疗该病应选用的药物是

A. 泰万菌素　　B. 青霉素　　C. 阿莫西林

D. 乙酰甲喹　　E. 磺胺喹噁啉

［考点与答案］大环内酯类抗生素的作用及应用　A

［解题分析］泰万菌素为畜禽专用抗生素，其抗菌作用与泰乐菌素相似。主要用于治疗支原体及敏感革兰氏阳性菌引起的感染性疾病，如猪、鸡的支原体病和链球菌病等。该病例疑似为鸡毒支原体引起的鸡慢性呼吸道病，故选答案 A。

10. 犬，臀部皮肤上有一小隆起，触诊有热感，用针刺破后流出黄白色、凝乳状黏稠液体，挤压排尽后，应选用的局部用药是

A. 灰黄霉素　　B. 克霉唑　　C. 两性霉素

D. 杆菌肽　　E. 酮康唑

［考点与答案］多肽类抗生素的作用及应用 D
［解题分析］杆菌肽对革兰氏阳性菌有杀菌作用，包括耐药金黄色葡萄球菌、肠球菌、链球菌，对螺旋体和放线菌也有效。临诊上局部应用于革兰氏阳性菌所致的皮肤及伤口感染、眼部感染和乳腺炎等。该病例为革兰氏阳性菌所致的伤口感染，故选答案 D。

11. 抑制细菌细胞壁合成而发挥杀菌作用的抗菌药物是

A. 磺胺脒　　B. 金霉素　　C. 青霉素
D. 两性霉素 B　　E. 恩诺沙星

［考点与答案］β-内酰胺类青霉素的作用 C
［解题分析］青霉素属 β-内酰胺类抗生素，对革兰氏阳性和阴性球菌、革兰氏阳性杆菌、放线菌和螺旋体等高度敏感，常作为首选药，其杀菌作用机制为抑制细菌细胞壁合成，故选答案 C。

B1 型题

（12～13 题共用被选答案）

A. 泰万菌素　　B. 苯唑西林　　C. 黏菌素
D. 氨苄青霉素　　E. 灰黄霉素

12. 治疗耐青霉素金黄色葡萄球菌引起的奶牛乳房炎时，用于乳房注入的药物应是

［考点与答案］青霉素类抗生素苯唑西林的作用与应用 B
［解题分析］苯唑西林，又称为苯唑青霉素，为半合成的耐酸、耐 β-内酰胺酶青霉素。对耐青霉素的金黄色葡萄球菌有效，主要用于对青霉素耐药的金黄色葡萄球菌感染，如败血症、肺炎、乳腺炎和烧伤创面感染等。故选答案 B。

13. 可用于治疗犊牛、马属动物皮肤真菌病的药物是

［考点与答案］抗真菌药灰黄霉素的作用与应用 E
［解题分析］灰黄霉素系内服的抑制真菌药，对各种皮肤真菌（小孢子菌、表皮癣菌和毛发癣菌）有强大的抑菌作用。主要用于小孢子菌、表皮癣菌和毛发癣菌引起的各种皮肤真菌病，如犊牛、马属动物、犬和家禽的毛癣。其他选项中药物均不是抗真菌药。故选答案 E。

A2 型题

14. 8 月龄母猪，因怀疑患细菌性肺炎，用青霉素、链霉素肌内注射治疗 3d，疗效欠佳，经实验室诊断为支原体肺炎混合感染胸膜肺炎放线杆菌，应改用的治疗药物是

A. 新霉素　　B. 头孢噻呋　　C. 泰妙菌素
D. 氟苯尼考　　E. 地美硝唑

［考点与答案］泰妙菌素的作用与应用　C

［解题分析］泰妙菌素对革兰氏阳性菌（如金色葡萄球菌、链球菌）、支原体（鸡败血支原体、猪肺炎支原体）、猪胸膜肺炎放线杆菌及猪密螺旋体等有较强的抗菌作用。主要用于防治鸡慢性呼吸道病、猪气喘病、传染性胸膜肺炎及猪密螺旋体性痢疾等。故选答案 C。

15. 犬，15 月龄，初步诊断为感染性皮炎，用恩诺沙星肌内注射治疗 3d，疗效差，经实验室确诊为表皮癣菌感染，应改用的治疗药物是

A. 红霉素　　B. 土霉素　　C. 酮康唑
D. 左旋咪唑　　E. 庆大霉素

［考点与答案］抗真菌药的应用　C

［解题分析］酮康唑为广谱抗真菌药，对全身及浅表真菌均有抗菌活性。用于治疗球孢子菌病、组织胞浆菌病、隐球菌病、芽生菌病；亦可防治皮肤真菌病等。红霉素、土霉素、庆大霉素主要对细菌有抗菌作用，左旋咪唑是一种广谱驱线虫药。故选答案 C。

16. 5 日龄仔猪，出现血痢，疑为厌氧菌感染。防治该病应选择的药物是

A. 酮康唑　　B. 左旋咪唑
C. 磺胺对甲氧嘧啶　　D. 甲硝唑
E. 喹烯酮

［考点与答案］硝基咪唑类的作用与应用　D

［解题分析］硝基咪唑类是指一类具有抗原虫和抗菌活性的药物，同时，也具有很强的抗厌氧菌作用。在兽医临诊常用的有甲硝唑、地美硝唑。甲硝唑（灭滴灵）具有抗滴虫和阿米巴原虫的作用，对革兰氏阳性和阴性厌氧菌作用强。可用于治疗牛、鸽毛滴虫病、犬贾第虫病、禽组织滴虫病及厌氧菌感染。故选答案 D。

17. 育肥猪，出现咳嗽、打喷嚏、腹式呼吸等症状，病猪消瘦，X 线检查可见肺部有云絮状阴影。剖检病死猪可见肺心叶、尖叶上胰样病灶。治疗该病应选用的药物是

A. 青霉素　　B. 甲硝唑
C. 头孢喹肟　　D. 泰乐菌素
E. 黏菌素

［考点与答案］大环内酯类抗生素泰乐菌素的作用与应用　D

［解题分析］泰乐菌素属大环内酯类抗生素，对细菌的作用较弱，对支原体作用强，是大环内酯类中对支原体作用最强的药物之一。主要用于防治鸡、火鸡和猪的支原体感染。根据该育肥猪的临床症状，可初步诊断为猪支原体感染。而其他选项中药物均对支原体无效。故选答案 D。

18. 奶牛，4 岁，乳房明显肿胀，变硬，发热，有痛感，体温 39.9℃，食欲减退，产奶量明显减少，奶汁变黄。选择全身治疗的最佳药物是

A. 土霉素注射液　　B. 硫酸庆大霉素可溶性粉
C. 新霉素预混剂　　D. 杆菌肽预混剂
E. 黏菌素可溶性粉剂

［考点与答案］氨基糖苷类庆大霉素的作用与应用　B
［解题分析］庆大霉素属氨基糖苷类抗生素，对革兰氏阴性菌和阳性菌均有作用。主要用于敏感的革兰氏阴性菌和阳性菌引起的呼吸道、肠道、泌尿生殖道感染和败血症等。根据该奶牛的临床症状，可初步诊断为奶牛乳腺炎。故选答案 B。

二、练习题目

A1 型题

1. 对青霉素耐药的金黄色葡萄球菌感染可改用
A. 普鲁卡因青霉素　　B. 氨苄西林　　C. 氯唑西林
D. 阿莫西林　　E. 苄星青霉素

2. 治疗敏感革兰氏阳性菌感染的一般首选药物是
A. 林可霉素　　B. 青霉素　　C. 红霉素
D. 头孢氨苄　　E. 庆大霉素

3. 可内服治疗敏感菌所致全身感染的药物是
A. 青霉素　　B. 硫酸新霉素　　C. 硫酸黏菌素
D. 阿莫西林　　E. 磺胺脒

4. 氨基糖苷类的主要不良反应是
A. 耳毒性和肾毒性　　B. 二重感染和肾毒性
C. 急性毒性和抑制软骨发育　　D. 再生障碍性贫血
E. 过敏反应

5. 对猪胸膜肺炎放线菌感染无治疗价值的药物是
A. 头孢噻呋　　B. 氟苯尼考　　C. 土霉素
D. 庆大霉素　　E. 泰妙菌素

6. 对畜禽支原体感染均有治疗价值的药物是
A. 阿莫西林、黏菌素、土霉素
B. 泰乐菌素、泰妙菌素、恩诺沙星
C. 庆大霉素、多西环素、头孢喹肟
D. 替米考星、土霉素、盐霉素
E. 制霉菌素、林可霉素、沙拉沙星

7. 治疗敏感大肠杆菌所致肠道感染且内服不易吸收的药物是
A. 氟苯尼考　　B. 黏菌素　　C. 呋喃唑酮
D. 阿莫西林　　E. 多西环素

8. 可用于治疗厌氧菌感染的药物是

A. 庆大霉素　B. 甲硝唑　C. 环丙沙星

D. 黏菌素　E. 链霉素

9. 属于不合理配伍的是

A. 青霉素＋链霉素　B. 大观霉素＋林可霉素

C. 磺胺喹啉＋TMP　D. 黏菌素＋杆菌肽

E. 泰妙菌素＋莫能菌素

10. 氯霉素禁用于食品动物是因为

A. 人摄入含氯霉素残留的食品可能会发生严重过敏反应

B. 对食品动物毒性大

C. 人摄入含氯霉素残留的食品可能会发生再生障碍性贫血

D. 对食品动物造血系统有明显抑制

E. 有致畸作用

11. 庆大霉素属于

A. 繁殖期杀菌剂　B. 静止期杀菌剂

C. 快效抑菌剂　D. 中效抑菌剂

E. 慢效抑菌剂

12. 内服土霉素后易引起二重感染或消化机能障碍的动物是

A. 牛　B. 猪　C. 家禽　D. 犬　E. 猫

13. 对原虫（球虫病、阿米巴原虫病）有效的抗生素是

A. 青霉素　B. 土霉素　C. 庆大霉素

D. 黏菌素　E. 红霉素

14. 治疗雏禽曲霉菌病的首选药为

A. 青霉素 G　B. 链霉素

C. 四环素类　D. 泰乐菌素

E. 制霉菌素

15. 抗生素粉针剂稀释后常温下放置最易失效的是

A. 青霉素 G　B. 头孢噻肟

C. 泰乐菌素　D. 卡那霉素

E. 多西环素

A2 型题

16. 猪，3 月龄，出现体温升高、呼吸严重困难，鼻、耳、四肢或全身皮肤发绀，心脏衰竭等症状，经实验室确诊为猪传染性胸膜肺炎，可选择的最佳治疗药物为

A. 青霉素 G　B. 链霉素

C. 磺胺间甲氧嘧啶　D. 甲硝唑

E. 氟苯尼考

[练习题目答案] 1. C　2. B　3. D　4. A　5. D　6. B　7. B　8. B　9. E　10. C　11. B　12. A　13. B　14. E　15. A　16. E

抗生素与抗真菌药

第四单元　消毒防腐药

一、例题解析

A1 型题

1. 猪场带猪消毒最常用的消毒药是

A. 0.1%高锰酸钾溶液　　B. 0.1%氢氧化钠溶液

C. 0.3%食盐溶液　　D. 0.5%过氧乙酸溶液

E. 0.3%福尔马林溶液

[考点与答案] 常用消毒防腐药的作用与应用　D

[解题分析] 过氧乙酸为强氧化剂，有很强的杀菌能力，能杀灭细菌、芽孢、真菌和病毒。作用时能分解成乙酸和水，且同时释放氧气，这些产物对环境、动物无害；而高锰酸钾溶液常用于皮肤创伤及腔道炎症的创面消毒、止血和收敛、有机物中毒；氢氧化钠溶液主要用于病毒污染场所、器械等消毒，如畜舍、车辆等的消毒；福尔马林溶液主要用于厩舍、仓库、孵化室、皮毛、衣物、器具等的熏蒸消毒和标本、尸体防腐；食盐溶液无消毒作用。因此，猪场带猪消毒最常用的消毒药是 0.5%过氧乙酸溶液。故选答案 D。

2. 适用于熏蒸的消毒药是

A. 复合酚　　B. 过氧化氢　　C. 苯扎溴铵

D. 二氯异氰脲酸　　E. 甲醛溶液（福尔马林）

[考点与答案] 消毒防腐药的应用　E

[解题分析] 福尔马林主要用于厩舍、仓库、孵化室、皮毛、衣物、器具等的熏蒸消毒。常用方法是将福尔马林同高锰酸钾按 2∶1 混合发生反应，产生甲醛气体，经一定时间的熏蒸而起到杀灭病原微生物的目的。因此，适用于熏蒸的消毒药是甲醛溶液，故选答案 E。

3. 用于犬手术皮肤消毒的乙醇最佳浓度是

A. 95%　　B. 85%　　C. 75%　　D. 65%　　E. 55%

［考点与答案］常用的消毒防腐药的作用与应用　C

［解题分析］乙醇是目前临诊上使用最广泛、也是较好的一种皮肤消毒药。其75%的水溶液，可用于皮肤、体温计、注射针头和小件医疗器械等消毒。故选答案C。

4. 治疗蹄叉腐烂病时，局部用药起防腐、溶解角质、止痒、刺激肉芽生长的药物是

A. 酮康唑软膏　　B. 氨苯磺胺粉　　C. 碘酊

D. 碘甘油　　E. 松馏油

［考点与答案］常用的消毒防腐药的作用与应用　E

［解题分析］松馏油具有防腐、溶解角质、止痒、促进炎性物质吸收和刺激肉芽生长等作用。可用于治疗慢性皮肤病，如湿疹、皮癣、过敏性皮炎、脂溢性皮炎和生长迟缓的肉芽创等。主要用于治疗蹄病，如蹄叉腐烂等。故选答案E。

5. 畜禽舍熏蒸消毒时，需与高锰酸钾合用的药物是

A. 聚维酮碘　　B. 二氯异氰尿酸钠　　C. 环氧乙烷

D. 过氧乙酸　　E. 福尔马林

［考点与答案］消毒防腐药的应用　E

［解题分析］福尔马林主要用于厩舍、仓库、孵化室、皮毛、衣物、器具等的熏蒸消毒。常用方法是将福尔马林同高锰酸钾按2∶1混合发生反应，产生甲醛气体，经一定时间的熏蒸而起到杀灭病原微生物的目的。故选答案E。

B1型题

（6～8题共用备选答案）

A. 甲紫　　B. 苯扎溴铵　　C. 戊二醛

D. 稀盐酸　　E. 鱼石脂软膏

6. 某猪场爆发非洲猪瘟，对猪舍过道进行喷洒消毒，首选的药物是

［考点与答案］常用消毒防腐药、醛类的戊二醛的应用　C

［解题分析］戊二醛属醛类消毒药，具有广谱、高效和速效的杀菌作用。对细菌繁殖体、芽孢、病毒、结核杆菌和真菌等均有很好的杀灭作用。主要用于动物厩舍及器具消毒。故选答案C。

7. 奶牛，5岁，出现跛行，蹄趾间腐烂，把腐烂部分清理，冲洗干净后，局部治疗应选用的药物是

［考点与答案］常用消毒防腐药鱼石脂软膏的应用　E

［解题分析］鱼石脂软膏作用温和，能消炎、消肿，促进组织肉芽生长，临诊可用于慢性关节炎、蜂窝织炎、肌腱炎、慢性睾丸炎、冻伤、溃疡与湿疹等。故选答案E。

8. 牧羊犬，3 岁，进行去势手术，对手术器械进行浸泡消毒，首选的药物是

［考点与答案］常用消毒防腐药季铵盐类苯扎溴铵的应用 B

［解题分析］苯扎溴铵为阳离子表面活性剂，对细菌如化脓杆菌、肠道菌等有较好的杀灭能力。常用于创面消毒及皮肤、手术器械消毒。故选答案 B。

二、练习题目

A1 型题

1. 用作消毒病毒污染环境最好的药物是
   A. 复合酚 B. 来苏儿
   C. 氢氧化钠（烧碱） D. 高锰酸钾
   E. 新洁尔灭
2. 可用作动物体表皮肤、黏膜消毒的药物是
   A. 甲醛 B. 氢氧化钠 C. 聚维酮碘
   D. 苯酚 E. 过氧乙酸
3. 可用于养鸡场饮水消毒的药物是
   A. 戊二醛 B. 新洁尔灭 C. 复合酚
   D. 含氯石灰 E. 过氧化氢
4. 一般来说，药物浓度越高，消毒效果越好。但不遵循这一规律而有最佳消毒效果的药是
   A. 来苏儿 B. 乙醇 C. 高锰酸钾
   D. 生石灰 E. 过氧化氢
5. 硬水中的 Ca^{2+} 和 Mg^{2+} 过高，不会明显降低其抗菌效力的消毒防腐药是
   A. 新洁尔灭 B. 乙醇 C. 碘伏
   D. 氯己定 E. 癸甲溴铵
6. 下列各选项中，与其他选项作用机制不同的消毒防腐药是
   A. 苯酚 B. 甲醛 C. 乙醇
   D. 漂白粉 E. 氢氧化钠
7. 对影响消毒防腐药的因素描述错误的是
   A. 病毒对碱类很敏感，对酚类的抵抗力强
   B. 乙醇作为皮肤消毒药应用时，浓度不宜超过 75%
   C. 消毒药的抗菌效果随着环境温度的升高而增强
   D. 含氯消毒剂作用的最佳 pH 为 7.5～8.5
   E. 水质硬度过高会降低季铵盐类的抗菌效力
8. 猪场环境消毒常用的消毒药是
   A. 高锰酸钾溶液 B. 生石灰 C. 新洁尔灭
   D. 醋酸 E. 过氧化氢
9. 不能用于手术器械浸泡消毒的消毒药是
   A. 75%乙醇 B. 0.1%洗必泰溶液

C. 0.1%新洁尔灭溶液　　D. 0.2%过氧乙酸溶液
E. 5%～10%甲酚皂溶液

10. 可用于皮肤消毒的是
A. 0.1%新洁尔灭溶液　　B. 0.1%氢氧化钠溶液
C. 0.3%福尔马林溶液　　D. 3%过氧乙酸溶液
E. 10%碘酊

[练习题目答案] 1. C　2. C　3. D　4. B　5. B　6. D　7. D　8. B　9. D　10. A

消毒防腐药

第五单元　抗寄生虫药

一、例题解析

A1 型题

1. 具有抗球虫作用的药物是
A. 伊维菌素　　B. 多西环素　　C. 莫能菌素
D. 大观霉素　　E. 泰乐菌素

[考点与答案] 抗球虫药作用与应用　C
[解题分析] 莫能菌素为单价离子载体类抗球虫药，具有广谱抗球虫作用。用于预防鸡球虫病，肉牛的促生长剂。伊维菌素对线虫和外寄生虫有较好疗效，多西环素为四环素类抗生素，大观霉素为氨基苷类抗生素，泰乐菌素为大环内酯类抗生素。因此，具有抗球虫作用的药物是莫能菌素。故选答案 C。

2. 预防鸡住白细胞虫病可选用的药物是
A. 噻嘧啶　　B. 乙胺嘧啶　　C. 伊维菌素
D. 左旋咪唑　　E. 阿苯达唑

[考点与答案] 抗原虫药作用与应用　B
[解题分析] 鸡住白细胞虫病是由住白细胞虫属的原虫寄生于鸡的血液细胞和内脏器官细胞内所引起的疾病。乙胺嘧啶为抗原虫药，可用于防治鸡的住白细胞原虫病和鸡、火鸡、鹅的疟原虫病，及用于治疗猪、犬、猫的弓形虫病。其他几个选项中的药物均为抗蠕虫药。故选答案 B。

3. 治疗鸡球虫病可选用的药物是

A. 氨丙啉　　B. 左旋咪唑　　C. 阿苯达唑
D. 芬苯达唑　　E. 咪唑苯脲

［考点与答案］抗球虫药作用与应用　A

［解题分析］氨丙啉为广谱抗球虫药，对鸡的各种球虫均有作用。主要用于预防禽球虫病，也用于预防犊牛、羔羊、兔等球虫感染。左旋咪唑为驱线虫药，阿苯达唑与芬苯达唑为驱线虫、吸虫、绦虫药，咪唑苯脲为抗梨形虫药。左旋咪唑、阿苯达唑、芬苯达唑均为抗线虫药，而咪唑苯脲为抗梨型虫药。故选答案 A。

4. 治疗犬蠕形螨病的首选药物是

A. 吡喹酮　　B. 三氮脒　　C. 伊维菌素
D. 左旋咪唑　　E. 氯硝柳胺

［考点与答案］杀虫药作用与应用　C

［解题分析］伊维菌素对犬、猫的肠道线虫，耳螨、疥螨，犬的蠕形螨，家禽肠道线虫及寄生膝螨等均有驱杀作用。吡喹酮、左旋咪唑、氯硝柳胺均为抗蠕虫药，而三氮脒为抗原虫药。故选答案 C。

5. 防治禽皮刺螨病的药物是

A. 氨丙啉　　B. 吡喹酮
C. 地克珠利　　D. 阿苯达唑
E. 溴氰菊酯

［考点与答案］杀虫药作用与应用　E

［解题分析］拟除虫菊酯类具有杀灭各种昆虫的作用，具有高效、速效，对人、畜毒性低，性质稳定，残效期较长等特点。兽医临诊使用的有氰戊菊酯、溴氰菊酯、氟氰胺菊酯和氟氯苯氰菊酯等。氨丙啉和地克珠利是抗球虫药，阿苯达唑是驱蠕虫药，吡喹酮是驱吸虫和绦虫药。故选答案 E。

6. 可以用于预防鸡球虫病的饲料药物添加剂是

A. 喹乙醇预混料　　B. 甲基盐霉素预混料
C. 杆菌肽锌预混料　　D. 土霉素钙
E. 复方硝基酚钠预混料

［考点与答案］抗球虫药的应用　B

［解题分析］甲基盐霉素，又称为那拉菌素，为单价聚醚类离子载体抗球虫药。其抗球虫效应大致与盐霉素相当。对鸡的堆型、布氏、巨型、毒害艾美耳球虫的抗球虫效果有显著差异。可用于预防鸡的球虫病。而其他选项中药物均非抗球虫药。故选答案 B。

B1 型题

（7～8 题共用被选答案）

A. 马拉硫磷　　B. 非泼罗尼

C. 环丙氯嗪　　D. 常山酮

E. 三氮脒

7. 防治鸡群球虫感染的药物是

［考点与答案］抗球虫药的应用　D

［解题分析］常山酮对鸡的柔嫩、毒害、巨型、堆型、布氏艾美耳球虫和火鸡的小艾美耳球虫、腺艾美耳球虫均有较强的抑制作用。对其他药物耐药的球虫，使用本品仍然有效。主要用于家禽球虫病。而其他选项中药物均非抗球虫药。故选答案 D。

8. 治疗放牧黄牛牛皮蝇蛆感染的药物是

［考点与答案］杀虫药的作用与应用　A

［解题分析］马拉硫磷主用于治疗畜禽外寄生虫病，如牛皮蝇、牛虻、体虱、羊痒螨和猪疥螨等。也可用于杀灭蚊、蝇、虱、臭虫、蟑螂等卫生害虫。而其他选项中药物均对牛皮蝇蛆无效。故选答案 A。

（9～11 题共用被选答案）

A. 阿苯达唑　　B. 左旋咪唑　　C. 阿维菌素

D. 氯硝柳胺　　E. 硝酸酚

9. 仔猪，被毛粗乱，消瘦，生长缓慢，免疫能力低下，最适合的治疗药物是

［考点与答案］抗蠕虫药的作用及应用　A

［解题分析］阿苯达唑是畜、禽常见胃肠道线虫、肺线虫、肝片吸虫和绦虫的有效驱虫药。该病例疑似为仔猪感染蛔虫，故选答案 A。

10. 水牛，2 岁，患有血矛线虫病，并伴有肝片吸虫感染，有效的治疗药物是

［考点与答案］抗蠕虫药的作用及应用　A

［解题分析］阿苯达唑是畜、禽常见胃肠道线虫、肺线虫、肝片吸虫和绦虫的有效驱虫药。故选答案 A。

11. 奶牛，3 岁，经检查确诊为肺线虫病，并发现皮肤上疥螨，有效治疗药物是

［考点与答案］抗蠕虫药的作用及应用　C

［解题分析］阿维菌素对线虫和节肢动物有极佳疗效，常用于治疗畜禽的线虫病、螨病及蜱、虱、蝇等寄生性昆虫病。该病例确诊为肺线虫病，并发现皮肤上有疥螨，故选答案 A。

A2 型题

12. 犬，4 月龄，生长缓慢、呕吐、腹泻、贫血，经粪便检查确诊为蛔虫和复孔绦虫混合感染，最佳的治疗药物是

A. 吡喹酮　　B. 阿苯达唑　　C. 伊维菌素
D. 地克珠利　　E. 三氯苯达唑

［考点与答案］抗蠕虫药的应用　B
［解题分析］阿苯达唑对胃肠道线虫、肺线虫、肝片吸虫和绦虫等都有效；而吡喹酮具有抗血吸虫和抗绦虫作用；伊维菌素对线虫和外寄生虫有效，但对吸虫、绦虫及原虫无效；地克珠利为广谱抗球虫药；三氯苯达唑为苯并咪唑类中专用于抗片形吸虫的药物。故选答案 B。

13. 育肥猪出现消瘦、异嗜，有的成为僵猪，剖检见小肠内有大量淡黄色、圆柱形、体长为 15～30cm 的虫体，有的虫体尾端弯曲呈钩状，治疗该病应选用的药物是

A. 氯羟吡啶　　B. 三氮脒　　C. 吡喹酮
D. 伊维菌素　　E. 戊氰菊酯

［考点与答案］抗线虫药的作用与应用　D
［解题分析］伊维菌素为广谱、高效、低毒大环内酯类半合成的抗寄生虫药，对线虫和节肢动物有极佳疗效。对猪具有广谱驱线虫作用。对猪蛔虫、食道口线虫、后圆线虫等成虫及幼虫有效。而其他选项中药物均对猪蛔虫无效。故选答案 D。

14. 雏鸡群，1 日龄，在饲料中加入马度米星预防球虫病，饲料中添加的药物浓度是每 1 000kg 饲料添加

A. 1g　　B. 2g　　C. 3g　　D. 5g　　E. 10g

［考点与答案］抗球虫药马度米星的作用与应用　D
［解题分析］马度米星为离子载体抗球虫药，抗球虫谱广，对鸡的毒害、巨型、柔嫩、堆型、布氏、变位等艾美耳球虫有高效。主要用于预防鸡球虫病。其在饲料中添加浓度为 5 mg/kg，高剂量（饲料添加浓度超过 7mg/kg）可对鸡产生明显不良影响，甚至引起死亡。故选答案 D。

二、练习题目

A1 型题

1. 对犬曼氏迭宫绦虫病具治疗作用的药物是

A. 盐霉素　　B. 吡喹酮　　C. 左旋咪唑
D. 伊维菌素　　E. 敌百虫

2. 对伊维菌素的有关描述，错误的是

A. 对线虫和节肢动物有极佳疗效，但对吸虫、绦虫及原虫无效

B. 柯利牧羊犬对本品异常敏感，忌用

C. 注射剂仅限于皮下注射，因肌内、静脉注射易引起中毒反应

D. 对虾、鱼及水生生物有剧毒，临诊用药时不得污染水体

E. 可用于治疗犬恶丝虫病

3. 应控制饲料中维生素 B_1 的含量，从而达到良好抗球虫目的的药物是

A. 氨丙琳　　B. 尼卡巴嗪

C. 球痢灵　　D. 地克珠利

E. 莫能菌素

4. 对莫能菌素的有关描述，错误的是

A. 可用于预防鸡球虫病及肉牛的促生长剂

B. 不可与泰乐菌素、泰妙菌素灵、竹桃霉素等合用，否则有中毒危险

C. 作用峰期是在球虫生活周期的最初 2d

D. 肉鸡及产蛋鸡均可应用

E. 马属动物禁用

5. 下述各选项中，两药均可用于控制犬蠕形螨的药物是

A. 伊维菌素、双甲脒　　B. 多拉菌素、那拉菌素

C. 非泼罗尼、溴氰菊酯　　D. 敌百虫、环丙氨嗪

E. 吡喹酮、阿苯达唑

6. 下列药物中对猪弓形虫有效的是

A. 球痢灵　　B. 氨丙林

C. 磺胺间甲氧嘧啶　　D. 马杜霉素

E. 伊维菌素

B1 型题

（7～8 题共用备选答案）

A. 左旋咪唑　　B. 阿苯达唑　　C. 伊维菌素

D. 硫双二氯酚　　E. 吡喹酮

7. 上述驱虫药物中，对线虫、吸虫、绦虫都有驱除作用的是

8. 上述驱虫药物中，能驱绦虫又能抗血吸虫的是

A2 型题

9. 某猪群病猪出现剧痒、皮肤损伤、脱毛、结痂、增厚乃至龟裂以及消瘦等症状，确诊为疥螨病。治疗该病可用

A. 吡喹酮　　B. 盐霉素　　C. 阿苯达唑

D. 左旋咪唑　　E. 阿维菌素

10. 池塘边自由采食水葫芦、菱角的散养猪中，部分猪发病，主要表现为腹胀、腹痛、下痢、消瘦、贫血。经诊断，可能感染布氏姜片吸虫，如对病猪进行治疗，可选择的药物是

A. 四环素　　B. 土霉素　　C. 吡喹酮　　D. 伊维菌素　　E. 左旋咪唑

11. 某猪群，部分 3～4 月龄育肥猪出现消瘦、顽固性腹泻，用抗生素治疗效果不佳，确诊为食道口线虫病，治疗该病可选用的药物是

A. 三氮脒　　B. 吡喹酮　　C. 左旋咪唑

D. 地克珠利　　E. 拉沙里菌素

［练习题目答案］1. B　2. E　3. A　4. D　5. A　6. C　7. B　8. E　9. E　10. C　11. C

抗寄生虫药

第六单元　外周神经系统药物

一、例题解析

A1 型题

1. 肾上腺素适合于治疗动物的

A. 心律失常　　B. 心搏骤停
C. 急性心力衰竭　　D. 慢性心力衰竭
E. 充血性心力衰竭

［考点与答案］α 与 β 肾上腺素受体激动药的应用　B

［解题分析］肾上腺素使心肌收缩增强，心律可能失常，一般用于心脏骤停，尽量避免用于心力衰竭。急性心力衰竭需要吸氧，扩张血管，利尿；慢性心力衰竭又叫充血性心力衰竭，需要利尿，减轻心脏负担。肾上腺素常用于动物心脏骤停的急救，如麻醉过度、一氧化碳中毒和溺水等。故选答案 B。

2. 适用于表面麻醉的药物是

A. 丁卡因　　B. 咖啡因　　C. 戊巴比妥
D. 普鲁卡因　　E. 硫喷妥钠

［考点与答案］局部麻醉药、常用麻醉药　A

［解题分析］丁卡因作用及毒性均比普鲁卡因强 10 倍，亲脂性高，穿透力强，易进入神经，也易被吸收入血，最常用作表面麻醉。普鲁卡因不易穿透黏膜，只作注射用药。咖啡因属于中枢大脑兴奋药，而戊巴比妥和硫喷妥钠属于全麻药。故选答案 A。

3. 硬膜外麻醉时，将麻醉剂注入硬膜外腔的常用部位是

A. 寰枢间隙　　B. 颈胸间隙　　C. 胸腰间隙
D. 腰荐间隙　　E. 荐尾间隙

［考点与答案］局部麻醉药　D
［解题分析］腰荐间隙较大，是硬膜外麻醉常用的注射部位。故选答案 D。

4. 能被阿托品阻断的受体是
A. α 受体　B. β 受体　C. M 受体　D. N_1 受体　E. N_2 受体

［考点与答案］M 胆碱受体阻断药　C
［解题分析］胆碱能受体可分为 M 和 N 受体两类，阿托品是 M 型受体特异性阻断剂。故选答案 C。

5. 毛果芸香碱的药理作用是
A. 镇静　B. 镇痛
C. 缩小瞳孔　D. 抑制腺体分泌
E. 抑制胃肠平滑肌收缩

［考点与答案］M 胆碱受体激动药的药理作用　C
［解题分析］毛果芸香碱可选择性兴奋 M 胆碱受体，产生与节后胆碱能神经兴奋时相似的效应。对多种腺体和胃肠平滑肌有强烈的兴奋作用，尤其表现在唾液腺、泪腺和支气管腺，其次为胃肠腺体、胰腺和汗腺。大剂量时亦能出现 N 样作用及兴奋中枢神经系统。其对眼部作用明显，无论是局部点眼还是注射，都能使瞳孔缩小，这是兴奋虹膜括约肌上的 M 胆碱受体，使虹膜括约肌收缩。故选答案 C。

6. 东莨菪碱的药理作用机制是
A. 阻断 M 受体　B. 兴奋 M 受体　C. 阻断 N 受体
D. 兴奋 N 受体　E. 阻断 α 受体

［考点与答案］M 受体阻断药　A
［解题分析］东莨菪碱属于 M 受体阻断剂。故选答案 A。

7. 阿托品的药理作用不包括
A. 松弛平滑肌　B. 抑制腺体分泌　C. 中枢兴奋
D. 扩张外周血管　E. 抑制胆碱酯酶活性

［考点与答案］M 受体阻断药　E
［解题分析］阿托品属于 M 受体阻断剂，其药理作用包括松弛平滑肌、抑制腺体分泌、大剂量时扩张外周血管和兴奋中枢。故选答案 E。

8. 为了延长局部麻醉药的作用时间，宜配伍使用的药物是
A. 肾上腺素　B. 普萘洛尔　C. 酚妥拉明
D. 氨甲酰胆碱　E. 阿托品

［考点与答案］局部麻醉药 A

［解题分析］局部麻醉药常与肾上腺素配伍使用。肾上腺素可兴奋皮肤、黏膜上的α受体，收缩血管；从而减少局部麻醉药在用药部位的吸收，可延长局部麻醉药的作用时间。故选答案A。

9. 牛麻醉前给予东莨菪碱的主要目的是

A. 增加支气管分泌
B. 减少支气管分泌
C. 加强支气管收缩
D. 增强胃肠蠕动
E. 扩散瞳孔

［考点与答案］胆碱受体阻断药，东莨菪碱 B

［解题分析］东莨菪碱属胆碱受体阻断药，作用与阿托品相似，抑制腺体分泌的作用较阿托品强。常用于麻醉前给药，抑制腺体分泌，可减少麻醉的风险。故选答案B。

10. 能抑制碱酯酶活性的药物是

A. 阿托品
B. 肾上腺素
C. 毛果芸香碱
D. 氨甲酰胆碱
E. 新斯的明

［考点与答案］胆碱受体激动药，抗胆碱酯酶药 E

［解题分析］阿托品是胆碱受体阻断药；肾上腺素是肾上腺素受体激动药；毛果芸香碱和氨甲酰胆碱均为胆碱受体激动药；新斯的明通过抗胆碱酯酶而兴奋胆碱能神经。故选答案E。

11. 属于M受体激动剂的药物是

A. 氨甲酰胆碱
B. 肾上腺素
C. 多巴胺
D. 阿托品
E. 克伦特罗

［考点与答案］M胆碱受体激动药 A

［解题分析］肾上腺素和克伦特罗是肾上腺素受体激动药；多巴胺是肾上腺素的前体物质；阿托品是M胆碱受体阻断药；只有氨甲酰碱是M胆碱受体激动药。故选答案A。

二、练习题目

A1 型题

1. 阿托品的临床应用不包括

A. 有机磷中毒的解救
B. 镇静
C. 散瞳
D. 麻醉前给药
E. 解除胃肠平滑肌痉挛

2. 临床上普鲁卡因不用于
A. 硬膜外麻醉　B. 表面麻醉　C. 传导麻醉
D. 浸润麻醉　E. 封闭疗法
3. 新斯的明拟胆碱作用的机制是
A. 直接兴奋 M 受体　B. 直接兴奋 N_1 受体
C. 抑制胆碱酯酶的活性　D. 促进胆碱酯酶的活性
E. 促进乙酰胆碱的释放
4. 肾上腺素的临床应用不适合于
A. 与局部麻醉药配伍　B. 心搏骤停的抢救
C. 过敏性休克　D. 急性心力衰竭
E. 局部止血
5. 常用的局部麻醉方法不包括
A. 硬膜外麻醉　B. 表面麻醉　C. 传导麻醉
D. 复合麻醉　E. 浸润麻醉
6. 肾上腺素可用于治疗动物的
A. 心律失常　B. 急性心力衰竭　C. 过敏性休克
D. 充血性心力衰竭　E. 药物性休克
7. 新斯的明的临床应用不包括
A. 重症肌无力　B. 胃肠完全性阻塞
C. 牛前胃弛缓　D. 胎衣不下
E. 尿潴留
8. 阿托品的药理作用不包括
A. 松弛胃肠平滑肌　B. 散瞳
C. 促进腺体分泌　D. 改微循环
E. 抑制腺体分泌
9. 可用于化学保定动物的是
A. 阿托品　B. 琥珀胆碱　C. 东莨菪碱
D. 异丙肾上腺素　E. 酚妥拉明
10. 局部麻醉药的作用机制是
A. 阻断 Na^+ 通道　B. 阻断 K^+ 通道
C. 阻断 Ca^{2+} 通道　D. 促进 Na^+ 通道开放
E. 促进 K^+ 通道开放
11. 溺水、麻醉意外引起的心脏骤停应选用
A. 去甲肾上腺素　B. 肾上腺素　C. 麻黄碱
D. 多巴胺　E. 咖啡因
12. 微量肾上腺素与局麻药配伍目的主要是
A. 防止过敏性休克　B. 中枢镇静作用
C. 局部血管收缩，促进止血　D. 延长局麻药作用时间及防止吸收中毒
E. 中枢镇静作用和防止吸收中毒

13. 普鲁卡因浸润麻醉时通常在其药液中加入适量
A. 麻黄碱　B. 阿托品　C. 肾上腺素
D. 去甲肾上腺素　E. 巴比妥

14. 兽医临床上最常用的浸润麻醉药是
A. 普鲁卡因　B. 水合氯醛　C. 丁卡因　D. 利多卡因　E. 可卡因

[练习题目答案] 1. B 2. B 3. C 4. D 5. D 6. C 7. B 8. C 9. B 10. A 11. B 12. D 13. C 14. A

外周神经系统药物

第七单元　中枢神经系统药物

一、例题解析

A1 型题

1. 临床上常用的吸入性麻醉药是
A. 丙泊酚　B. 异氟醚　C. 水合氯醛
D. 硫喷妥钠　E. 普鲁卡因

[考点与答案] 吸入麻醉　B
[解题分析] 异氟醚（异氟烷）为常用的吸入麻醉药，对黏膜无刺激性，诱导麻醉比乙醚快。麻醉时肌松作用较强，但比乙醚弱。具有良好的麻醉作用，诱导麻醉与苏醒均较快。丙泊酚、硫喷妥钠为液体诱导麻醉药，水合氯醛为液体性非吸入麻醉药；而普鲁卡因则为局部麻醉药。故选答案 B。

2. 咖啡因的药理作用不包括
A. 扩张血管　B. 抑制呼吸　C. 松弛平滑肌
D. 增强心肌收缩力　E. 兴奋中枢神经系统

[考点与答案] 中枢兴奋药，大脑兴奋药的药理作用　B
[解题分析] 咖啡因有兴奋中枢神经系统、兴奋心肌和松弛平滑肌等作用，能直接作用于心脏和血管，使心肌收缩力增强，心率加快，使冠状血管、肾血管、肺血管和皮肤血管扩张。咖啡因对支气管平滑肌有舒张作用，不抑制呼吸。故选答案 B。

3. 对犬进行诱导麻醉时，首选的药物是

A. 硫喷妥钠　　B. 戊巴比妥钠　　C. 氯胺酮
D. 异氟烷　　E. 水合氯醛

［考点与答案］全身麻醉药，诱导麻醉药　A
［解题分析］硫喷妥钠为超短时巴比妥类全身麻醉药，主要用于各种动物的诱导麻醉和基础麻醉。故选答案 A。

4. 治疗牛的后躯麻痹时，应选用的中枢兴奋药是

A. 咖啡因　　B. 戊四氮　　C. 士的宁
D. 尼可刹米　　E. 安钠咖

［考点与答案］中枢神经系统，脊髓兴奋药　C
［解题分析］咖啡因为大脑兴奋药，安钠咖为咖啡因的苯甲酸钠盐；戊四氮、尼可刹米是延髓兴奋药。士的宁为脊髓兴奋药，用于脊髓性麻痹不全如后躯麻痹的治疗。故选答案 C。

5. 对家畜手术后的剧痛具有镇痛作用最强的药物是

A. 水杨酸钠　　B. 安痛定　　C. 氨基比林
D. 扑热息痛　　E. 哌替啶（杜冷丁）

［考点与答案］麻醉性镇痛药　E
［解题分析］水杨酸钠、安痛定、氨基比林和扑热息痛，均属于解热镇痛抗炎药，可用于一般钝痛；哌替啶（杜冷丁）属于麻醉性镇痛药，可用于各种剧痛。故选答案 E。

6. 硫喷妥钠临床上主要用于

A. 镇静　　B. 局部麻醉　　C. 诱导麻醉
D. 镇痛　　E. 保定

［考点与答案］全身麻醉药，诱导麻醉药　C
［解题分析］硫喷妥钠属于超短时巴比妥类全身麻醉药，主要用于诱导麻醉或基础麻醉。故选答案 C。

二、练习题目

A1 型题

1. 氯丙嗪的药理作用不包括

A. 镇静　　B. 镇痛　　C. 催眠　　D. 降温　　E. 镇吐

2. 硫酸镁作为抗惊厥药使用，适宜的给药方式是

A. 灌服　　B. 口服　　C. 饮水

D. 静脉注射　　E. 皮下注射

3. 具有镇静、镇痛和肌松作用的药物是

A. 琥珀胆碱　　B. 水合氯醛　　C. 赛拉唑

D. 硫喷妥钠　　E. 氯丙嗪

4. 可用于强化麻醉的药物是

A. 阿托品　　B. 氯丙嗪　　C. 硫喷妥钠

D. 普鲁卡因　　E. 丁卡因

5. 硫喷妥钠麻醉维持时间短暂的原因是

A. 脂溶性高　　B. 能透过血脑屏障

C. 亲脂性强　　D. 无兴奋期

E. 较快地转移到脂肪组织中，使脑内的浓度降低

6. 咖啡因的药理作用不包括

A. 强心作用　　B. 中枢兴奋作用

C. 中枢镇静作用　　D. 松弛平滑肌作用

E. 增强心肌收缩力

7. 具有镇静、镇痛和肌松作用的化学保定药是

A. 琥珀胆碱　　B. 水合氯醛　　C. 硫喷妥钠

D. 赛拉唑　　E. 戊巴比妥钠

8. 可作为肌松保定药的是

A. 琥珀胆碱　　B. 水合氯醛　　C. 硫喷妥钠

D. 氯胺酮　　E. 戊巴比妥钠

［练习题目答案］1. B　2. D　3. C　4. B　5. E　6. C　7. D　8. A

中枢神经系统药物

第八单元　解热镇痛抗炎药

一、例题解析

A1 型题

1. 抗生素治疗动物严重感染时，辅助应用糖皮质激素类药物的目的是

A. 增强机体的免疫机能　　B. 增强抗生素的抗菌作用

C. 延长抗生素的作用时间　　D. 控制机体过度的炎症

E. 颉颃抗生素的某些副作用

[考点与答案] 糖皮质激素类药物的药理作用　D

[解题分析] 糖皮质激素类药物的药理作用是抗炎、抗过敏、抗休克和抗毒素。增强机体的免疫机能只是其抗炎、抗过敏作用的机制之一。因此，抗生素治疗动物严重感染时，辅助应用糖皮质激素类药物的目的是增强抗炎作用，控制机体的过度炎症。故选答案 D。

2. 氟尼新葡甲胺的药理作用不包括

A. 解热　B. 镇静　C. 抗炎　D. 镇痛　E. 抗风湿

[考点与答案] 解热镇痛抗炎药，氟尼新葡甲胺　B

[解题分析] 氟尼新葡甲胺是动物专用的解热镇痛抗炎药，具有镇痛、解热、抗炎和抗风湿作用，但无镇静作用。故选答案 B。

3. 动物专用的解热镇痛抗炎药是

A. 安乃近　B. 萘普生　C. 阿司匹林　D. 氨基比林　E. 氟尼新葡甲胺

[考点与答案] 解热镇痛抗炎药，氟尼新葡甲胺　E

[解题分析] 氟尼新葡甲胺为新型动物专用的解热镇痛抗炎药，具有镇痛、解热、抗炎和抗风湿作用，是一种强效环氧酶抑制剂。用于家畜及小动物的发热性、炎性疾患，肌肉痛和软组织痛等。安乃近、萘普生、阿司匹林、氨基比林并非动物专用，也用于人医临床。故选答案 E。

4. 具有较强解热作用的药物是

A. 替泊沙林　B. 安乃近　C. 保泰松　D. 氢化可的松　E. 地塞米松

[考点与答案] 解热镇痛抗炎药　B

[解题分析] 安乃近解热作用较显著；替泊沙林抗炎作用明显；保泰松抗风湿作用明显。氢化可的松和地塞米松为糖皮质激素类药物。故选答案 B。

5. 地塞米松的药理作用不包括

A. 抗毒素　B. 抗菌　C. 抗过敏　D. 抗休克　E. 抗炎

[考点与答案] 解热镇痛抗炎药，糖皮质激素类　B

[解题分析] 糖皮质激素类的药理作用有抗炎、抗过敏、抗毒素和抗休克。故选答案 B。

6. 禁用于猫的解热镇痛药

A. 扑热息痛　B. 萘普生　C. 安乃近　D. 氨基比林　E. 保泰松

［考点与答案］解热镇痛药　A

［解题分析］扑热息痛、萘普生、安乃近、氨基比林和保泰松均属于解热镇痛药，但只有扑热息痛禁用于猫。故选答案 A。

7. 具有解热作用的药物是

A. 地西泮　　B. 麻黄碱　　C. 安乃近
D. 氟前列醇　　E. 氨茶碱

［考点与答案］解热镇痛药，安乃近　C

［解题分析］地西泮为镇静药；麻黄碱为拟肾上腺素药；氟前列醇为子宫收缩药；氨茶碱为平喘药；安乃近属于解热镇痛药。故选答案 C。

8. 能抑制环氧化酶和脂加氧酶产生抗炎镇痛作用的药物是

A. 安乃近　　B. 氨基比林　　C. 甲芬那酸
D. 替泊沙林　　E. 扑热息痛

［考点与答案］解热镇痛药，　D

［解题分析］主要通过抑制中枢前列腺素合成而产生抗炎镇痛作用的药物是安乃近、氨基比林和扑热息痛；甲芬那酸主要通过抑制环氧化酶产生抗炎镇痛作用；只有替泊沙林为环氧化酶和脂加氧酶的抑制剂，抗炎作用明显，也有镇痛作用。

二、练习题目

A1 型题

1. 糖皮质激素类药物的药理作用不包括

A. 抗休克　　B. 抗过敏　　C. 抗炎
D. 抗风湿　　E. 抗毒素

2. 地塞米松不适宜应用于

A. 奶牛的酮血症　　B. 1 周前接种猪瘟疫苗的猪肺炎病
C. 猪的引产　　D. 羊妊娠毒血症
E. 与青霉素配伍用于猪肺炎病

3. 阿司匹林的药理作用不包括

A. 解热　　B. 抗过敏　　C. 抗炎
D. 抗风湿　　E. 抗痛风

4. 安乃近最显著的药理作用是

A. 解热　　B. 镇痛　　C. 抗炎　　D. 抗风湿　　E. 抗痛风

5. 糖皮质激素类药物的不良反应不包括

A. 骨质疏松　　B. 停药反应　　C. 低钾血症
D. 幼年动物生长抑制　　E. 饮欲减少

6. 糖皮质激素作用机制不涉及
A. 糖皮质激素受体
B. 作用强弱与受体的数量直接相关
C. 胞核内与受体结合后，使热休克蛋白脱离
D. 胞浆内与受体结合，使受体活化
E. 活化的受体进入细胞核内

7. 关于糖皮质激素类药物应用的注意事项，错误的是
A. 是治标而不是治本
B. 不用于骨折治疗期
C. 也可用于病毒感染
D. 治疗感染性疾病时，应同时使用有效的抗菌药
E. 应用于非感染性疾病，症状改善并基本控制后应逐渐减量停药

8. 解热镇痛消炎药作用机制是
A. 抑制前列腺素合成与释放　B. 增加前列腺素的合成与释放
C. 抑制一氧化氮合成酶　D. 激活环氧化酶
E. 增强血栓烷合成酶活性

9. 乙酰水杨酸的不良反应不包括
A. 消化道出血
B. 其代谢物能氧化血红蛋白使之失去携氧能力
C. 胃肠道有刺激作用
D. 可引起胃肠溃疡
E. 食欲不振、恶心、呕吐

10. 关于对乙酰氨基酚描述不正确的是
A. 可引起消化道出血
B. 其代谢物能氧化血红蛋白使之失去携氧能力
C. 对猫有严重的毒性反应
D. 主要作为中小动物的解热镇痛药
E. 无抗炎抗风湿作用

11. 糖皮质激素可单独用于治疗
A. 细菌性乳房炎　B. 严重感染性疾病　C. 骨折愈合期
D. 牛酮血症　E. 疫苗接种期的抗菌药合用

12. 糖皮质激素可用于
A. 疫苗接种期　B. 严重感染性疾病，但必须与足量有效
C. 骨折愈合期　D. 缺乏有效抗菌药物治疗的感染
E. 均不是

[练习题目答案] 1. D　2. B　3. B　4. A　5. E　6. C　7. C　8. A　9. B　10. A　11. D　12. B

解热镇痛抗炎药

第九单元 消化系统药物

一、例题解析

A1 型题

1. 松节油内服可用于

A. 止泻　　B. 镇吐　　C. 中和胃酸
D. 止酵健胃　　E. 解胃肠痉挛

［考点与答案］消沫药　D

［解题分析］松节油内服后，可刺激消化道黏膜、增强肠蠕动，降低气泡局部的表面张力，具消沫作用，还具有抑菌制酵作用。因此，本题中松节油内服用于止酵健胃。故选答案 D。

2. 具有增加肠内容积、软化粪便、加速粪便排泄作用的药物是

A. 稀盐酸　　B. 硫酸钠　　C. 鱼石脂
D. 铋制剂　　E. 鞣酸蛋白

［考点与答案］容积性泻药，硫酸钠　B

［解题分析］硫酸钠内服后在肠内可解离出 Na^+ 和 SO_4^{2-}，提高肠内渗透压，在肠管中保持大量水分，扩大肠管容积，软化粪便，并刺激肠壁、增强其蠕动，产生泻下作用。稀盐酸和鱼石脂主要起防腐和制止发酵作用，二者分别通过增强消化液的分泌和促进胃肠蠕动来帮助消化，但都不能增加肠内容积。而铋制剂和鞣酸蛋白主要用作止泻。故选答案 B。

二、练习题目

A1 型题

1. 容积性泻药不适宜用于

A. 大肠便秘　　B. 小肠便秘
C. 配合驱虫药使用　　D. 排除肠内毒物
E. 排除毒素

2. 小猫过多食用肉食引起消化不良，已用胃蛋白酶帮助消化，还可选用下列何种药物加强消化

A. 胰酶　B. 稀盐酸　C. 乳酶生
D. 抗酸药　E. 碳酸氢钠

3. 用于加快肠道毒物排泄的药物可选用

A. 硫酸钠溶液　B. 硫酸镁注射液
C. 碳酸钠溶液　D. 硫酸钠注射液
E. 硫酸铁溶液

4. 较大剂量硫酸镁胃肠道给药，产生的药理作用是

A. 镇静作用　B. 肌肉松弛作用
C. 抗惊厥作用　D. 泻下作用
E. 健胃作用

5. 苦味健胃药适宜的给药方式是

A. 灌胃　B. 外用　C. 肌内注射
D. 皮下注射　E. 经口给药

6. 无兴奋反刍作用的药物是

A. 氨甲酰甲胆碱　B. 新斯的明
C. 浓氯化钠注射液　D. 氯化钠注射液
E. 氨甲酰胆碱

7. 二甲硅油是

A. 泻药　B. 消沫药　C. 制酵药
D. 健胃药　E. 助消化药

B1 型题

（8～10 题共用备选答案）

A. 鱼石脂　B. 二甲基硅油
C. 浓氯化钠注射液　D. 硫酸钠
E. 乳酶生

8. 奶牛反刍活动减弱，可选用

9. 某牛被诊断为泡沫性臌气病时，可选用

10. 小猪食料过多消化不良时，可选用

［练习题目答案］1. B　2. B　3. A　4. D　5. E　6. D　7. B　8. C　9. B　10. E

消化系统药物

第十单元 呼吸系统药物

一、例题解析

A1 型题

1. 通过松弛支气管平滑肌产生平喘作用的药物是

A. 氨茶碱　　B. 氯化铵　　C. 碘化钾
D. 可待因　　E. 喷托维林

［考点与答案］平喘药氨茶碱的药理作用　A

［解题分析］氨茶碱通过松弛支气管平滑肌而产生平喘作用。其作用机制是抑制磷酸二酯酶，使 cAMP 的水解速度变慢，升高支气管平滑肌组织中 cAMP/cGMP 比值，抑制组胺和慢反应物质等过敏介质的释放，促进儿茶酚胺释放，使支气管平滑肌松弛。氯化铵、碘化钾主要用作祛痰药，喷托维林是镇咳药，而可待因是中枢性镇咳药。故选答案 A。

2. 兽医临床上氨茶碱主要用于

A. 平喘　　B. 抗过敏　　C. 导泻　　D. 镇痛　　E. 抗炎

［考点与答案］呼吸系统，平喘药氨茶碱　A

［解题分析］氨茶碱对支气管平滑肌有较强的松弛作用，主要用于支气管哮喘。故选答案 B。

3. 动物支气管感染初期，对症治疗应选择具有祛痰作用的药物是

A. 麻黄碱　　B. 可待因　　C. 氨茶碱
D. 氯化铵　　E. 异丙肾上腺素

［考点与答案］呼吸系统，祛痰镇咳药　D

［解题分析］氨茶碱为平喘药；可待因为中枢性镇咳药；麻黄碱、异丙肾上腺素为肾上腺素受体激动药，具有松弛支气管平滑肌的作用。氯化铵可刺激胃黏膜迷走神经，反射性引起支气管腺体分泌增加，稀释痰液易于咳出。故选答案 D。

4. 氨茶碱平喘的作用机理是

A. 抑制磷酸二酯酶　　B. 激活磷酸二酯酶
C. 抑制腺苷酸环化酶　　D. 激活腺苷酸环化酶
E. 激活磷酸激酶

［考点与答案］平喘药　A

［解题分析］氨茶碱通过抑制磷酸二酯酶，使 cAMP 的水解速度变慢，对支气管平滑肌有较强的松弛作用。故选答案 A。

5. 松弛支气管平滑肌，具有平喘作用的药物是

A. 呋塞米　　B. 酚磺乙胺　　C. 氨茶碱

D. 硫酸镁　　E. 阿托品

［考点与答案］平喘药，氨茶碱　C

［解题分析］呋塞米属于利尿药；酚磺乙胺又称止血敏，属于止血药；硫酸镁，静脉给予具有抗惊厥作用，较高浓度内服具有泻下作用；阿托品属于M受体阻断药；氨茶碱属于止喘药。故选答案C。

二、练习题目

A1 型题

1. 下列叙述不正确的是

A. 祛痰药常与镇咳药合用，用于有痰液的咳嗽

B. 祛痰药可以使痰液变稀或溶解，使痰易于咳出

C. 祛痰药促使痰液排出，可以减少呼吸道黏膜的刺激性，具有间接的镇咳平喘作用

D. 祛痰药可使支气管腺体分泌增加

E. 祛痰药有弱的防腐消毒作用，可减轻痰液恶臭

2. 关于氨茶碱描述不正确的是

A. 有继发利尿作用

B. 可使支气管平滑肌组织中 cAMP/cGMP 比值升高

C. 抑制磷酸化酶

D. 抑制磷酸二酯酶

E. 对支气管平滑肌有较强的松弛作用

3. 碘化钾的应用不包括

A. 祛痰

B. 防治碘缺乏症

C. 镇咳

D. 慢性支气管炎的治疗

E. 可与喷托维林联合应用

［练习题目答案］1. E　2. C　3. C

呼吸系统药物

第十一单元 血液循环系统药物

一、例题解析

A1 题型

1. 用于治疗动物充血性心力衰竭的药物是

A. 樟脑　　B. 咖啡　　C. 氨茶碱
D. 肾上腺素　　E. 洋地黄毒苷

[考点与答案] 强心苷类，洋地黄毒苷　E
[解题分析] 樟脑对循环性虚脱或急性心功能衰竭有效；肾上腺素适用于心脏骤停时的急救；咖啡因则适用于过劳、中暑、中毒等过程中的急性心衰；洋地黄毒苷主要用于慢性充血性心力衰竭，阵发性室上性心动过速和心房颤动等；而氨茶碱主要用作平喘药。故选答案 E。

2. 强心苷类药物不具有的药理作用是

A. 正性肌力　　B. 负性心率　　C. 收缩血管
D. 继发性利尿　　E. 心肌耗氧减少

[考点与答案] 血液循环系统，治疗充血性心力衰竭药物　C
[解题分析] 强心苷类具有正性心肌肌力、负性心率和房室传导、继发性利尿作用，心肌耗氧量减少。故选答案 C。

3. 用于治疗动物慢性心功能不全的慢作用强心苷类药物是

A. 洋地黄毒苷　　B. 咖啡因　　C. 地高辛
D. 氨茶碱　　E. 毒毛花苷

[考点与答案] 血液循环系统，治疗充血性心力衰竭药物　A
[解题分析] 氨茶碱和咖啡因不属于强心苷类。洋地黄毒苷为慢作用强心苷类药物，而地高辛和毒毛花苷 K 属于快作用类强心苷类药物。故选答案 A。

4. 铁在肠道内吸收的主要部位是

A. 直肠　　B. 盲肠　　C. 十二指肠
D. 回肠　　E. 结肠

[考点与答案] 抗平血药，硫酸亚铁　C
[解题分析] 铁（Fe^{2+}）主要在十二指肠和空肠上部吸收。故选答案 C。

5. 强心苷的药理作用是

A. 正性肌力和平喘　　B. 负性心率和平喘

C. 正性肌力和利尿　　D. 正性心率和利尿

E. 利尿和平喘

［考点与答案］强心苷类，药理作用　C

［解题分析］强心苷的药理作用有正性心肌肌力作用、负性心率、负性频率作用和利尿作用。故选答案 C。

6. 能增加血小板数量的药物

A. 氨甲环酸　　B. 维生素 K　　C. 氨甲环酸

D. 安特诺新　　E. 酚磺乙胺

［考点与答案］促凝血药，药理作用 E

［解题分析］A－E 均为促凝血药，但作用机制不同。氨甲环酸和氨甲环酸都是纤维蛋白溶解抑制剂，通过抵制纤维蛋白溶解而呈现止血作用；维生素 K 主要是通过促进凝血因子的合成而呈现止血作用；安特诺新主要促进毛细血管收缩、降低毛细血管通透性，呈现止血效果。酚磺乙胺主要是增加血小板数量、降低毛细血管通透性而起止血作用。故选答案 E。

二、练习题目

A1 型题

1. 强心苷类药物的药理作用不包括

A. 利尿作用　　B. 加强心肌收缩力　　C. 减慢心率

D. 加快心率　　E. 减慢房室传导

2. 强心苷类药物加强心肌收缩力的作用机制不包括

A. 与 $Na^{+}-K^{+}-ATP$ 酶结合　　B. 心肌细胞内 Na^{+} 浓度升高

C. 与 $Na^{+}-Ca^{2+}-ATP$ 酶结合　　D. 心肌细胞内 K^{+} 浓度降低

E. 心肌细胞内 Ca^{2+} 浓度升高

3. 肉鸡生长中因维生素添加不足出现出血性倾向，可用于治疗的药物是

A. 维生素 A　　B. 维生素 K　　C. 维生素 D

D. 止血芳酸　　E. 止血敏

4. 仔猪出生后易出现贫血症状，可内服用于预防的药物是

A. 维生素 A　　B. 维生素 K

C. 右旋糖酐铁　　D. 维生素 B_{12}

E. 硫酸亚铁

5. 口服铁剂的主要不良反应是

A. 体位性低血压　　B. 休克

C. 胃肠道刺激　　D. 过敏

E. 出血

6. 因体内缺乏某种维生素可导致巨幼红细胞性贫血的是

A. 维生素 K　　B. 生物素　　C. 维生素 B_{12}

D. 叶酸　　E. 维生素 PP

［练习题目答案］1. D　2. C　3. B　4. E　5. C　6. D

血液循环系统药物

第十二单元　泌尿生殖系统药物

一、例题解析

A1 型题

1. 促进动物正常生产时应选用

A. 乙酰胆碱　　B. 麦角新碱　　C. 缩宫素

D. 孕酮　　E. 甲基睾丸素

［考点与答案］子宫收缩药，催产素　C

［解题分析］具有加强子宫收缩的药物有麦角新碱和缩宫素，但麦角新碱兴奋全子宫，使子宫颈也收缩，不用于催产；孕酮能抑制子宫收缩有安宫作用；甲基睾丸素为雄激素类药物，而乙酰胆碱为副交感神经递质，均不具有收缩子宫的作用。故选答案 C。

2. 能引起低血钾症的药物是

A. 高渗葡萄糖　　B. 甘露醇　　C. 氢氯噻嗪

D. 氨茶碱　　E. 螺内酯

［考点与答案］利尿药　C

［解题分析］高渗葡萄糖和甘露醇为高渗性脱水剂，静注后可提高血浆渗透压，产生组织脱水作用；氢氯噻嗪通过抑制肾小管 Na^+ 和 Cl^- 的重吸收，具有较强的利尿作用，但也促进了 K^+ 的排泄，可导致低血钾症；螺内酯是一种低效的利尿剂，竞争性拮抗醛固酮的作用，可使 Na^+-K^+ 交换减少，为保钾型利尿剂。氨茶碱为平喘药。故选答案 C。

3. 为了纠正氢氯噻嗪常见的不良反应，应补充

A. 钙　　B. 磷　　C. 钾　　D. 铁　　E. 钠

［考点与答案］利尿药，氢氯噻嗪　C

［解题分析］氢氯噻嗪通过抑制肾小管 Na^+ 和 Cl^- 的重吸收，具有较强的利尿作用，但也促进了 Na^+-K^+ 交换，使 K^+ 的排泄增多，可导致低血钾症。故选答案 C。

4. 适合治疗急性少尿症肾衰竭的药物是

A. 甘露醇　B. 氨茶碱　C. 氯苯拉敏

D. 右旋糖酐　E. 螺内酯

［考点与答案］脱水药　A

［解题分析］氨茶碱为平喘药；氯苯拉敏为抗过敏药；右旋糖酐为血容量扩充剂；甘露醇和螺内酯均有增加尿量、利尿的作用。但螺内酯是作用于肾小管远端而起利尿作用，在肾衰竭的情况下难以发挥利尿作用。甘露醇属于高渗性脱水剂，通过提高血浆渗透压产生组织脱水、增加尿液的作用，临床可用于急性肾功能衰竭的预防治疗。故选答案 A。

二、练习题目

A1 型题

1. 为奶牛的人工授精做准备，可用于同期发情的药物是

A. 雌二醇　B. 麦角新碱　C. 缩宫素

D. 血促性素　E. 甲基睾丸素

2. 兽医临诊用于治疗持久黄体和催产或引产的药物是

A. 前列腺素 $F_{2\alpha}$　B. 催产素

C. 脑垂体后叶素　D. 雌二醇

E. 孕酮

3. 缩宫素对子宫平滑肌的作用表现为

A. 直接兴奋子宫平滑肌

B. 与体内性激素水平有关

C. 对子宫平滑肌的收缩性质与剂量无关

D. 对不同时期妊娠子宫的收缩作用无差异

E. 以上都不对

4. 母猪产后子宫出血，可选择

A. 绒促性素　B. 促黄体素释放激素

C. 前列腺素 $F_{2\alpha}$　D. 雌二醇

E. 孕酮

5. 促进动物正常生产时应选用

A. 乙酰胆碱　B. 麦角新碱

C. 缩宫素　D. 孕酮

E. 甲基睾丸素

6. 不宜用于催产的药物是

A. 缩宫素　　B. 氯前列醇

C. 麦角新碱　　D. 垂体后叶素

E. 催产素

7. 对子宫平滑肌无收缩作用的是

A. 缩宫素　　B. 孕酮　　C. 麦角新碱

D. 氯前列醇　　E. 催产素

[练习题目答案] 1. D　2. A　3. A　4. C　5. C　6. C　7. B

泌尿生殖系统药物

第十三单元　调节组织代谢的药物

一、例题解析

A1 型题

1. 对动物钙、磷代谢及幼畜骨骼生长有重要影响的药物是

A. 维生素 A　　B. 维生素 B_1　　C. 维生素 C

D. 维生素 D　　E. 维生素 E

[考点与答案] 维生素类药物　D

[解题分析] 维生素 D 主要生理功能是促进钙、磷在小肠内正常吸收。维生素 D 的代谢活性物质能调节肾小管对钙的重吸收，维持循环血液中钙的水平，保证骨骼正常钙化，促进骨骼的正常发育。维生素 D 不足可导致形成骨化速度减缓或停止，使骨骼变形、变软。因此，对动物钙、磷代谢及幼畜骨骼生长有重要影响的药物是维生素 D。故选答案 D。

2. 用于治疗犬干眼病的药物是

A. 维生素 A　　B. 维生素 D　　C. 维生素 K

D. 维生素 C　　E. 维生素 E

[考点与答案] 维生素类药物　A

[解题分析] 维生素 A 可用于维生素 A 缺乏引起的干眼病。故选答案 A。

3. 用于防治动物骨软症的药物是

A. 维生素 A　B. 维生素 D　C. 维生素 K　D. 维生素 C　E. 维生素 E

［考点与答案］维生素类药物　B

［解题分析］维生素 D 可防治由于维生素 D 缺乏引起的骨软症。故选答案 B。

4. 禁止在动物饮用水中使用的药物是

A. 维生素 B_1 片　B. 维生素 C 片　C. 盐酸可乐定　D. 氯化钠　E. 碳酸氢钠

［考点与答案］维生素类及消化系统药　C

［解题分析］维生素 B_1、维生素 C、氯化钠和碳酸氢钠均可通过饮水添加使用。盐酸可乐定是 α2 受体激动剂，可使神经末梢减少释放去甲肾上腺素，降低外周血管和肾血管阻力，减慢心率，降低血压，禁止在动物饮水中使用。故选答案 C。

5. 维生素 D 可用于治疗

A. 白肌病　B. 佝偻病　C. 甲状腺机能减退症　D. 角膜软化症　E. 干眼病

［考点与答案］维生素类 B

［解题分析］维生素 D 可防治由于维生素 D 缺乏引起的佝偻病、骨软症。维生素 E 可用于治疗白肌病；维生素 A 可用于治疗维生素 A 缺乏所致的角膜软化症、干眼病等。故选答案 B。

6. 某猪群，采食后 30min 出现不安，站立不稳，有些猪倒地而死。剖检见血液呈酱油色，给病猪注射亚甲蓝后好转。配合使用可明显增强疗效的维生素是

A. 维生素 D　B. 维生素 B_6　C. 维生素 C　D. 维生素 B_1　E. 维生素 A

［考点与答案］维生素类　C

［解题分析］该病例疑似亚硝酸盐中毒。亚硝酸盐中毒后血红蛋白被氧化为高铁血红蛋白，采用高铁血红蛋白还原剂亚甲蓝是对因治疗措施之一。维生素 C 具有还原性，配合亚甲蓝使用，可增强对高铁血红蛋白的还原能力，增强疗效。故选答案 C。

二、练习题目

A1 型题

1. 可用于防治幼犬佝偻病的是

A. 维生素 E　B. 右旋糖苷铁　C. 亚硒酸钠

D. 维生素 D　　E. B 族维生素

2. 可用于防治幼畜白肌病和雏鸡渗出性素质等的药物

A. 维生素 D　　B. 维生素 E　　C. 维生素 C

D. B 族维生素　　E. 维生素 A

3. 临床上用来治疗先兆流产，并有抗氧化、抗衰老作用的是

A. 维生素 B_{12}　　B. 维生素 E　　C. 维生素 A

D. 维生素 D　　E. 维生素 B_1

4. 关于维生素 A 的叙述，不正确的是

A. 缺乏维生素 A 可造成夜盲症　　B. 可促进上皮组织生长

C. 可用于骨软症的预防　　D. 可用于干眼病的防治

E. 过多摄入可引起中毒症状

5. 关于维生素 C 的叙述，不正确的是

A. 是一种强还原剂

B. 能促进抗体的生成

C. 可增强肝脏解毒能力

D. 可增强机体对感染的抵抗力

E. 在生物氧化还原反应和细胞呼吸中起重要作用

[练习题目答案] 1. D　2. B　3. B　4. C　5. B

调节组织代谢的药物

第十四单元　组胺受体阻断药

一、例题解析

A1 型题

1. 属于抗过敏的兽用处方药是

A. 盐酸异丙嗪注射液　　B. 盐酸异丙嗪片

C. 盐酸氯丙嗪片　　D. 盐酸氯丙嗪注射液

E. 盐酸林可霉素注射液

[考点与答案] 组胺受体阻断药　A

[解题分析] 只有盐酸异丙嗪注射液为兽用抗过敏处方药。故选答案 A。

2. 属于 H_1 受体阻断药的是

A. 阿托品　B. 普萘洛尔　C. 新斯的明　D. 苯海拉明　E. 肾上腺素

[考点与答案] 组胺受体阻断药，苯海拉明　D

[解题分析] 只有苯海拉明为 H_1 受体阻断药。阿托品为 M 受体阻断药；普萘洛尔为肾上腺素 β 受体阻断药；新斯的明为抗胆碱酯酶药；肾上腺素为肾上腺素 α 和 β 受体激动药。故选答案 D。

B1 型题

（3～4 题共用备选答案）

A. 胃肠平滑肌　B. 皮肤血管　C. 胃壁细胞

D. 中枢神经　E. 支气管平滑肌

3. H_1 受体阻断药治疗荨麻疹，主要影响哪种组织

[考点与答案] H_1 受体阻断药　B

[解题分析] 荨麻疹是由过敏引起的毛细血管通透性增加引起的。H_1 受体阻断药治疗荨麻疹是阻断 H_1 受体，抑制皮肤毛细血管通透性从而缓解症状。因此，H_1 受体阻断药治疗荨麻疹，主要影响皮肤血管。故选答案 B。

4. 苯海拉明和异丙嗪的镇静催眠作用，主要是通过抑制何种组织而起作用。

[考点与答案] H_1 受体阻断药　D

[解题分析] 苯海拉明和异丙嗪均可阻断 H_1 受体，有明显的抗过敏作用。但两者均有对中枢神经系统的抑制作用，表现为镇静催眠。故选答案 D。

二、练习题目

A1 型题

1. 作用于 H_1受体，可用于各种过敏性疾病的是

A. 氯丙嗪　B. 异丙嗪　C. 西咪替丁

D. 雷尼替丁　E. 肾上腺素

2. 对 H_2受体有高度的选择性，主要用于治疗胃炎、胃及十二指肠溃疡的药物是

A. 苯海拉明　B. 异丙嗪

C. 马来酸氯苯那敏　D. 雷尼替丁

E. 阿斯咪唑

3. H_1受体阻断药最常用于下列何种变态反应

A. 过敏性休克　B. 支气管哮喘　C. 荨麻疹

D. 过敏性鼻炎　E. 药物性皮疹

4. 下列哪项不是 H_1受体兴奋的效应

A. 毛细血管通透性增加　B. 血管扩张

C. 支气管平滑肌收缩　　D. 胃肠道平滑肌收缩
E. 胃酸分泌过多

5. 苯海拉明的抗过敏作用机制是
A. 抑制组胺释放　　B. 阻断 H_1受体，降低毛细血管通透性
C. 抑制组胺合成　　D. 加速组胺的代谢
E. 阻断 H_2受体，抑制胃酸分泌

[练习题目答案] 1. B　2. D　3. C　4. E　5. B

组胺受体阻断药

第十五单元　解 毒 药

一、例题解析

A1 型题

1. 有机磷杀虫剂抑制胆碱酯酶的作用为
A. 竞争性结合　　B. 不可逆抑制　　C. 可逆性抑制
D. 非竞争性结合　　E. 反竞争性抑制

[考点与答案] 胆碱酯酶复活剂的药理作用　B
[解题分析] 有机磷与胆碱酯酶结合后，使胆碱酯酶的构象改变失去其水解乙酰胆碱的活性，这个过程属于不可逆抑制，只有当解磷定等胆碱酯酶复活剂结构中强的亲磷酰基团，与磷酰基作用才可使胆碱酯酶游离出来。故选答案 B。

2. 解磷定用于解救动物严重有机磷中毒时，必须联合应用的药物是
A. 亚甲蓝　　B. 阿托品　　C. 亚硝酸钠
D. 氨甲酰胆碱　　E. 毛果芸香碱

[考点与答案] 胆碱酯酶复活剂的应用　B
[解题分析] 解磷定是一种胆碱酯酶复活剂，对轻度有机磷中毒，可单独应用控制中毒症状；而中度或重度中毒时，其对体内已蓄积的乙酰胆碱无作用，则必须并用阿托品。阿托品能解除有机磷中毒症状，有助于体内磷酰化胆碱酯酶的复活，严重中毒时与胆碱酯酶复活剂联合应用，具有协同作用，所以临床上治疗有机磷中毒时，必须及时、足量地给予阿托品。故选答案 B。

3. 可用乙酰胺解救的动物中毒病是

A. 有机氟中毒　　B. 亚硝酸盐中毒　　C. 有机磷中毒
D. 有机砷中毒　　E. 氰化物中毒

［考点与答案］解毒药　A
［解题分析］乙酰胺又称为解氟灵，为有机氟杀虫药、杀鼠药等中毒的解毒剂。故选答案A。

4. 解毒药中，不属于兽用处方药的是

A. 氯磷定注射液　　B. 二巯丙磺注射液
C. 二巯丙醇注射液　　D. 亚甲蓝注射液
E. 亚硝酸钠注射液

［考点与答案］解毒药　B
［解题分析］氯磷定是有机磷化合物中毒的解毒剂；亚甲蓝是亚硝酸盐中毒的解毒剂；亚硝酸钠是氰化物中毒的解毒剂；二巯丙醇和二巯丙磺钠是金属络合剂；用于金属中毒。二巯丙磺不是金属络合剂。故选答案B。

5. 乙酰胺解毒机理是阻止氟乙酰胺转化成

A. 乙酸　　B. 乙酰胺　　C. 氟乙酸
D. 氟乙酸钠　　E. 氟离子

［考点与答案］解毒药　C
［解题分析］乙酰胺与氟乙酰胺化学结构相似，竞争性结合酰胺酶，使氟乙酰胺不能脱胺转变为氟乙酸。故选答案C。

6. 二巯丙醇适用于解救动物的

A. 锑中毒　　B. 氟中毒　　C. 硒中毒　　D. 砷中毒　　E. 铋中毒

［考点与答案］金属络合剂　D
［解题分析］二巯丙醇为竞争性金属络合剂，主要用于解救砷、汞、金中毒。故选答案D。

7. 与亚硝酸盐联合应用解救动物氰化物中毒的药物是

A. 解磷定　　B. 乙酰胺　　C. 亚甲蓝
D. 硫代硫酸钠　　E. 二巯丙醇

［考点与答案］氰化物解毒剂　D
［解题分析］氰化物中毒解救的药物是亚硝酸钠配合使用硫代硫酸钠。故选答案D。

9. 用于氰化物中毒的特效解毒药是

A. 维生素C　　B. 阿托品　　C. 士的宁
D. 新斯的明　　E. 亚硝酸钠

［考点与答案］解毒药，氰化物解毒剂　E

［解题分析］氰化物中毒时，CN^-迅速与氧化型细胞色素氧化酶的Fe^{3+}结合，阻碍此酶的还原，从而使细胞得不到足够的氧，导致中毒。亚硝酸钠使用后氧化血红蛋白中的铁为三价铁（Fe^{3+}），成为高铁血红蛋白。高铁血红蛋白与CN^-特异性结合形成氰化血红蛋白，重而恢复细胞色素氧化酶的活性。但形成的氰化血红蛋白又可重新解离，释放出的CN^-又重现毒性，所以还需注射硫代硫酸钠。亚硝酸钠是氰化物的特效解毒剂。故选答案 E。

10. 二硫丙钠适合解救

A. 氢氰酸中毒　B. 汞中毒　C. 钙中毒

D. 马拉硫磷中毒　E. 硒中毒

［考点与答案］解毒药，氰化物解毒剂　B

［解题分析］二巯丙钠也称为二巯丙磺钠，主要用于解救汞、砷中毒。故选答案 B。

A2 型题

11. 犬，3 岁，外出回来后，突然出现兴奋不安，眼睑、颜面肌肉痉挛，流涎，腹痛，腹泻。用解磷定和阿托品静脉注射后，症状缓解。犬体内

A. 乙酰胆碱浓度升高　B. 乙酰胆碱浓度降低

C. 胆碱浓度增加　D. 乙醇浓度增加

E. 胆碱酯酶活性升高

［考点与答案］胆碱酯酶复活剂，解磷定　A

［解题分析］该犬的临床症状，以及用解磷定和阿托品静脉注射后症状缓解，故诊断为有机磷农药中毒，有机磷农药可与胆碱酯酶难逆性结合，使胆碱酯酶失去水解乙酰胆碱的活性，机体中乙酰胆碱积聚，表现出胆碱能神经过度兴奋的中毒症状。故选答案 A。

二、练习题目

A1 型题

1. 不是用于解救有机磷酸酯类中毒的药物是

A. 毛果芸香碱　B. 阿托品　C. 碘解磷定

D. 氯解磷定　E. 以上都不对

2. 大剂量阿托品解救有机磷酸酯类中毒时，下列何种症状不会消失

A. 腹痛　B. 大量唾液分泌　C. 瞳孔缩小

D. 骨骼肌震颤　E. 腹泻

3. 砷化合物中毒可选用

A. 碘解磷定　B. 依地酸钙钠　C. 硫代硫酸钠

D. 阿托品　　E. 二巯丙醇

4. 氟乙酸钠中毒可选用的药物是

A. 乙酰胺　　B. 二甲酰胺　　C. 烟酰胺

D. 硫代硫酸钠　　E. 阿托品

5. 氰化物中毒的特效解救药是

A. 硫酸钠　　B. 硫代硫酸钠　　C. 磺酸钠

D. 硫化钠　　E. 阿托品

6. 可选择解救有机磷农药中毒的药物是

A. 阿托品和二巯基丙醇　　B. 碘磷定和硫代硫酸钠

C. 阿托品和碘磷定　　D. 亚甲蓝和硫酸钠

E. 阿托品和硫酸钠

7. 治疗敌百虫中毒的首选药物是

A. 阿托品　　B. 碘解磷定　　C. 硫酸钠

D. 药用炭　　E. 硫代硫酸钠

B1 型题

（8～9 题共用备选答案）

A. 碘解磷定　　B. 美蓝　　C. 硫代硫酸钠

D. 阿托品　　E. 二巯丙醇

8. 可用于麻醉前给药及轻度有机磷中毒解救的是

9. 可用于治疗误食亚硝酸钠中毒的药物是

A2 型题

10. 有机磷酸酯类中毒者反复大剂量注射阿托品后，原中毒症状缓解或消失，但又出现兴奋心悸、瞳孔扩大、视近物模糊、排尿困难等症状，此时应采用

A. 山莨菪碱对抗新出现的症状

B. 毛果芸香碱对抗新出现的症状

C. 东莨菪碱以缓解新出现的症状

D. 继续应用阿托品可缓解新出现症状

E. 持久抑制胆碱酯酶

[练习题目答案] 1. A　2. D　3. E　4. A　5. B　6. C　7. A　8. D　9. B　10. D

解毒药

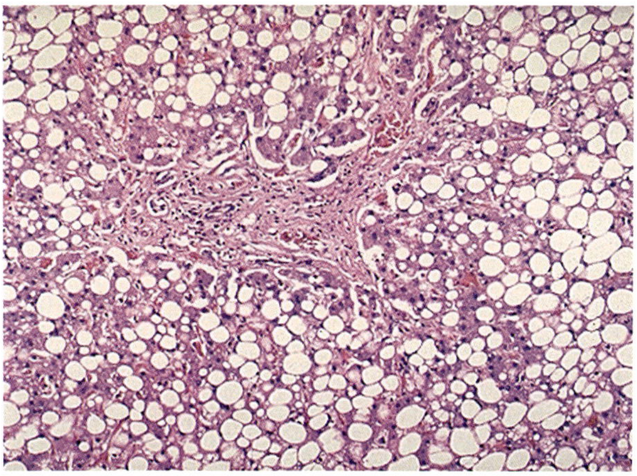

彩图4-1　病变肝脏切片

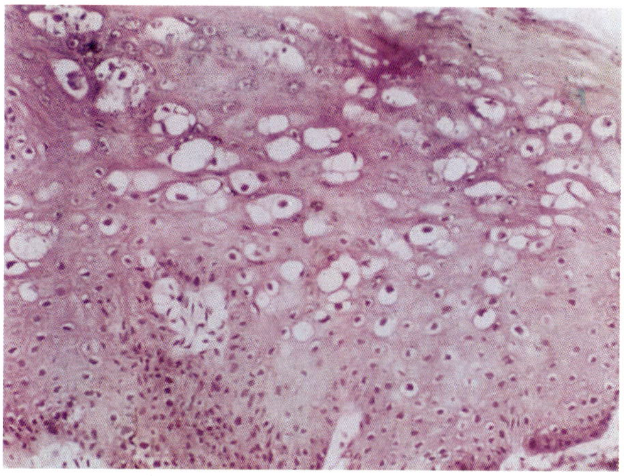

彩图4-2　猪的病变表皮切片

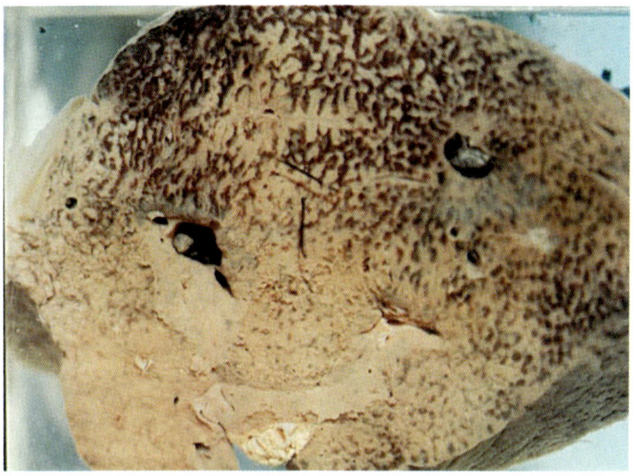

彩图4-3　病变肝脏

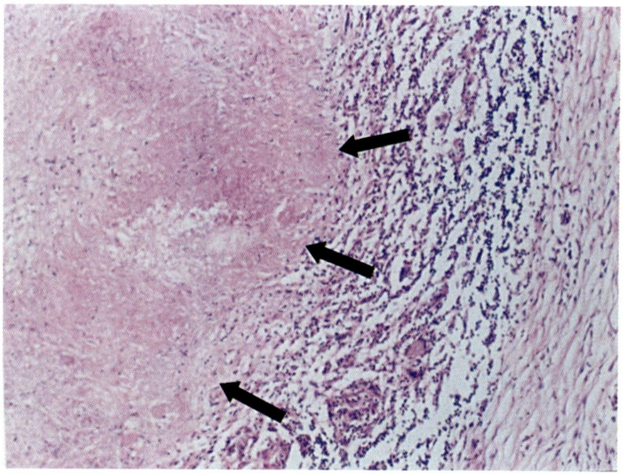

彩图4-4　组织病变

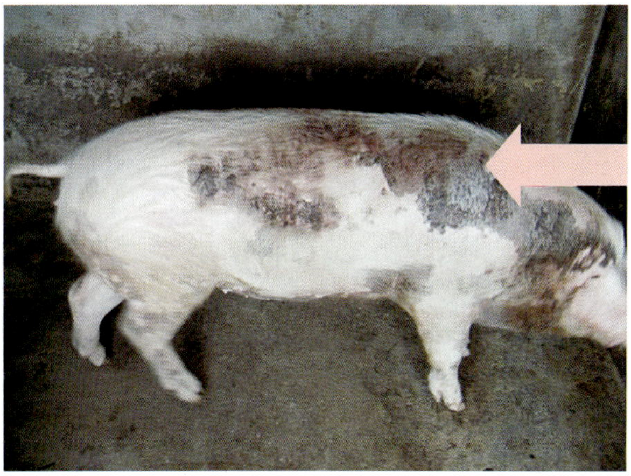

彩图4-5　患病猪皮肤的病变

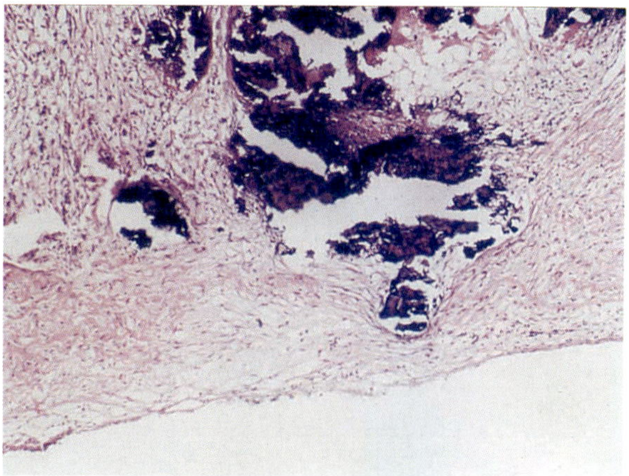

彩图4-6　组织切片

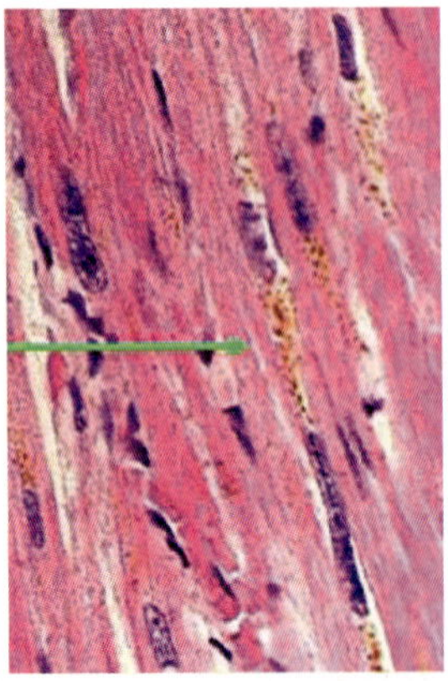
彩图4-7　老龄猪心肌切片

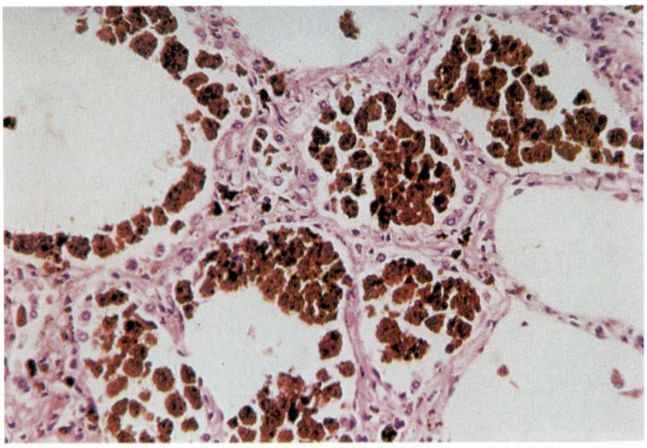
彩图4-8　猪慢性肺淤血切片

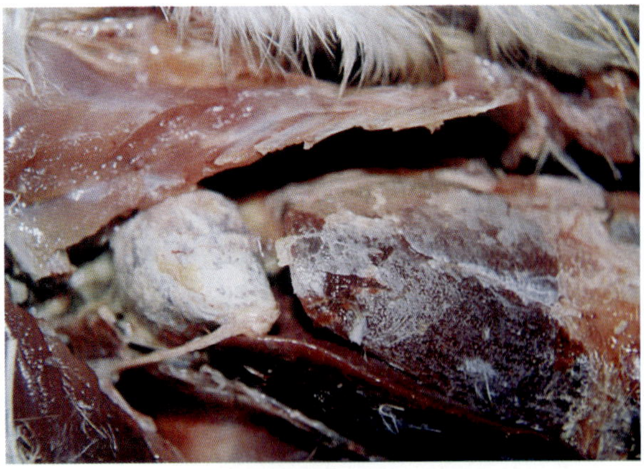
彩图4-9　发病肉鸡剖检

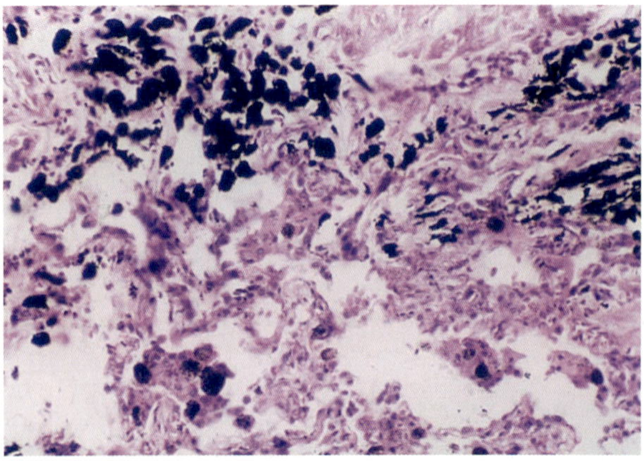
彩图4-10　病变肺组织切片

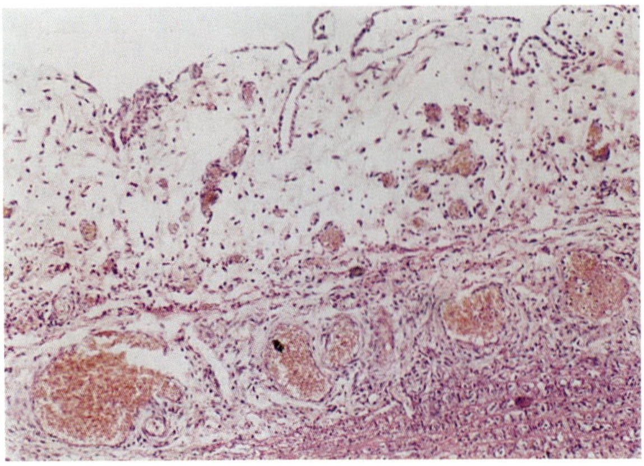
彩图4-11　心外膜切片

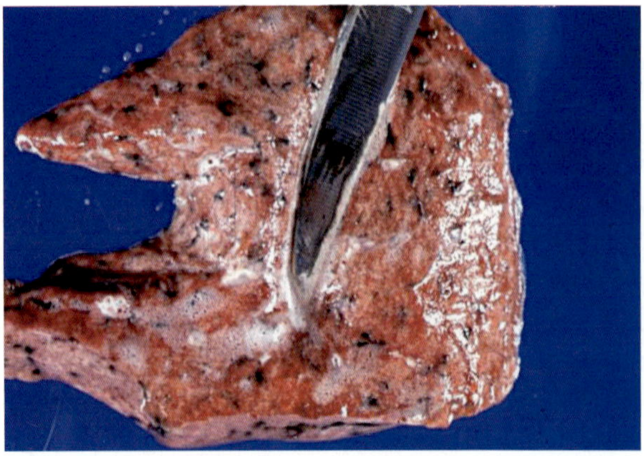
彩图4-12　病变肺切面

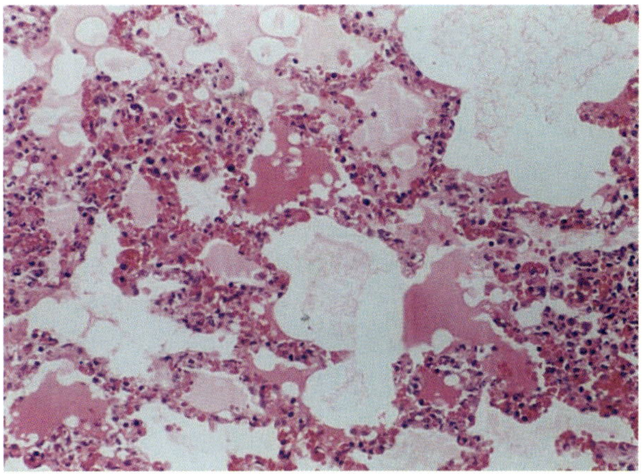

彩图4-13　病变肺切片

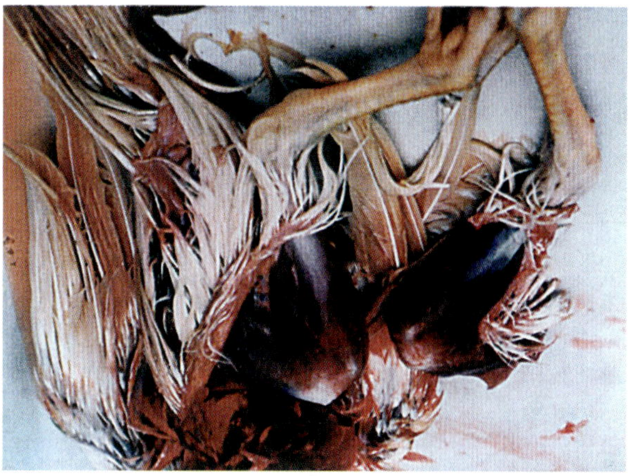

彩图4-14　病死鸡

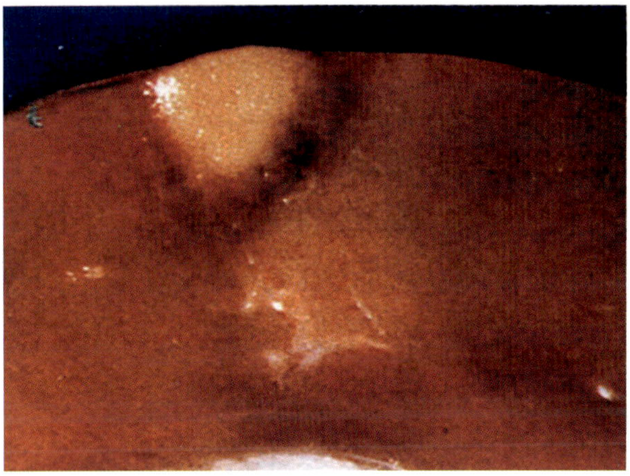

彩图4-15　肾梗死

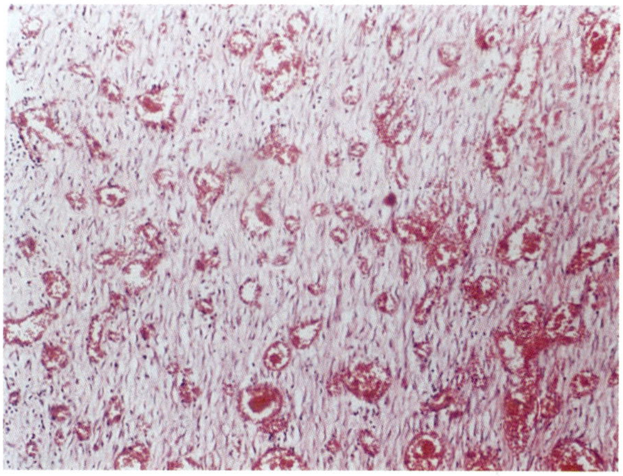

彩图4-16　病变组织切片

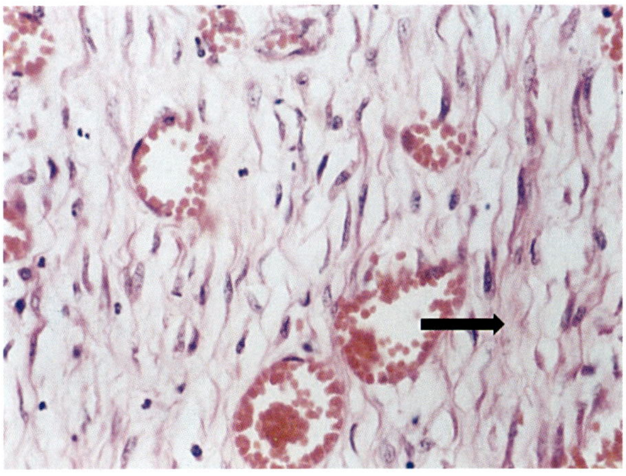

彩图4-17　肉芽组织切片

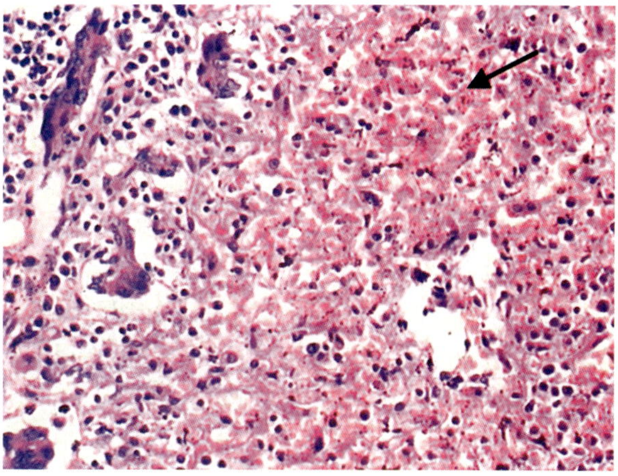

彩图4-18　肝　脏

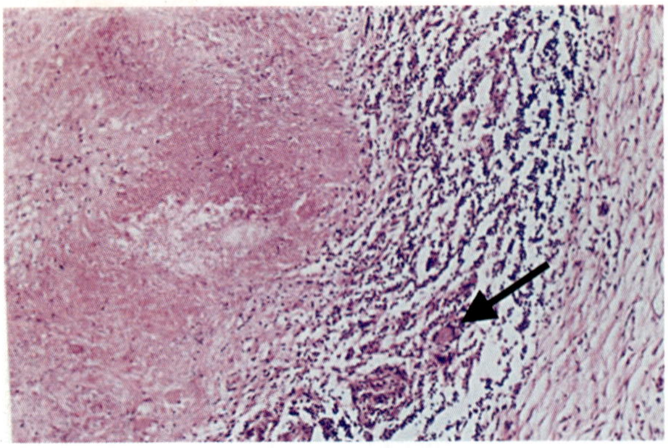

彩图4-19　肉芽肿

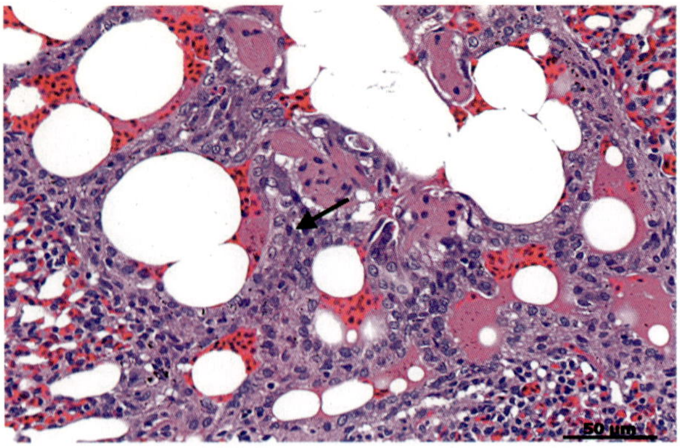

彩图4-20　肺的炎症图

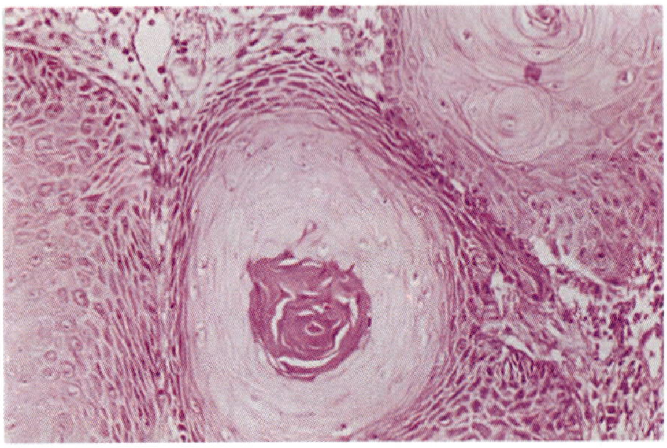

彩图4-21　肿　瘤

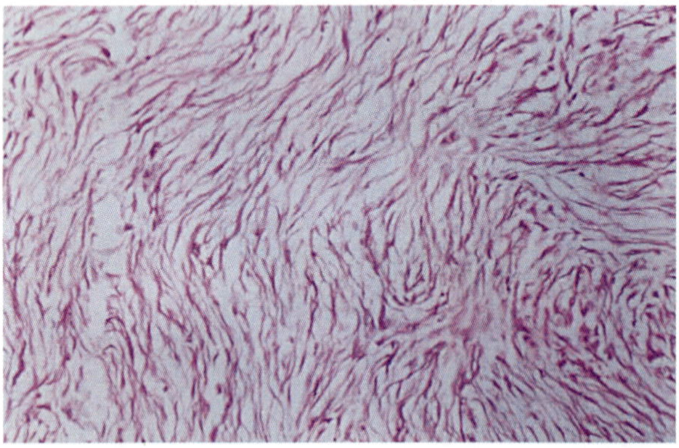

彩图4-22　肿　瘤

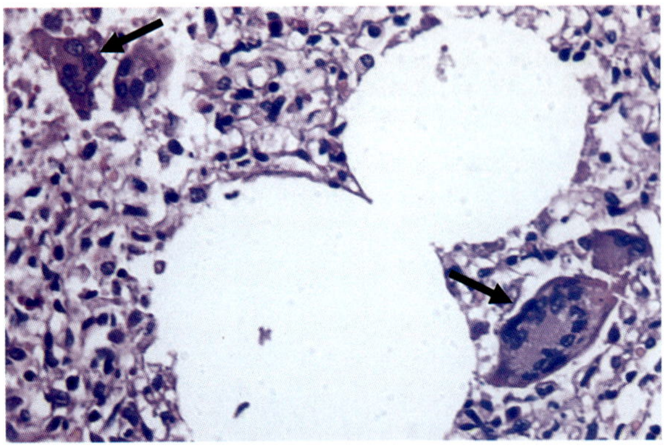

图4-23　肺　炎

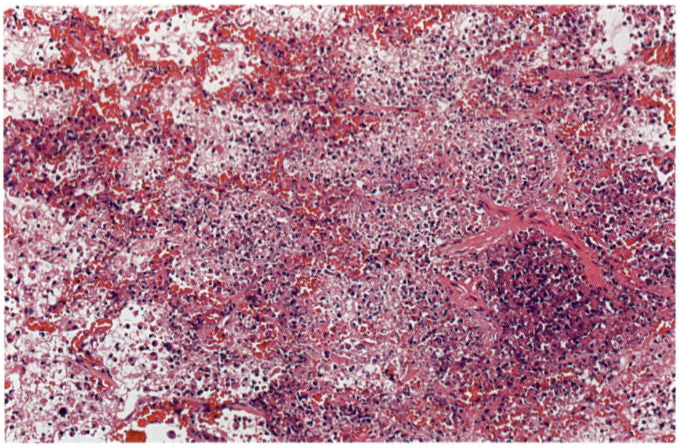

图4-24　大叶性肺炎

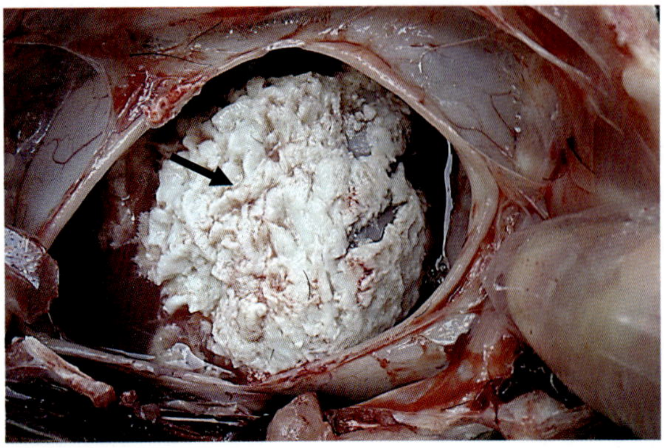

彩图4-25　心包炎

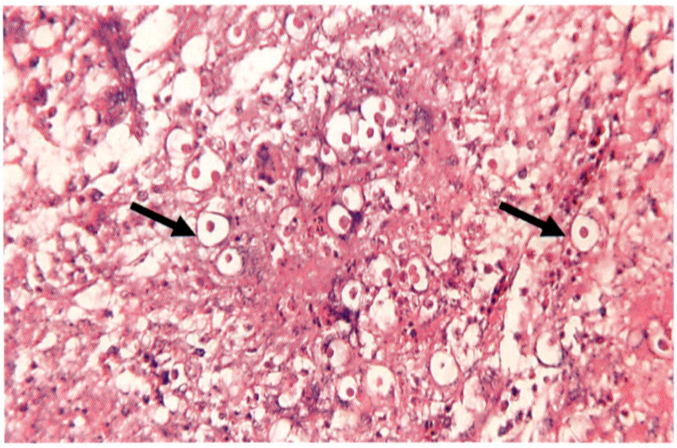

彩图4-26　鸡盲肠肝炎